国家科学技术学术著作出版基金资助出版

空间电推进科学与技术丛书

脉冲等离子体推进
理论和关键技术

Fundamental Techniques and Theories for Pulsed Plasma Thrusters

武志文　刘向阳　W. Y. L. Ling　著

科 学 出 版 社

北 京

内 容 简 介

　　脉冲等离子体推力器具有系统结构简单、推力精度高、比冲高、可靠性高和运行功率低等特点,非常适合应用于近年发展势头迅猛的微小卫星。研发高效能脉冲等离子体推力器对于提高微小卫星机动能力、控制精度和在轨时间具有重要意义。本书参考国内外脉冲等离子体推进技术的研究成果和应用情况,全面阐述了脉冲等离子体推力器的基本理论、设计方法和关键技术等,对我国脉冲等离子体推进技术的发展和应用有所帮助。

　　本书理论联系工程实际,既有基础知识和理论分析,又有基本的设计和研究方法,适合从事脉冲等离子体推进技术研究和应用的科研人员、工程技术人员阅读参考,可作为研究生教材和教学参考书使用。

图书在版编目(CIP)数据

脉冲等离子体推进理论和关键技术 / 武志文,刘向阳,
(澳)林永梁(W. Y. L. Ling)著. —北京:科学出版社,2020.7
(空间电推进科学与技术丛书)
ISBN 978 - 7 - 03 - 065100 - 6

Ⅰ.①脉… Ⅱ.①武… ②刘… ③林… Ⅲ.①脉冲
(力学)-等离子体推进 Ⅳ.①V43

中国版本图书馆 CIP 数据核字(2020)第 080499 号

责任编辑:徐杨峰 / 责任校对:谭宏宇
责任印制:黄晓鸣 / 封面设计:殷 靓

科 学 出 版 社 出版
北京东黄城根北街 16 号
邮政编码:100717
http://www.sciencep.com

南京展望文化发展有限公司排版
苏州市越洋印刷有限公司印刷
科学出版社发行 各地新华书店经销

＊

2020 年 7 月第 一 版　开本:B5(720×1 000)
2020 年 7 月第一次印刷　印张:15 1/2
字数:301 000

定价:150.00 元
(如有印装质量问题,我社负责调换)

空间电推进科学与技术丛书
编写委员会

丛书序

喷气推进通过将工质流高速向后喷出,利用动量守恒原理产生向前的反作用力使航天器运动变化,在此过程中消耗质量和能量。根据能量供应的形式,可以分为基于燃料化学能的化学推进和基于外部电能源的电推进。电推进的设想由俄国物理学家齐奥尔科夫斯基和美国物理学家罗伯特·戈达德分别在 1902 年和 1906 年提出,与传统化学火箭提出时间基本一致。但是由于其技术复杂性和空间电功率等限制,早期电推进的发展明显滞后于化学推进。20 世纪 50 年代,美国和苏联科学家对电推力器进行了理论研究,论证了空间电推进的可行性,并开始了电推进技术的工程研究。1960~1980 年是电推进技术成熟发展并开始应用的主要发展阶段,几位电推进的先驱者留下了探索的足迹。

空间飞行器对燃料消耗量非常敏感,推进器的比冲成为最重要的性能指标。化学推进受到推进剂焓能限制和耐高温材料的制约,比冲达到 340 s 水平后几乎再难以大幅度提升;电推进可以借助于外部电能,突破传统化学推进比冲的极限,目前已经很普遍地达到 1 000~3 000 s 的高比冲,并且远未达到其上限。

电推进由于其高比冲、微推力等主要特征,在长寿命卫星、深空探测、无拖曳控制等航天工程中正日益发挥极其突出的作用,成为航天推进技术的前沿,受到世界各国的重视;智慧 1 号探月卫星、隼鸟号、深空 1 号、全电推进卫星等的成功应用,标志着电推进技术逐渐走向成熟,在未来航天领域的重要性日益凸显;中国的电推进经过了漫长的发展储备期,在离子推进、霍尔推进、电弧推进、脉冲等离子体推进等方面取得了坚实的进展,2012 年实践 9 号卫星迈出了第一个空间验证的步伐,此后实践 13、实践 17 等卫星进入了同步轨道应用验证和工程实施阶段。

我国电推进的学术交流蓬勃发展,其深度、广度和影响力持续提高,电推进学会发展走入正轨,对促进电推进技术的知识共享、扩大影响、壮大队伍、加快技术进步发挥了巨大的作用。

在此背景下,我国电推进行业的发展和人才培养急需一套电推进技术领域的专业书籍,科学出版社和中国宇航学会电推进技术专业委员会合作推出了这套丛书,希望这套丛书的出版,对我国航天推进领域科学技术的发展起到推动作用。

　　丛书在编辑过程中得到北京控制工程研究所、上海空间推进研究所、兰州空间技术物理研究所、北京理工大学、北京航空航天大学、哈尔滨工业大学、空间技术研究院通信卫星事业部、航天工程大学、西安微电子技术研究所、合肥工业大学、上海交通大学等单位的大力支持,对此表示感谢。

　　由于电推进技术处于快速发展中,丛书所包括的内容来不及涵盖最新的进展,书中的不足之处在所难免,敬请广大读者和同行批评指正。

丛书编委会

2019 年 7 月

前　言

电推进技术比冲高,可大幅度降低推进剂携带量,从而显著提高航天器能力,是未来航天推进领域的重要技术。脉冲等离子体推进技术是一种电推进技术。作为最早进行空间应用的电推进技术,除比冲高外,脉冲等离子体推力器还具有结构简单、推力精确可调、可靠性高、运行功率低等特点,自出现以来一直受电推进研究者关注。50 多年来,包括美国、俄罗斯、德国、日本、中国在内的多个国家对脉冲等离子体推进技术开展了大量的机制、实验和数值研究,部分样机还实现了空间验证或应用。

近年来,作为大卫星的补充,具有造价低廉、研制周期短、质量轻等特点的微小卫星发展势头迅猛,在对地观测、通信、科学研究方面已有大量应用。高性能推进系统能提高微小卫星的机动能力、控制精度和在轨时间,是突破微小卫星能力瓶颈的重要手段。同时,微小卫星对推进系统也提出了质量轻、体积小、运行功率低、成本低等要求。在微小卫星推进系统应用领域内,脉冲等离子体推力器具有功率低、结构简单、技术成熟、成本低、容易实现微型化等优点,是极具竞争力的微电推进技术。

中国的脉冲等离子体推进技术研究开始于 20 世纪 70 年代,当时中国科学院电工研究所针对卫星控制任务开展了脉冲等离子体推力器的研究工作。1980 年底,电工研究所完成了脉冲等离子体推力器样机的高弹道飞行测试。2000 年以后,国内有多家高校和科研院所对脉冲等离子体推力器开展了持续不断的研究,研究内容覆盖机制研究、数值建模、测试方法和样机设计等等。脉冲等离子体推力器虽然结构简单,但其工作的物理过程却相当复杂。由于脉冲化工作特性,推力器工质的供给、电离和加速过程为微秒级的非稳态过程,研究起来十分困难。目前,对于脉冲等离子体推力器的机制研究还在持续不断地进行,以期望为设计者提供更准确的理论指导。为了更好地服务我国脉冲等离子体推力器的研发工作,北京理工大学宇航学院电推进课题组组织人员,编写《脉冲等离子体推进理论和关键技术》,以期能够有助于进一步推动我国脉冲等离子体推进技术的发展和工程应用,支持和鼓励更多青年学者投身于我国脉冲等离子体推进的技术创新中。

　　本课题组对脉冲等离子体推进技术有 10 年以上的研究经验,开展了样机设计、机制研究、数值建模等工作,研究成果已大量发表于国内外重要会议和期刊。本书基于课题组的研究经验并参考国内外的研究成果和工程实践,内容涉及与脉冲等离子体推进技术相关的研究背景、基本原理、样机设计、性能测试、数值模拟、机制研究等。在本书编写过程中,武志文负责全书的策划、统筹、审定和校对,同时负责编写第 1、3、7、8、9 章,刘向阳负责编写第 2、4、5 章,林永梁负责编写第 6 章。

　　本书是基于课题组研究生们的工作基础上完成的,包括黄天坤、杨磊、王司宇、孙国瑞、冯炯、袁世越、刘振、马宇、左冠宇、朱迎超等,同时研究生们进行了大量的统稿、编辑和校对工作,包括黄天坤、孙国瑞、郭云涛、徐金毅、刘旺、冷春雪、李航、曾玲汉、张松、黄梦成、刘帅等,在此一并表示诚挚的感谢。特别感谢"空间电推进科学与技术丛书"编委会专家对本书内容和编写质量的审查把关。

　　限于编者自身的知识水平和写作能力,本书难免会有疏漏和不足之处,恳请关心和关注我国脉冲等离子体推进技术发展的专家、学者、工程技术人员和读者不吝指正。

作　者

2020 年 4 月

目　录

第 3 章 脉冲等离子体推力器的数学模型

第 4 章 脉冲等离子体推力器的固体推进剂 PTFE 特性研究

第5章 脉冲等离子体推力器固体推进剂 PTFE 烧蚀过程

第6章 脉冲等离子体推力器推进剂的研究

第7章 脉冲等离子体推力器点火过程研究

第8章 脉冲等离子体推力器能量损失体系与分布式放电实验

第9章 非平行板构型脉冲等离子体推力器研究

第1章
绪 论

1.1 脉冲等离子体推力器的研究背景

　　体积小、质量轻、成本低、研制周期短和发射灵活是小卫星的主要优点,业界一般将质量小于 500 kg 的卫星称为小卫星[1]。目前,小卫星已在通信、遥感、对地观测和空间试验等领域广泛应用。近年来,国内外小卫星的发展十分迅速,其空间发射数量在整体上呈增长趋势[2](图 1-1)。由于小卫星各项参数受到总功率、质量和体积的限制,其推进系统需要满足质量轻、功耗低、体积小、寿命长及推力精确等需求。目前,应用于空间飞行任务的推进系统主要分为化学推进系统和电推进系统两大类[3]。尽管化学推进的推力大,比较适合用于质量较大的卫星,但难以满足小卫星对于推进系统质量轻、体积小、推力精确的要求。

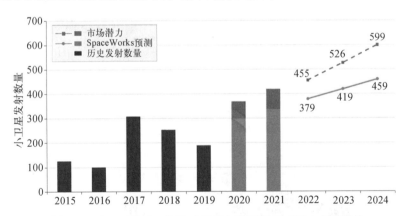

图 1-1 SpaceWorks 公司对 2013~2023 年 1~50 kg 小卫星的
发射统计和预测(图源: SpaceWorks)

　　电推进具有推力精确、比冲高、推力可控等优点,非常适合作为小卫星的推进系统。电推进在航天器上能完成的任务包括轨道转移、阻力补偿、位置保持、姿态控制、星座展开和编队飞行等[4]。自 20 世纪 60 年代以来,全世界已有 200 多颗地球轨道卫星和深空探测器使用过近 500 台电推力器。电推力器的种类很多,功率范围跨度大(1~1 000 W)。不同种类的电推力器所适用的功率范围不同,例如,功率为1 000 W量级时,离子推力器和霍尔推力器在推进性能上与其他电推力器相比有着明显的优势[5],因此这两种推力器成为目前电推进系统的主流。但是,当功率低至100 W以下时,尤其是10 W以下的功率范围,离子和霍尔推力器就很难适用。电推力器的推力一般与功率成正比,微小卫星的精确控制需要能在低功率下工作的高性能推力器,所以仅靠霍尔推力器和离子推力器无法完全满足不同类型小卫星推进任务的所有需求。

作为最早应用于航天任务的电推力器,脉冲等离子体推力器(pulsed plasma thruster, PPT)具有比冲高、结构简单、控制方便灵活及能在低功率下持续稳定工作等特点,可以满足小卫星(尤其是质量小于100 kg的小卫星)对系统提出的低功耗和低质量等严苛要求。PPT最早在1964年由苏联在星际探测器Zond-2[6]上首次使用,目前已成功完成位置保持、姿态控制及轨道转移等十余次在轨推进任务。近年来,PPT依然是电推进系统发展的重要方向。

1.2 脉冲等离子体推力器的基本原理

1.2.1 脉冲等离子体推力器的基本原理

PPT的基本工作原理如图1-2所示。PPT在一次工作过程中,首先将储能电容器充电至所需要的高压,随后控制系统向火花塞发出点火信号,接到信号后火花塞两极电压开始升高,当火花塞两极电压超过其击穿电压时,火花塞被击穿产生微量初始带电粒子。这些初始带电粒子引发PPT阴阳极板间击穿,导致储能电容器开始放电,瞬时放电电流可达几千安培。由焦耳放热效应引起的高温烧蚀掉固体推进剂表面部分推进剂,并且引起固体推进剂裂解、气化,然后电离形成等离子体团。等离子体团在阴阳极板间电场的作用下与主电容放电电路构成闭合回路,形成电流 J,电流 J 自身感应出磁场 B,等离子体团电流 J 在自感磁场 B 中的洛伦兹

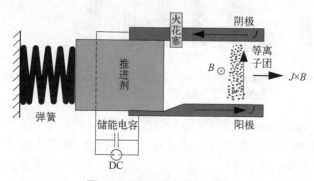

图1-2 PPT的工作原理图

力 $J \times B$ 将等离子体团高速喷出,产生推力脉冲。

一般将 PPT 的一个点火信号发出后到下一个点火信号发出前的一段过程,定义为 PPT 的一个完整的工作过程。为了便于分析,本书将 PPT 的一个完整的工作过程分成三个阶段:启动阶段、放电阶段、放电结束阶段。下面分别介绍这三个阶段中的主要物理过程。

(1) 启动阶段。启动阶段始于控制电路发出点火信号,终于 PPT 的主储能电容开始放电。这个阶段的重要过程包括:① 火花塞点火过程,这个过程始于控制系统发出点火信号,终于火花塞两极达到击穿电压,发生击穿放电,放出初始带电粒子;② PPT 极板击穿过程,这个过程始于火花塞开始放出带电粒子,终于 PPT 阴阳两极发生击穿,主电容开始放电,击穿过程的研究表明,这个过程需要一定时间,并与 PPT 能否稳定工作相关,是 PPT 工作中的重要物理过程。

(2) 放电阶段。放电阶段开始于 PPT 主电容开始放电,结束于电容放电结束。这个阶段是 PPT 产生推力的阶段,是 PPT 工作中最重要的阶段。这个阶段包含的物理过程非常复杂,主要包括:① 推进剂烧蚀过程,这个过程为 PPT 的固体推进剂获得放电能量后,固体聚合物裂解,产生中性气体的过程;② 中性气体电离过程,这个过程为 PPT 极板间的中性气体由于各种因素(如电子碰撞、吸收光子等)导致被电离,形成等离子体的过程;③ 等离子体电磁加速过程,这个过程为 PPT 极板间的等离子体被电磁场加速,高速喷出的过程,这个过程是 PPT 产生推力的主要过程;④ 中性气体热膨胀加速过程,这个过程是没有被电离的中性气体在极板间被热膨胀加速并喷出的过程,虽然这个过程也能产生推力,但喷出中性气体的速度很低,对推力的贡献不大。

要注意的是,这 4 个过程在整个 PPT 放电阶段中是同时存在的,而且相互影响。放电阶段是 PPT 工作过程中物理机制最为复杂的阶段,是 PPT 工作机制研究的重点,90%以上的 PPT 研究成果都是关于这一阶段的。

(3) 放电结束阶段。这个阶段开始于 PPT 主电容放电结束,结束于下一个点火信号开始发出。其实,PPT 的推力产生过程随着放电阶段的结束就已终止,但放电结束阶段有一个很重要的物理过程——滞后烧蚀过程(late time ablation)[7],这个过程会严重影响 PPT 的推进性能。滞后烧蚀过程,指的是 PPT 放电结束后,由于固体推进剂表面温度仍然在其分解温度之上,从而会继续裂解产生中性气体。但由于此时放电已经结束,这些新产生的中性气体无法被电离成等离子体从而得到电磁场加速,故喷出的速度极低,推力贡献不大,造成推进剂的浪费。一段时间以来,很多学者认为滞后烧蚀是引起 PPT 推进剂利用率低的主要原因[8],但由于 PPT 推进剂的烧蚀情况目前还无法准确测量,因此无法判别 PPT 中性气体的主要产生阶段,故上述说法还无法得到证明。

图 1-3 通过对 PPT 主电容放电的电流波形图(蓝色曲线)和 PPT 火花塞两极

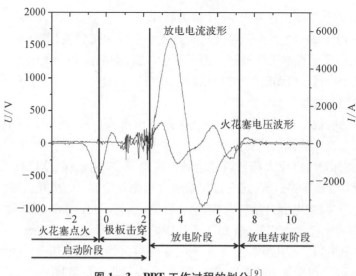

图 1-3　PPT 工作过程的划分[9]

的电压波形图(黑色曲线)的分段来展示本书对 PPT 工作过程的划分[9]。

1.2.2　脉冲等离子体推力器的优缺点

PPT 的主要优点[10]如下。

(1) 结构简单: 正是由于 PPT 结构简单可靠,使得 PPT 成为最早成功应用于空间推进任务的电推进方式。PPT 使用的固体推进剂,能在高真空和极低温度下长期存放,具有稳定、安全可靠、无泄漏及无须管路阀门控制等优点。推力器系统体积小、质量轻、安全可靠,而简单的结构使 PPT 的成本要低于其他电推进装置。

(2) 低功率下的高比冲能力: 电推进具有比冲普遍远高于化学推进的优势。相对于电推进系统中的离子、霍尔推力器等难以小型化的电推力器,PPT 在小功率条件下仍能保持较高的比冲。例如,当运行功率为 10 W 时,其比冲仍能保持在800 s 左右,通过提高推进剂的利用率、优化推力器结构,其比冲还可以进一步提高。

(3) 小而精确的冲量(10~300 μN·s): PPT 每次放电产生的元冲量很小,且脉冲宽度小于 100 μs,非常适合用于微小卫星的精确控制。PPT 多次点火的重复性良好,即使长时间连续工作性能也能保持稳定。

(4) 脉冲式推进(微秒量级): 绝大多数电推进系统是连续式工作的,而脉冲式工作使得 PPT 在平均功率有限的情况下,可以达到较高的脉冲功率,降低了对电源和结构的要求。而且 PPT 工作无须预热,灵活可控,可通过调节脉冲频率和放电电压实现大范围推力调节。PPT 长时间连续点火也可以提供等效稳态推力。

PPT 的主要缺点是其推进效率低下(一般不超过 10%)[10],远低于其他稳态工作的等离子体推力器(如离子推力器和霍尔推力器)。但对于卫星的姿态控制以及微卫星(10~100 kg)和纳卫星(1~10 kg)的推进任务,相较于推进性能的优异,可靠性高、推力精度高、结构简单、成本低廉并能在 10 W 以下的功率稳定工作的优点更重要[8],这也是 PPT 目前仍在航天器推进装置中占有一席之地的主要原因,并且随着未来卫星小型化的程度加深,PPT 的地位将更为重要。

如果 PPT 的推进性能可以进一步提高,无疑会扩展 PPT 的应用范围,并且会进一步拓展 PPT 在航天推进领域的作用。综合国内外研究现状及发展趋势可以看出,PPT 在卫星微小型化的发展趋势下,有着较好的应用前景。然而,低下的推进性能,尤其是推力效率,却阻碍着 PPT 的进一步应用。虽然对于 PPT 的研究已经对其应用拓展有了很大的推进作用,但是仍有很多问题亟待解决,例如样机自身小型化、推进剂的选择多样化、点火可靠性的提高、放电能量分布合理化及仿真模型的完善等等。

1.3　国内外的研究现状及发展趋势

1.3.1　脉冲等离子体推力器应用及样机研制概况

1. 苏联/俄罗斯

1962 年,PPT 作为第一种被用于航天任务的电推进装置,在苏联的宇宙-14 卫星上使用,执行卫星的阻力补偿任务。随后,苏联的金星探测器(Zond-2)也使用了 6 台 PPT,用于承担太阳定向任务。1974 年,在苏联的 Haza 探测器[11]上,PPT 进行了空间飞行试验,用于验证空间运行产生的推力与地面的是否一致以及一些电磁干扰问题。1996 年,俄罗斯一些研究所的科学家和美国普林斯顿大学电推进与等离子体动力学实验室合作发射了名为 COMPASS[12]的微型卫星。该卫星将 PPT 用于卫星的姿控和稳定,并为空间主动实验提供等离子体源。

近年来,俄罗斯致力于研究高性能 PPT。例如,莫斯科航空学院的应用力学与电动力学研究所通过匹配外电路参数与放电过程的手段,使放电能量为 100 J 的 PPT 的效率从 10%~12% 提高到 20% 以上,该 PPT 将用于同步卫星南北位置保持任务[13-14]。此外,俄罗斯的 PPT 研究者们还非常关注推进剂的选择优化,期望找到更合适的新材料代替聚四氟乙烯(PTFE)作推进剂,从而提高 PPT 的性能。目前,初步试验表明,可以通过使用新的推进剂来将 PPT 的效率提高 1.5~1.7 倍。

2. 美国

1968 年,美国在 LES-6 地球同步通信卫星上成功应用了 4 台平行板式 PPT[15](图 1-4)。这些平板式 PPT 使用 PTFE 作为推进剂,每台推力器用两个喷嘴交替工

图 1 - 4   LES - 6 上使用的 PPT 实物图[15]

作,4 台推力器均匀分布在 LES - 6 卫星中部仪器舱的圆周上。该卫星于 1968 年 9 月发射,在同年的 10 月 5 日开始使用 PPT。LES - 6 卫星一共在轨 5 年。在这 5 年间,4 台 PPT 成功地完成了东西位置保持任务。PPT 在 LES - 6 上的成功应用,立即引起了广泛关注。在这之后,20 世纪 70 ~ 80 年代,美国连续安排了一系列的 PPT 应用计划。例如,美国空军 LES - 8/9 卫星的三轴姿控和东西位置保持任务[16]、美国国家航空航天局(National Aeronautics and Space Administration, NASA)同步气象卫星(synchronous meteorological satellite, SMS)自旋轴的精确控制和东西位置保持任务[14]、美国海军太阳同步子午仪导航卫星 TIP - 2/3 和 NOVA - 1/2/3 号的轨道修正和阻力补偿任务[17]等。

20 世纪 90 年代,中低轨道卫星呈现出小型化和群网化的发展趋势,这也给推进系统提出了新的要求。为此,NASA 和美国空军开始投资新一代 PPT 的研究计划。例如,格伦研究中心的 PPT 项目[18],该项目的目标是开发 PPT 在近地轨道小卫星轨道提升方面的潜力,为了达成这个目的,他们改进技术,寻求在显著提高推力器效率和降低成本的同时缩小 PPT 尺寸的方法。

2000 年前后,美国进行了两项脉冲等离子体推进技术的飞行验证实验并获得很大成功。其中之一为美国奥林航空航天公司和 NASA 刘易斯研究中心联合研制的新一代实验型 PPT。该 PPT 于 1996 年完成地面验证试验,并搭载在 2000 年 7 月发射的美国空军 Mighty - Sat Ⅱ - 1 小卫星上进行了空间飞行鉴定试验,试验中还检验了推力器羽流是否对光学表面产生污染[19]。随后,该推力器使用在 NASA "新千年"计划的第 3 个航天器 DS - 3 上。另一项目是开发在 NASA 地球观测- 1 (EO - 1)卫星上使用的 PPT[20]。该推力器由 Primex 宇航公司研制,格伦研究中心负责研发管理,戈达德飞行中心负责飞行试验[21-22]。2002 年 1 月 4 日,EO - 1 卫星上使用的 PPT 首次点火试验成功[23]。飞行验证实验结果表明,推力器的控制精度优于 10 rad/s,这甚至超过了反作用飞轮的控制精度[24],实验还证明,PPT 的工作不会对卫星上的仪器设备造成不良影响。

近年来,美国致力于研制高效的微型脉冲等离子体推力器推进系统。例如,伊利诺斯州立大学、Busek 公司和密歇根大学合作研制了一种微型 PPT 推进系统(图 1 - 5)。该微推进系统能提供 1 ~ 10 μN·s 范围的元冲量,可以承担未来 25 kg 级别微小卫星的位置保持、轨道修正等在轨推进任务[25-26]。此外,在美国全球移动通信卫星(Teledesic)星座方案中,微型 PPT 也被选定为基本的推进系统,用于组网星座的相位控制。同时,在美国空军的 TechSat2l 微型卫星系列计划中,PPT 成为卫星主推进的首选方案[27-28]。而空军的 Dawgstar 纳星系列的卫星将全部使用PPT,该推进系统由 8 个总质量为 3.8 kg 的 PPT 组成[29-30],用于承担卫星的三轴姿态控制、精确位置保持等任务。

微型PPT

图 1-5　美国 Busek 公司的样机及其载体卫星

3. 日本

日本也非常重视 PPT 的研究,并于 1974 年 8 月首次进行了平行板式 PPT 的弹道飞行试验,但由于搭载推力器的探空火箭控制系统发生故障,弹道飞行试验未能成功完成。7 年后,该 PPT 重新进行了轨道飞行试验[31-33],并取得了成功。

20 世纪 90 年代,日本航空宇宙学会研究开发了两种 PPT,其中一种为同轴型,外径 8 mm,内径 5 mm;另一种为平行板型,两种 PPT 都使用 PTFE 作为推进剂。此外,京都都立科学技术大学和 NASDA 也开展了一项 PPT 的研发项目,项目的目标是研制出用于 NASDA 的 μLabSat Ⅱ(50 kg)微小卫星的 PPT 推进系统,并对开发出的推进系统进行离轨机动、编队飞行和姿态控制的可行性评估[34-35]。

进入 21 世纪以后,日本持续开展微型 PPT 推进系统的研究工作,目的是为当前纳星姿态控制和位置保持的任务提供精确可靠的推进装置。其中,以大阪工业大学的 PROITERES 纳星系列[36-38]最为典型。日本 PROITERES 卫星(图 1-6)于2012 年 9 月 9 日发射,卫星使用两组微型同轴型固体推进剂 PPT 作为轨道提升和姿态控制的动力装置,也预示着 PPT 进入工程化集成阶段,非常可惜的是PROITERES 卫星并没有传输回 PPT 的运行数据。此后大阪工业大学在PROITERES 基础上继续致力于第二代及第三代电热式 PPT[39-41]的研究工作。

4. 欧洲及其他国家

除了俄罗斯、美国和日本外,为了满足微小卫星对于推进系统的需求,欧洲及其他国家也相继开展了 PPT 的研究。主要研究及成果如下。

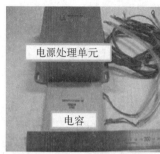

电源处理单元

电容

图 1-6　大阪工业大学样机及其载体卫星[37]

图 1-7　德国斯图加特大学空间系统研究
所的 ADD SIMP-LEX 样机[45]

2002 年,德国斯图加特大学空间系统研究所启动了"小卫星计划",并提出了月球轨道器任务。这项计划拟使用脉冲等离子体推力器作为卫星的推进系统,承担轨道提升机动等任务。为此,研究所相继开展了各种类型的 PPT 样机的研制[42-43]。此外,研究所还使用了 PIC 方法建立了数值模型[44],对 PPT 加速通道(极板间)内电势、电场、磁场、电子散射和稀薄等离子体流动进行了数值模拟研究。近年来,研究所研制了用于微小卫星推进系统的 ADD SIMP-LEX 样机,该系统的推力效率可达 24%~31%[45-47],如图 1-7 所示。

英国南安普顿大学和 Clyde Space 公司针对 Cubesats 卫星平台阻力补偿的需求,研制了相应的微型 PPT,包括放电室、点火塞、电子器件等的设计,并对放电电流、电压以及元冲量、比冲等宏观性能和电容器组、点火塞的寿命进行了地面测试,之后将 PPT 样机、PPU 及控制电路等集成为一体[48-49],如图 1-8 所示。此外,英国萨里大学针对立方星研制了基于 8 台 PPT 的推进系统,总功率为 4.97 W。该系统省却了固体推进剂,以烧蚀电极为主要的工作方式,平均推力为 1.2~4.3 μN,比冲 51~184 s。同时萨里大学还对 PPT 极板构型进行了深入研究,研究证明了带有扩张角的舌型极板构型可有效提高推力器的性能[50]。

法国在进入 20 世纪 90 年代后期也开始了 PPT 的研究。根据欧洲发展计划,法国与俄罗斯合作,对 10~150 J 和 100~1 000 J 的 PPT 进行研究和试验[51]。奥地利研究中心研制了基于 4 台 PPT 的推力系统用于立方星。该系统功率低于 2 W,质量 250 g,单个 PPT 元冲量平均 7 μNs,经实验测定每台 PPT 寿命大于 60 万次点火[52](图 1-9)。

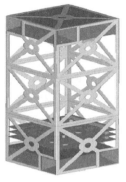

图 1-8　Clyde Space 公司的样机及其载体卫星布局[48]

图 1-9　奥地利研究中心样机及其载体卫星布局[52]

2005 年,韩国成功发射了第二颗科学和技术卫星-2(STSAT-2)[53-54],该卫星使用 PPT 来承担姿态控制任务。该 PPT 由韩国科学技术研究院卫星技术研究中心(SaTReC)研制,采用固体聚四氟乙烯作为推进剂,其性能参数与 LES-6 上使用的 PPT 相似,即电容能量 1.85 J,元冲量 $25\mu N \cdot s$,单次放电推进剂烧蚀质量为 13 μg,比冲 800 s。从 2002 年开始,巴西国家太空研究院燃烧与推进实验室开展了 PPT 研究,设计了 3 型 PPT,并进行了性能测试[55]。阿根廷的微小卫星项目 $\mu SAT-1$ VICTOR[56-57]也采用了 PPT 来承担轨道和姿态控制,该 PPT 使用固体推进剂,由阿根廷 IUA 和 CERC 两个研究机构合作研制。

5. 中国

PPT 是我国最早研究的电推进系统。中国科学院电工研究所于 20 世纪 70 年代末研制出 MDT-2A PPT 飞行样机[58-60],拟用于我国同步卫星姿态控制及东西位置保持。1981 年,2 台 MDT-2A PPT 通过弹道式火箭首次进行了空间飞行验证试验并取得成功[61-63],这也是中国首次进行电推进的空间飞行实验,地面遥测信号表明 MDT-2A 推力器工作正常,没有对进行实验的其他设备产生不良影响[64-65]。

进入 21 世纪后,随着微小卫星的发展需求,国内很多单位开展了 PPT 的研究。除了中科院空间科学中心对 40 J 平行板式 PPT 样机进行了研制和性能研究外[66],一些高校也开展了 PPT 的研究,如国防科技大学[67-68]、北京航空航天大学[69]、上海交通大学[70-71]、北京理工大学[72]等,这些大学的相关课题组在项目的支持下开展了 PPT 样机研制、理论分析、性能实验以及数值模拟等一系列工作。

2015 年开始,随着国内微小卫星市场开启,兰州空间物理研究所和国防科技大学开发了各自的 PPT 产品[73-74]。2019 年,兰州空间物理研究所的 LPPT - 25[75]和国防科技大学的一款微型 PPT 随卫星入轨,进行空间测试。

综合上述可知,世界主要国家研制的 PPT 统计见表 1 - 1。在卫星小型化发展的趋势下,PPT 应用的前景将更加光明,但推进性能低下的缺点给 PPT 的光明前景蒙上一层阴霾,所以目前进行的许多 PPT 研究工作主要集中于各种参数对 PPT 性能的影响。研究者们都试图得到一个或两个参数对 PPT 的比冲、元冲量和其他性能参数的影响规律。下面将从实验研究和数值研究两方面,介绍 50 多年来 PPT 研究者在提高 PPT 推进性能方面取得的成果。

表 1 - 1 世界各国研发的 PPT 性能[11-72]

推力器	E/J	$C/\mu\mathrm{F}$	$m_{bit}/\mu\mathrm{g}$	I_{sp}/s	$I_{bit}/$ $(\mu\mathrm{N}\cdot\mathrm{s})$	$\eta_T/\%$	(I/E) $[(\mu\mathrm{N}\cdot\mathrm{s})/\mathrm{J}]$	国家	年份
Zond - 2	50	100	497	410	2 000	8	40	苏联	1964
LES - 6	1.85	2	8.83	300	26	2	14	美国	1968
L - 4SC - 3	3.2	1.63	N/A	N/A	57	N/A	18	日本	1974
SMS	8.4	8	30.1	450	133	3.7	16	美国	1974
TIP - II	20	15	45	850	375	7.6	19	美国	1975
TIP - III	20	15	45	850	375	7.9	19	美国	1976
LES - 8/9	20	17	30.3	1 000	297	7.4	15	美国	1976
MIT lab	20	N/A	77.1	600	454	6.6	23	美国	1976
Japan lab	30.4	N/A	113	423	469	3.2	16	日本	1979
ETS - IV	2.25	2	10	300	29.5	2	14	日本	1981
MDT - 2A	4	2	21.8	280	60	2	15	中国	1981
NOVA - 1	20	15	75.5	540	400	5.3	20	美国	1981
NOVA - 3	20	15	75.5	540	400	5.3	20	美国	1984
China lab	23.9	N/A	46.1	990	448	9.3	19	中国	1984
NOVA - 2	20	15	75.5	540	400	5.3	20	美国	1988
Millipound	750	108	1 878	1 210	22 300	17	30	美国	1995
Primex - NASA	43	N/A	66.1	1 136	737	9.8	18	美国	1995

推力器	E/J	$C/\mu F$	$m_{bit}/\mu g$	I_{sp}/s	$I_{bit}/$ $(\mu N \cdot s)$	$\eta_T/\%$	(I/E) $[(\mu N \cdot s)/J]$	国家	年份
MIPD-3	100	25	202	1 130	2 250	12	23	俄罗斯	1996
Mighty-Sat Ⅱ-1	40	N/A	66.5	1 150	750	9.8	19	美国	2000
EO-1	24.4	40	28	1 150	316	7.6	13	美国	2000
Dawgstar	12.5	40	14.3	625	66	1.6	6	美国	2001
FalconSat-3	2	N/A	9.83	830	80	16	40	俄罗斯	2007
APPT-20	20	20	44.7	1 140	500	14	25	俄罗斯	2007
APPT-50	50	20	85.2	1 675	1 400	23	28	俄罗斯	2007
APPT-100	100	20	130.6	2 184	2 800	30	28	俄罗斯	2007
APPT-150	150	20	168.8	2 718	4 500	40	30	俄罗斯	2007
SIMP-LEX	68	34	51	1 800	900	12	14	德国	2009
STSAT-2	4.2	1.6	3.19	800	25	2.3	6	韩国	2010
ADD SIMP-LEX	16.7	60	16	2 600	420	32	25	德国、日本	2010
ADD SIMP-LEX	68	80	54	2 600	1 375	26	21	德国、日本	2010
Sharif UT-PPT-1	27.3	35	183	525	943	9	35	伊朗	2010
Sharif UT-PPT-2	39.3	35	142.5	800	1 118	11	29	伊朗	2010
PROITERES	2.43	1.5	23.4	740	170	26	70	日本	2011
APPT-8	8	N/A	17	530	88	3	14	俄罗斯	2011
APPT-120	20	N/A	42	730	300	5	11	俄罗斯	2011
APPT-45-2	55	N/A	96	1 121	1 056	11	17	俄罗斯	2011
APPT-155	88	N/A	134	1 346	1 760	13	17	俄罗斯	2011
APPT-95	155	N/A	200	1 631	1 391	16	23	俄罗斯	2011

1.3.2 国内外实验研究成果及分析

1. 基于经典样机的实验研究

1970 年,麻省理工学院的 Vondra 对用于 LES-6 卫星位置保持的 PPT 的工作参数进行了测试,测量了 PPT 工作时的放电电流波形、放电电压波形、推力、单次放电推进剂烧蚀质量以及等离子体参数。实验结果显示,该 PPT 的效率极低,只有 3%左右。而且从等离子体参数和推进性能的测量结果推算,PPT 单次放电烧蚀的推进剂中,只有 10%左右的工质能被电离成等离子体并得到电磁场的加速作用。

1972 年,麻省理工学院的 Thomassen 和 Vondra 用多普勒频移和飞行时间探针测量了放电过程中,PPT 极板间碳原子、氟原子、碳离子和氟离子的平均速度[76]。结果显示,碳和氟原子的平均速度为 5~15 km/s,大大低于碳和氟离子的 20~40 km/s。1976 年,Palumbo 和 Guman 研究了推进剂和极板结构对 PPT 性能的影响[77],结果表明,极板呈 20°张角时,推力器性能最好。PPT 的比冲随着电极间距的增加而上升,推力功率比则随着电极间距的上升而下降。使用纯聚四氟乙烯作为推进剂时,推进性能最稳定。1996 年,美国空军实验室的 Spanjers 等以 LES－8/9 PPT 为参考设计了 XPPT－1 PPT 实验样机,并测量了 XPPT－1 在不同放电参数(放电电压、放电能量、电容值等)下的放电电流、极板间电子密度等工作参数[78]。结果表明,PPT 的性能参数随着放电能量的增加而增加。此外,Spanjers 等还利用了光学手段获得了 PPT 放电开始后 10 μs、100 μs、200 μs 和 300 μs 时,PPT 极板间的粒子发射情况,发现放电结束后,仍有中性粒子从 PPT 推进剂表面产生,这些放电结束后产生的中性粒子的速度约为 300 m/s。1998 年,同样是美国空军实验室的 Spanjers 等测量了 XPPT－1 工作过程中喷出的中性粒子的质量,发现这些中性粒子的质量占固体推进剂烧蚀总质量的 40%[79]。他们认为,XPPT－1 工作过程中,烧蚀出来的中性气体只有 60%左右能转换成等离子体被电磁加速,剩下的 40%只能继续以中性气体的状态喷出。这些无法被电离的中性气体速度低,对推力的贡献可以忽略,是 PPT 效率低下的主要原因。1998 年,美国伊利诺伊大学的 Burton 对 PPT 工作过程中的能量平衡和效率进行了研究,并从对 PPT 的能量损失进行了讨论,从工程角度对 PPT 效率低下的原因进行了分析[80]。研究分析了 PPT 工作过程中,各种损失(包括电路传输损失、热损失、冻结流损失等)在 PPT 能量损失中所占的比例,最后得出结论:PPT 效率低下是多种损失的综合结果,而其中冻结流损失(喷出的工质的内能不能转换成动能造成的损失)最大,而冻结流损失的最大原因是 PPT 的中性气体电离率较低。这是少有的对 PPT 效率低的原因进行探索的研究,用一些 PPT 样机的实验数据来估算 PPT 的能量损失情况,为深入分析 PPT 损失机制奠定了基础。2004 年,伊利诺伊大学的 Antosen 和 Burton 对 PPT 的推进剂表面温度进行测量[81]。结果显示,当 PPT 放电结束后,推进剂表面温度仍在聚四氟乙烯的分解温度之上,依旧会产生中性气体,研究进一步证实了滞后烧蚀的存在。2007 年,日本东京大学的 Hiroyuki Koizumi 利用发射光谱、高速摄影和磁探针研究了固体烧蚀型 PPT 加速通道中的等离子体加速情况[82]。结果发现,即使在放电过程中,也有中性气体不能电离成等离子体,通道中的等离子体呈现非连续性的产生过程。

除了为提高 PPT 推进性能所做的研究外,过去 50 年,还有研究者对 PPT 的启动阶段进行研究。研究主要集中于 PPT 火花塞工作的稳定性和寿命。1981 年,加州理工学院的 Aston 和 Pless 研究了 PPT 火花塞的沉积与侵蚀、点火电路的优化以及火花塞电弧的产生过程[83]。结果显示,对于接在阴极板上的火花塞,使用感性耦合电路优于阻性耦合电路。此外,使用高电流、短脉冲宽度的触发回路能大幅度提高火花塞的寿命。1982 年,同样是加州理工学院的 Brady 研究了 PPT 火花塞的动态电阻和能量利用率以及火花塞等离子体羽流的速度[84]。1987 年,中国科学院电工研究所的吴汉基等设计了一种用于 PPT 的同轴型火花塞,并讨论了如何选择 PPT 的火花塞、PPT 火花塞的结构和电路设计需求以及 PPT 火花塞的筛选与寿命试验[85]。

2. 分布式放电样机实验研究

由于通过优化 PPT 的电路参数和结构参数的方法带来的性能提升程度有限。近年来,一些研究者另辟蹊径,考虑通过优化 PPT 能量分配方式的手段来提升 PPT 的推进性能。经典 PPT 的放电能量都是存储在一个电容或者一组并联电容里,通过一次放电将储存在电容中的电能全部释放,所有的物理过程混杂在一起,无法控制。所以有些研究者将 PPT 的放电能量分到两个电容里,在不同时间点或空间点分别释放,希望通过这种手段来提高 PPT 的推进性能。

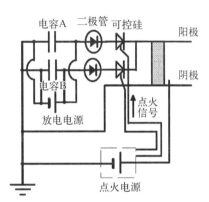

2001 年,日本九州工业学院的 Maki Okada 等为 PPT 设计了一个双放电工作(double discharge operation)的电路[86],如图 1-10 所示。将 PPT 能量分配到两个电容上,用可控硅来控制电容,使两个电容之间以固定时间间隔放电,希望利用二次放电来电离主放电中没有电离的中性气体。结果显示,两电容之间的延迟时间为 5 μs,两电容能量比为 1∶1 时,推力器的推进性能最好,但提高得不明显。

图 1-10 双放电工作电路[86]

2009 年,英国南安普顿大学的 Marques 等设计了一个双段 PPT(two-stage pulsed plasma thruster)[87],将 PPT 能量分配到两个电容上,在不同位置的极板上放电,如图 1-11 所示。希望第二极板的放电能够电离第一极板放电产生但没能电离的中性气体。但由于推力器的优化不好,PPT 的性能不是很理想。

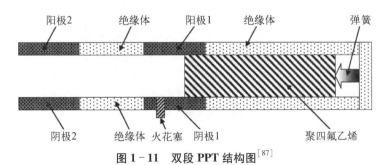

图 1-11 双段 PPT 结构图[87]

1.3.3 国内外数值仿真研究成果及分析

由于 PPT 的工作时间极短(<100 μs),仅靠实验手段难以对 PPT 工作过程

中的物理机制进行深入研究,故需要借助数值仿真手段。过去 50 多年,PPT 的研究者们建立了各种 PPT 的数学模型,用数值仿真手段来探索提高 PPT 性能的方法。在众多的数值模型中,使用得最多的是弹丸模型和磁流体动力学(magnetohydrodynamics, MHD)模型。其中弹丸模型比较简单,应用广泛,主要用于快速估算 PPT 的推进性能;而磁流体动力学模型用磁流体的方式模拟等离子体的运动,可以用于分析 PPT 工作中更加详细的物理过程。

1. 弹丸模型

弹丸模型[88]假设 PPT 电容放电开始瞬间,等离子体已经存在于阴阳极板之间,等离子体为一块矩形"电流片"(current sheet),电流片质量等于 PPT 单次放电推进剂的烧蚀质量(即假设喷出工质全部电离),并将 PPT 放电过程等效于一个 LRC 电路的放电过程,利用 LRC 电路方程和牛顿第二定律来计算电流片在 PPT 极板间的电磁加速情况,估算 PPT 的推进性能(如元冲量、比冲等),其原理如图 1 – 12 所示。由于弹丸模型忽略了 PPT 工作中许多重要的物理过程并采用了简化措施,所以模型的计算不够准确且无法计算一些重要的物理参数(如等离子体密度、推进剂表面温度等),但由于模型比较简单,计算效率高,能用于估算 PPT 的性能参数,适合在 PPT 样机设计和性能优化时使用,所以至今仍然被广泛使用。为了提高计算的准确性,在原弹丸模型的基础上,Waltz、Vondra、Leiweke、Brito 及 Gatsonis 等逐步对该模型进行了改进[89-93],北京理工大学杨磊等及国防科大的李自然也建立了基于焦耳热源的一维机电模型[94-95]。

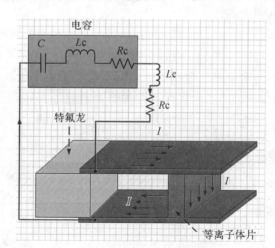

图 1 – 12　弹丸模型

2. 磁流体动力学模型

磁流体动力学(MHD)模型[96]假设在 PPT 极板间的等离子体为连续介质,利用流体力学方程来计算 PPT 放电过程中极板间等离子体的电磁加速情况。对于入口(推进剂表面)条件的设定,MHD 模型采用的是一阶完全电离假设,假设从推进剂表面烧蚀出来的中性气体全部电离成一阶离子。由于 MHD 模型比弹丸模型考虑了更多的物理过程,计算结果相对更准确,而且能计算很多重要的物理参数,如极板间等离子体密度分布、推进剂表面温度分布、推进剂烧蚀速率等,所以研究 PPT 工作过程中的物理机制时,更多使用的是 MHD 模型。目前,国内外的多个研究机构都建立了各自的磁流体动力学模型[95,97],用于研究 PPT 工作过程中的物理机制。

3. 其他模型

除了常用的弹丸模型和磁流体动力学模型以外,近年来还有学者尝试了用 PIC - MC 模型[98] 模拟 PPT 的工作过程。PIC - MC(particle-in-cell and Monte Carlo)方法是模拟稀薄气体中,气体电离和带电粒子运动的有效方法。PIC - MC 方法广泛使用于电推进领域。目前,在一些电推力器(如霍尔推力器)的数值研究中[99],已经大量地使用 PIC - MC 方法建立模型,通过模拟和统计电推力器放电区域中粒子之间的碰撞和运动,获得推力器工作过程中的物理参数。然而,对于 PPT,建立 PIC - MC 模型极其困难,因为 PPT 放电过程中,放电区域(阴阳极板间)的中性背景气体分布、电场分布和磁场分布都是随时间和空间变化的,各物理过程极其复杂且相互影响。2011 年,德国斯图加特大学的 Neudorfer 和 Stindl 尝试使用 PIC 方法建立 PPT 数值模型[100],但介于 PPT 的物理过程的复杂性,模型忽略了推进剂烧蚀过程和中性气体电离过程,放电电压和电流也是由实验数据估算得到。模型假设推进剂在工作开始前就被电离成离子和电子,如图 1 - 13 分布在放电区

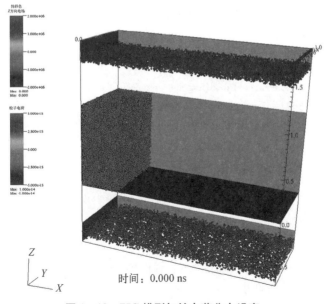

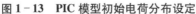

图 1 - 13 PIC 模型初始电荷分布设定

域内,放电开始后,由放电电压和放电电流计算放电区域的电磁场分布,模拟带电粒子在电磁场中的运动。该模型虽然为 PPT 的数值模拟提供了新思路,但由于忽略了较多物理过程,模型还处于初步开发阶段,计算结果很不准确,还无法直接用于 PPT 的实际研究工作。但随着进一步的研究和完善,相信未来 PIC‐MC 模型会在研究 PPT 的烧蚀、电离和等离子体加速的每一个详细深入的物理过程中发挥出重要的作用。

为了研究 PPT 的电离过程,北京理工大学近年来还提出了一种多电流片的 PPT 数学模型,模型利用电子与中性气体原子相碰撞的理论描述了 PPT 内部的电离物理过程,进而可以估算 APPT 推进剂的电离率,进一步完善了 PPT 的数学仿真模型,并且为提高 APPT 的性能提供了重要的物理参考。

综上所述,从 PPT 诞生以来,围绕经典 PPT 构型的实验与仿真均取得了一定的成果,部分典型的实验测试结果与仿真模型将在本书中详细介绍。同时,随着 PPT 研究的进展,诸多新型构型 PPT 被研制出来,本书在后面的章节也将介绍部分新型 PPT 样机及其研究成果。

参考文献

[1] 林来兴,张小琳. 现代小卫星与大众化时代. 航天器工程,2015,24(3): 75‐84.

[2] 张召才,何慧东. 2015 年全球小卫星发展回顾. 国际太空,2016,446(2): 49‐56.

[3] 毛根旺,唐金兰,等. 航天器推进系统及其应用. 西安:西北工业大学出版社,2009.

[4] 冯桃君,姜利祥,黄建国,等. 电推进技术的发展及应用. 北京:第十一届中国电推进技术学术研讨会,2015.

[5] 张天平,周昊澄,孙小菁,等. 小卫星领域应用电推进技术的评述. 真空与低温,2014,20(4): 187‐192.

[6] Burton R L, Turchi P J. Pulsed plasma thruster. Journal of Propulsion and Power, 1998, 14(5): 716‐735.

[7] Mikellides P G. Theoretical modeling and optimization of ablation-fed pulsed plasma thruster. Columbus: The Ohio State University, 1999.

[8] Vondra R J. Analysis of solid Teflon pulsed plasma thrust. Journal of Sapcecraft and Rocket, 1970, 7(12): 1402‐1406.

[9] 黄天坤. 脉冲等离子体推力器能量分配机理的理论分析与实验研究. 北京:北京理工大学,2017.

[10] Blockley R, Shyy W. Encyclopedia of aerospace engineering. New York: John Wiley & Sons, 2010: 1322‐1323.

[11] 牛禄,王宏伟,杨威. 用于微小卫星推进装置的脉冲等离子体推力器. 上海航天,2004,(5): 39‐43.

[12] Ziemer J K, Cubbin E A, Choueiri E Y, et al. Pulsed plasma propulsion for a small satellite: Mission COMPASS P3OINT. Lake Buena Vista: 32nd AIAA Joint Propulsion Conference, 1996.

[13] Popov G A, Antropov N N. Ablative PPT, new quality, new perspectives. Acta Astronautica, 2006, 59(1-5): 175-180.

[14] Gorshkov O A, Koroteev A S. Overview of Russian activities in electric propulsion. Salt Lake City: 37th AIAA/ASME/SAE/ASEE Joint Propulsion Conference and Exhibit, 2001.

[15] Guman W J, Nathanson D M. Pulsed plasma microthruster propulsion system for synchronous orbit satellite. Journal of Spacecraft and Rocket, 1970, 7(4): 409-415.

[16] Vondra R J, Thomassen K I. Flight qualified pulsed electric thruster for satellite control. Journal of Spacecraft and Rocket, 1974, 11(9): 613-617.

[17] Ebert W L, Kowal S J, Sloan R F. Operation nova spacecraft PTFE pulsed plasma thruster system. Monterey: 25th AA Joint Propulsion Conference, 1989.

[18] Francis M C. Pulsed plasma thruster technology directions. AIAA 97-2926, 1997.

[19] LeDuc J R, Bromaghim D R, Peterson T. Mission planning, hardware development and ground testing for the pulsed plasma thruster (PPT) space demonstration on MightySat II. Seattle: 33rd AIAA/ASME/SAE/ASEE Joint Propulsion Conference & Exhibit, 1997.

[20] Zakrzwski C, Benson S W, Sanneman P, et al. On-orbit testing of the EO-1 pulsed plasma thruster. Indianapolis: 38th AIAA Joint Propulsion Conference, 2001.

[21] Benson S W, Arrington L A, Hoskins W A et al. Development of a PPT for the EO-1 Spacecraft. Los Angeles: 35th AIAA Joint Propulsion Conference and Exhibit, 1999.

[22] Zakrzwski C. Design of the EO-1 pulsed plasma thruster attitude control experiment. Salt Lake City: 37th AIAA Joint Propulsion Conference and Exhibit, 2001.

[23] Zakrzwski C, Davis M. Addressing EO-1 spacecraft pulsed plasma thruster EMI concerns. 37th Salt Lake City: AIAA Joint Propulsion Conference and Exhibit, 2001.

[24] Hoskias W A, Raybum C S. Pulsed plasma thruster electromagnetic compatibility: history, theoryand the flight validation on EO-1. Huntsville: 39th AIAA Joint Propulsion Conference, 2003.

[25] Spanjers G G, Antonsen E L, Burron R L, et al. Advanced diagnostics for millimeter-scale micro pulsed plasma thrusters. Maui: 33rd Plasmadynamics and Lasers Conference, 2002.

[26] Spanjers G G, Bromaghim D R, Lake C J. AFRL micro PPT development for small spacecraft propulsion. Indianapolis: 38th AIAA Joint Propulsion Conference, 2002.

[27] Cobb R. TechSat 21 space missions using distributed micro-satellite systems. Tokyo: University Nanosatellite Kickoff Meeting, 1999.

[28] Das A, Cobb R. TechSat 21-A revolutionary concept in distributed space-based sensing. Huntsville: AIAA Defense and Civil Space Programs Conference and Exhibit, 1998.

[29] Hoskins W A, Cassady R J. Development of a micro pulsed plasma thruster for the Dawgstar nanosatellite. Huntsville: 36th AIAA Joint Propulsion Conference and Exhibit, 2000.

[30] Cassady R, Hoskins A, Campbell M, et al. A micro pulsed plasma thruster (PPT) for the "Dawgstar" spacecraft. Big Sky: Proceedings of the 2000 IEEE Aerospace Conference, 2000.

[31] Hirata M, Murakami H. Electromagnetic noise measurement study of pulsed plasma thruster. Las Vegas: 15th International Electric Propulsion Conference, 1981.

[32] Hirata M, Murakanli H. Development of a pulsed plasma engine. Tokyo: 17th International Electric Propulsion Conference, 1984.

［33］　Hirata M, Murakami H. Impulse measurement of a pulsed plasma engine on engineering test satellite-IV. Journal of Spacecraft and Rocket, 1984, 21(6): 553-557.

［34］　Tamura K, Igarashi M, Kumagai N. Evaluation of low power pulsed plasma thruster for μ-LabSat II. Indianapolis: 38th AIAA Joint Propulsion Conference & Exhibit, 2002.

［35］　Kumagai N, Igarashi M, Sato K. Plume diagnostics in pulsed plasma thruster. Indianapolis: 38th AIAA Joint Propulsion Conference & Exhibit, 2002.

［36］　Hirokazu T, Yusuke I. Flowfield calculation of electro thermal pulsed plasma thruster for the PROITERES satellite. Wiesbaden: 27th International Electric Propulsion Conference, 2011.

［37］　Ozaki J, Tomoyuki I, Tatsuya F. Development of Osaka Institute of Technology Nano-Satellite "PROITERES" with electrothermal pulsed plasma thrusters. Wiesbaden: 27th International Electric Propulsion Conference, 2011.

［38］　Masamichi N, Ryuta H, Hirokazu T. Development of electrothermal pulsed plasma thruster system flight-model for the PROITERES satellite. Wiesbaden: 27th International Electric Propulsion Conference, 2011.

［39］　Keita K, Ryota F, Rikio M, et al. Research and development of high-power electrothermal pulsed plasma thruster systems for Osaka Institute of Technology 2nd PROITERES nano-satellite. Kobe: 34th International Electric Propulsion Conference, 2015.

［40］　Ryota F, Rikio M, Keita K, et al. Flowfield simulation and performance prediction of electrothermal pulsed plasma thrusters onboard Osaka Institute of Technology PROITERES nano-satellite series. Kobe: 34th International Electric Propulsion Conference, 2015.

［41］　Kamimura T, Nishimura Y, Ikeda T, et al. R&D and final operation of Osaka Institute of Technology 1st PROITERES nano-satellite with electrothermal pulsed plasma thrusters and development of 2nd and 3rd satellites. Kobe: 34th International Electric Propulsion Conference, 2015.

［42］　Nawaz A, Auweter-Kurtz M, Kurtz H, et al. Pulsed plasma thrusters for primary propulsion and attitude control of a small all electrical satellite. Cagliari: 4th Spacecraft Propulsion Conference, 2004.

［43］　Wagner H P, Kurtz M A. Plasma impulse based peening and decoating of eneing parts and pulsed plasma msters for small spacecraft propulsion. Vacuum, 2004, 73(3-4): 461-467.

［44］　Neudorfer J, Stindl T, Schneider R, et al. Three-dimensional particle-in-cell simulation of a pulsed plasma thruster: modeling and challenges. Wiesbaden: 32nd International Electric Propulsion Conference, 2011.

［45］　Guarducci F, Coletti M. Design and testing of a micro pulsed plasma thruster for cubesat application. Wiesbaden: 32nd International Electric Propulsion Conference, 2011.

［46］　Nawaz A, AuweterK M, Kurtz H, et al. Pulsed plasma thrusters for primary propulsion and attitude control of a small all electrical satellite. Cagliari: 4th Spacecraft Propulsion Conference, 2004.

［47］　Wagner H P, Kurtz M A. Plasma impulse based peening and decoating of engine parts and pulsed plasma msters for small spacecraft propulsion. Vacuum, 2004, 73(1): 461-467.

［48］　Neudorfer J, Stindl T, Schneider R, et al. Three-dimensional particle-in-cell simulation of a pulsed plasma thruster: modeling and challenges. Wiesbaden: 32nd International Electric

第 1 章 绪 论

019

Propulsion Conference, 2011.

[49] Simone C, Michele C, Stephen B G. Qualification of a pulsed plasma thruster for cubesat propulsion (PPTCUP). Kobe: 34th International Electric Propulsion Conference, 2015.

[50] Shaw P V, Lapps V J. A high current cathode plasma jet flow model for the Pulsed Plasma Thruster. Wiesbaden: 32nd International Electric Propulsion Conference, 2011.

[51] 吴汉基, 蒋远大, 张志远. 电推进技术的应用与发展趋势. 推进技术, 2003, 24(5): 385 - 392.

[52] Krejci D, Seifert B, Scharlemann C. Endurance testing of a pulsed plasma thruster for nanosatellites. Acta Astronautica, 2013, 91: 187 - 193.

[53] Shin G H, Naln M R, Cha W H, et al. Development of the pulsed plasma thruster (PPT) for science and technology satellite - 2(STSAT - 2). Gyeonggi-do: IEEE/ICCAS2005, 2005.

[54] Shin G H, Shin G S, Nam M R, et al. High voltage DC - DC converter of pulsed plasma thruster for science and technology satellite - 2 (STSAT - 2). Kuala Lumpur: IEEE PEDS, 2005.

[55] Gessini P, Habl L T C, Possa G C, et al. Electric propulsion activities in Brazil [C]. Atlanta: 26th International Electric Propulsion Conference, 2017.

[56] Brito H H, Alessandro R O D, Dominguez C A. Preliminary development status of the IUA's P4S - 1 ablative pulsed plasma thruster. Kitakyushu: 26th International Electric Propulsion Conference, 1999.

[57] Brito H E, Calcagni, Elaskar S, et al. A review of design and development works on the P4S - 1 pulsed plasma thruster. Toulouse: 52nd International Astronautical Congress, 2001.

[58] An S M, Wu H J. MDT - 2A PTFE pulsed plasma thruster. Las Vegas: 15th International Electric Propulsion, 1981.

[59] An S M, Wu H J, Feng X Z, et al. Space flight test of electric thruster system MDT - 2A. Journal of Spacecraft and Rockets, 1984, 21(6), 593 - 593.

[60] An S M, Wu H J. MDT - 2A PTFE pulsed plasma thruster, Japan Society for Aeronautical and Space Sciences, and DGLR. Las Vegas: 15th International Electric Propulsion Conference, 1981.

[61] Wu H J. Initiating characteristics of ignition system of PPT. Tokyo: 17th International Electric Propulsion Conference, 1984.

[62] Wu H J, Feng X Z. Experimental research of 20 joule PPT. Alexandria: 18th International Electric Propulsion Conference, 1985.

[63] Liu W X, An S M. The digital measurement of discharge current peak value in pulsed plasma thruster. Alexandria: 18th International Electric Propulsion Conference, 1985.

[64] Kuang Y Z. Experimental research of relationship between PPT parameters. Alexandria: 18th International Electric Propulsion Conference, 1985.

[65] An S M. The effect of ignition energy on main discharge process. Osaka: 19th International Electric Propulsion Conference, 1987.

[66] 胡宗森. 40J 脉冲等离子体推力器(PPT)性能研究. 北京: 中国科学院空间科学与应用研究中心, 2002.

[67] 杨乐, 李自然, 吴建军, 等. 脉冲等离子体推力器微推力测试技术的述评. 宇航计测技术,

2006,26(4):52-55.

[68] 李自然. 脉冲等离子体推力器设计与性能的理论与实验研究. 长沙: 国防科学技术大学,2008.

[69] 卫强,王安良,余鹏,等. 基于放电管点火电路的脉冲等离子体推力器. 北京: 第六届中国电推进技术学术研讨会,2010.

[70] 侯大力,康小明,赵万生,等. 脉冲等离子体推力器等效电路模型分析. 固体火箭技术, 2008,31(5):480-483.

[71] 侯大力. 脉冲等离子体推力器工作过程及其效率的研究. 上海: 上海交通大学,2008.

[72] 杨磊. 基于热化反应的脉冲等离子体推力器烧蚀工作过程的理论分析和数值研究. 北京: 北京理工大学,2013.

[73] 贾艳辉,郭宁,孙新锋,等. 兰州空间技术物理研究所新型电推进技术研究与样机研制最新进展. 长沙: 第十四届中国电推进技术学术研讨会,2018.

[74] 谭胜,吴建军,张宇,等. 基于放电管点火电路的脉冲等离子体推力器. 长沙: 第十四届中国电推进技术学术研讨会,2018.

[75] 王尚民,田立成,陈新伟,等. 25W 级 PPT 推进系寿命实验研究. 长沙: 第十四届中国电推进技术学术研讨会,2018.

[76] Thomassen K I, Vondra R J. Exhaust velocity studies of a solid teflon pulsed plasma thruster. Journal of Spacecraft and Rockets, 1972, 9(1): 61-64.

[77] Palumbo D J, Guman W J. Effects of propellant and electrode geometry on pulsed ablative plasma thruster performance. Journal of Spacecraft and Rockets, 1976, 13(3): 163-167.

[78] Spanjers G G, McFall K A, Gulczinski F S, et al. Investigation of propellant inefficiencies in a pulsed plasma thruster. Lake Buena Vista: Proceeding of 32nd AIAA/ASME/SAE/ASEE Joint Propulsion Conference, 1996.

[79] Spanjers G G, Lotspeich J S, McFall K A. Propellant losses because of particulate emission in a pulsed plasma thruster. Journal of Propulsion and Power, 1998, 14(9): 554-559.

[80] Burton R L, Wilson M J, Bushman S S. Energy balance and efficiency of the pulsed plasma thruster. Cleveland: 34nd AIAA/ASME/SAE/ASEE Joint Propulsion Conference, 1998.

[81] Antonsen E L, Burton R L. Effect of post-pulse surface temperature on micro-pulsed plasma thruster operation. Ft Lauderdale: 40th AIAA/ASME/SAE/ASEE Joint Propulsion Conference, 2004.

[82] Koizumi H, Noji R, Komurasaki K, et al. Study on plasma acceleration in an ablative pulsed plasma thruster. Cincinnati: 43rd AIAA/ASME/SAE/ASEE. Joint Propulsion Conference and Exhibit, 2007.

[83] Aston G, Pless L C. Ignitor plug operation in a pulsed plasma thruster. Journal of Spacecraft & Rockets, 1981, 19(3): 250-255.

[84] Brady M E. Pulsed plasma thruster ignitor plug ignition characteristic. St. Louis: AIAA/ASME 3rd Joint Thermophysics, Fluids, Plasma and Transfer Conference, 1982.

[85] Fang X Z, Wu H J. Spark plug for pulsed plasma thruster. Colorado Springs: the 19th AIAA/DGLR/JSASS International Electric Propulsion Conference, 1987.

[86] Maki O, Yasushi O, Takeshi T. Double discharge operation for pulsed plasma thrusters. Pasadena: 27th International Electric Propulsion Conference, 2001.

[87] Marques R I, Gabriel S B, Costa F de S. The two-stage pulsed plasma thruster. Michigan: Proceeding of 31th International Electric Propulsion Conference, 2009.

[88] Jahn R G. Physics of electric propulsion. New York: McGraw-Hill, 1968.

[89] Waltz P M. Analysis of a pulsed electromagnetic plasma thruster. Cambridge: Massachusetts Institute of Technology, 1969.

[90] Vondra R J, Thomassen K I. Flight qualified pulsed electric thruster for satellite control. Journal of Spacecraft and Rocket, 1974, 11(9): 613 - 617.

[91] Leiweke R J. An advanced pulsed plasma thruster design study using one-dimensional slug modeling. New Mexico, 1996.

[92] Brito C M, Elaskar S A, Brito H H, et al. Zero-dimensional model for preliminary design of ablative pulsed plasma thrusters. Journal of Propulsion and Power, 2004, 20(6): 970 - 977.

[93] Gatsonis N A, Demetriou M A. Prospects of plasma flow modeling and control for micro pulsed plasma thrusters. Fort Lauderdale: 40th AIAA Joint Propulsion Conference, 2004.

[94] Yang L, Liu X Y, Wu Z W, et al. Analysis of teflon pulsed plasma thrusters using a modified slug parallel plate model. San Diego: 47th AIAA Joint propulsion conference, 2011.

[95] 李自然. 脉冲等离子体推力器设计与性能的理论与实验研究. 长沙: 国防科学技术大学, 2008.

[96] Turchi P J, Mikellides P G. Modeling of ablation-fed pulsed plasma thrusters. Columbus: Proceedings of the 31st AIAA/ASME/SAE/ASEE, Joint Propulsion Conference and Exhibit, 1995.

[97] 肖利杰, 刘向阳, 杨磊, 等. 脉冲等离子体推力烧蚀建模与仿真. 推进技术, 2011, 32(6): 788 - 793.

[98] Hockney R, Eastwood J. Computer simulation using particles. New York: McGraw-Hill, 1981.

[99] Cheng S N, Santi M, Celik M, et al. Hybrid PIC - DSMC simulation of a Hall thruster plume on unstructured grids. Computer Physics Communications, 2004, 164(1 - 3): 73 - 79.

[100] Neudorfer J, Stindl T, Schncider R. Three-dimensional particle-In-cell simulation of pulsed plasma thruster: modeling and challenges. Wiesbaden: the 32nd International Electric Propulsion Conference, 2011.

第 2 章
脉冲等离子体推力器的构成及实验测试

实验系统是开展实验研究的基础。脉冲等离子体推力器的脉冲工作属性决定了其工作性能参数的测量方式与稳态推力器不同,例如其脉冲推力非常小,为微牛至毫牛量级,放电脉冲时间为微秒量级以及电流峰值达千安培量级,因而推力和放电参数的测量需要专门的仪器设备。PPT 实验系统主要由真空系统、测试系统和实验样机组成。其中,真空系统包括抽气系统、真空舱、电控系统等,由于真空系统为常用的环境保持设备,在本丛书中已有详细介绍的书籍,本书不再赘述。测试系统包括微推力测量系统、放电参数测量系统、烧蚀质量测试系统、等离子特性参数测试系统和其他辅助设备。一般地,利用 PPT 实验系统可进行以下方面的实验研究[1]。

(1)PPT 工作过程和工作机制的研究。

(2)空间点火和多次启动实验研究。考核 PPT 在空间环境条件下能否正常按预定要求进行点火和多次启动,并测定在点火和多次启动过程中 PPT 的工作特性。

(3)性能实验研究。在保证推力器正常工作条件下,测量 PPT 在脉冲条件下的各项性能工作参数,如放电参数、推力、推进剂烧蚀质量等。

(4)羽流实验研究。测量在空间环境中 PPT 羽流场分布及其对航天器的各种羽流污染效应。

(5)可靠性实验研究。考核 PPT 在空间环境各种工况条件下的性能可靠性、结构可靠性和寿命可靠性。

2.1 脉冲等离子体推力器实验样机设计

脉冲等离子体推力器实验样机包括推进剂及其供给系统、储能电容器、点火系统、放电电极以及传输、连接和绝缘部件等部分。设计时,一方面需要满足推力器系统真空工作的要求,尽可能地减小质量和体积,提高工作寿命和推进性能;另一方面也需要适应地面实验的需要,方便拆卸和组装,同时为参数测量和信号采集提供相应的输入输出接口。下面具体介绍各组成部分。

2.1.1　推进剂和供给系统

PPT 中常用的固体推进剂是聚四氟乙烯,推进剂放置于两块放电电极之间,阳极上设有限位台阶对推进剂前端面进行限位。推进剂的供给装置通常为恒力弹簧,该弹簧是一种特殊的弹性元件,在其形变范围内,弹性恢复力基本保持恒定,可稳定地馈送推进剂。

2.1.2　储能电容器

储能电容器是 PPT 工作性能和寿命的重要决定因素,担负着能量储存和传递的作用,其质量和体积在 PPT 系统总质量和总体积中所占比重较高,也是 PPT 能量损失较多的部件。电容器性能的优劣直接影响推力器性能的好坏,理想的电容器可以提高 PPT 的推重比和工作效率,延长推力器寿命,同时也为性能参数的精确测量提供保障。

对电容器的主要要求有: ① 内部损耗小,能量传输效率高,放电电流幅值大,上升速率快,持续时间短;② 能量密度大,质量和体积小;③ 脉冲寿命长,性能可靠稳定;④ 耐电压值高,能进行不同放电能量下的放电实验;⑤ 能够在真空条件下正常工作。

表 2－1 列出了部分已空间应用的 PPT 所选用的储能电容器类型和容量[2-5]。从表中可以看出,PPT 储能电容器多选用油浸纸介电容器和金属化镀膜电容器,电容量为 1~40 μF,放电电压通常为 1~3 kV。

表 2－1　空间应用 PPT 储能电容器类型及性能参数

卫星名称	类型	容量/μF	充电电压/kV
LES－8/9	聚酯薄膜电容器	17	1.5
ETS－4	油浸纸介电容器	2	1.5
MDT－2A	油浸纸介电容器	2	2
NOVA	聚乙烯膜电容器	30	1.2
MightySat Ⅱ－1	油浸纸介电容器	33	2
EO－1	油浸渍塑料薄膜电容器	40	2

2.1.3　点火系统

由于 PPT 一般工作于高真空环境下,而真空是极好的绝缘介质,电极间所加的工作电压一般为千伏特量级,如果没有外来的激励,不会自行击穿放电。因此,为了实现可靠放电,必须引入激发电子,这就需要点火系统来实现。PPT 的点火系统主要包括火花塞和点火电路,主放电的启动采用火花塞点火放电方式。这种点火放电方式具有原理和结构简单、可控性强和启动主放电稳定可靠等优点[6~7]。

1. 火花塞

根据火花塞的原理和使用材料,可分为金属火花塞和半导体火花塞等。其中金属火花塞中心电极和外壳之间填充绝缘体材料,分为间隙型点火结构和沿面点火结构。间隙型火花塞工作时,在脉冲高压的作用下,两极间隙中的气体被击穿,产生电火花,而在 PPT 工作环境下,缺乏点火所需的气体工质;沿面点火型火花塞需要在电极间施加很高的电压,用以击穿绝缘体材料,应用于 PPT 时,点火效率不高且工作不稳定。与金属火花塞不同,半导体火花塞绝缘体裙端由半导体材料制成或裙部表面覆盖有半导体材料,通过击穿这种半导体材料实现沿面放电,无须气体工质,击穿电压低且与环境压力无关,对点火电路要求简单,性能可靠,能够连续点火,工作寿命长,抗污染能力较强,因而被广泛应用于 PPT 点火系统。

火花塞上中心电极和外壳之间的最短距离称为点火间隙。根据不同的点火能量点火间隙有不同的最佳值范围,间隙太小,容易产生间隙跨连,减少点火系统工作寿命;间隙太大,则要求点火电压较高,点火效率降低。

火花塞在安装时,为使火花塞放电产生的带电粒子(主要是电子)在电场力作用下迅速导通推力器电极而形成放电回路,火花塞一般安装在推力器阴极。为有效烧蚀推进剂烧蚀端面,火花塞放电端面应尽可能靠近推进剂烧蚀端面,但为确保点火电弧不受推进剂端面的阻挡,需在火花塞放电端面与推进剂烧蚀端面间留有空隙,一般为 1~2 mm。

2. 点火电路

点火模块的作用是接收控制模块的点火信号,为火花塞提供一个瞬时的高压脉冲信号,使其产生足够的电子和离子,可靠地引发主放电。通常可采用容性点火方案,如图 2-1 所示。在点火之前的较长时间内,将足够的能量储存在点火电容中,此时可控硅(SCR)关断,点火电容(C_1)中的能量可以保持。当点火模块接收到控制模块的点火信号后,驱动可控硅打开,电容中的能量通过脉冲变压转换成瞬态高压脉冲,引发火花塞打火。

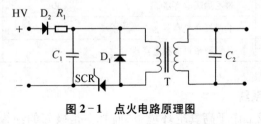

图 2-1 点火电路原理图

图 2-1 中 T 为变压器。脉冲变压器能够最大限度地保持初级的脉冲波形,减少脉冲上升沿的附加延迟,有利于火花塞打火。D_1 为续流二极管,使可控硅免于

承受反向电压而损坏。电阻 R_1 的作用是为电路限流。随着电容中电荷的释放，电流达到峰值后逐渐减小。当流过可控硅的电流低于维持电流时，可控硅自动关断。HV（高压电源）通过二极管和限流电阻给电容充电。如果 R_1 过小，那么在可控硅导通时，HV 输出电流超过维持电流，可控硅将一直保持导通状态。所以，R_1 须选用阻值较大的电阻。控制可控硅开闭需要驱动电路，电路为可控硅提供控制信号。

2.1.4 放电电极

PPT 放电回路电阻过大，不利于提高 PPT 推力性能，因此要选用电导率高的材料来加工电极。由表 2-2 可知，在常见金属材料中，铝和紫铜的导电性能较好。铝的电导率比铜低，但材料密度较小，能降低系统质量，是空间 PPT 样机极板的优良材料。紫铜的导电性能相对较好，但密度偏大。

表 2-2 常见金属物理性质

材　料	不锈钢	铝	黄　铜	紫　铜
电导率/(S/m)	1.16×10^6	3.54×10^7	1.59×10^7	5.80×10^7
密度/(g/cm³)	7.75	2.7	8.5	8.96
趋肤深度/mm	0.04	0.24	0.35	0.18

相关研究表明，PPT 电极几何尺寸对其性能影响较大。对于相同的推进剂烧蚀端面，提高推进剂的高宽比，增加放电电极长度，均有利于 PPT 的比冲、效率和元冲量的提高。但推进剂高宽比存在一个最大值，当高宽比超过该阈值时，推力器性能反而会下降[8]。增加电极间距和电极宽度，PPT 元冲量能得到提升，但比冲和效率会下降；当放电能量相同时，推进剂表面积越大，推进剂不完全烧蚀的现象也越严重，影响推力器的性能[9]。因此，需要根据推力器的应用需求设计电极的具体结构。

2.1.5 传输、连接和绝缘部件

传输线在放电回路中，起连接电容器和放电电极的作用，传输线信号传输质量的好坏直接影响 PPT 放电性能的优劣。在设计时，主要考虑如下因素：较小的电感和电阻；较小的放电能量传输损耗；绝缘良好；与电容器、电极之间接触良好以及接触电阻较小。为减小电阻，选用电导率高的紫铜作为传输线；电极通过螺钉连接到传输线上，组成电极组合件；再用压紧螺母把传输线牢固的压到储能电容器的引线端，以保证良好的接触和导电。

PPT 在工作时，容易在电容引出极和传输线处产生杂散电弧放电，且随着放

电能量的加大,杂散电弧放电也越发频繁和明显。这种放电会降低PPT放电的能量利用效率,同时,也容易对PPT各组件的外露部分造成损伤,影响推力器的寿命。分析其原因,主要是由于推力器阴阳极与传输线之间绝缘不彻底,同时传输线与电极引出极之间接触电阻过大等。因此通过设计样机时增加绝缘上板和绝缘下板,采用垫片、压紧螺母等零件确保电极连接处的紧密和均匀接触,同时采用高压绝缘胶带将传输线裸露在外的部分完全包裹,使得杂散电弧放电现象显著减少。

绝缘材料的选择需要满足一定的使用需求。绝缘材料首先要有较高的绝缘电阻和耐电压强度,能避免PPT样机发生漏电、击穿等状况;其次耐热性能要好,避免因放电产生的过热环境出现变形开裂等状况;此外,绝缘材料需要价格便宜、机械强度较高且便于加工,因此通常选用环氧树脂板作为PPT样机绝缘材料。环氧树脂板又称作环氧玻璃纤维板或环氧酚醛层压玻璃布板,由电工玻璃布浸以环氧树脂,经烘干、热压而成,常见的环氧树脂板的厚度从0.5 mm到50 mm不等,成本低廉。环氧树脂的分子结构以分子链中含有活泼的环氧基团为特征,环氧基团可以位于分子链的末端、中间或成环状结构。环氧树脂板具有高介电性能、耐表面漏电及耐电弧等特点,且表面光滑、平整度好,同时具有较高的机械性能和耐热性[10],可以保证PPT放电过程的绝缘良好。

2.2　测　试　系　统

2.2.1　放电参数测量系统

放电参数作为与PPT性能直接相关的过程参数[11-12],体现了PPT所处工况及动态过程,是PPT性能测试的重要组成部分,包括PPT放电电流测量和放电电压测量两部分。

PPT放电电流特点是脉冲式、非稳态,其幅值很高,通常可达几千安培到几十千安培,放电时间很短,只有几微秒到几十微秒,属于大幅值、高频率脉冲电流,因此通常采用工作可靠、性能长期稳定、输出电压不受电流分布影响的空芯罗氏(Rogowski)线圈来测量。罗氏线圈测量电流的理论依据是法拉第电磁感应定律和安培环路定律,其工作原理如图2-2所示。当被测瞬态电流沿轴线通过罗氏线圈中心时,在环形绕组所包围的体积内产生相应的随时间变化的磁场。罗氏线圈输出感应电动势与电流变化率成正比,也就是其输出电压与电流的微分成正比。因此,采用积分计算可以将输出还原为与输入电流呈线性关系的电压信号,通过测量该信号便可获得直观的PPT实验过程中的工作电流。

测量PPT放电电流的传感器主要包括罗氏线圈、积分器和线路。其中罗氏线圈为柔性线圈,积分器采用5~12 V直流电源供电,并配备示波器接口。由于测量

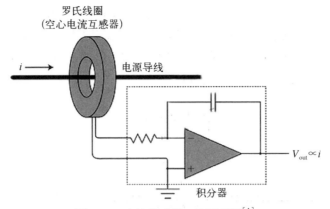

图 2-2　电流传感器工作原理图[1]

电流需要将罗氏线圈放置于真空舱内,故需要对线圈电压信号线进行改装,使其能够适配上舱体航空插座接口上,以便于将信号输出至舱外积分器。与插座连接的延长线在方便安装操作的前提下应尽量控制其长度,并采用双绞线,将信号传输的损耗和干扰降到最低。

　　PPT 放电电压持续时间短、电压幅值大,要求测量系统响应时间快、分压比大。相对于放电电流来说,放电电压的测量要容易,可以采用电容分压器或高压探头,根据放电电压大小可选用不同型号的高压探头。在测量时高压探头通过舱体上的接线柱与舱内储能电容正负极相连,舱外连接到地面试验电源的正负极。高压探头和连接导线及真空舱接线柱的分布电容与主电容相比可以忽略不计。PPT 放电期间,充电电路停止向储能电容充电,通过示波器内部触发采集放电电压。

2.2.2　推力器性能参数测试

1. 微推力测试系统

　　PPT 的元冲量是性能的重要参数,微推力测试是 PPT 研究不可缺少的部分[13-14],但 PPT 的微推力测量存在诸多困难。首先 PPT 产生的是动态脉冲推力,推力仅为几十微牛,脉宽也仅为几微秒至几十微秒,那么 PPT 微小推力测量除了要解决推力器自重、电路导线连接对推力测量、校准的影响外,最主要的是解决动态脉冲推力测量、校准的难题。因而 PPT 微小推力测量的关键技术之一是测量装置的响应速度,只有较快的响应速度才能实现检测信号的动态测量。常见的微推力测量系统的结构主要有天平式、单摆式和扭摆式,以下分别介绍这几种测量系统的结构和工作原理。

1) 天平式

天平式微推力测量系统主要由动架、静架及位移传感器组成。

天平式微推力测试台(图2-3)的动架整体为十字式结构,其中水平方向两端分别安装有位移传感器和水平配重,竖直方向上端用来固定 PPT 样机,下端装有主平衡配重,用来平衡推力器自身质量和调节动架整体的质心位置。配重有大小两种,可实现粗调与微调。

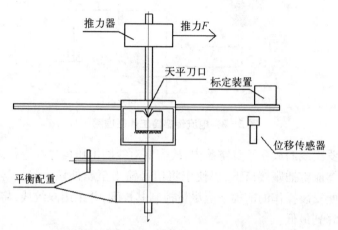

图2-3 天平式微推力测试台原理图

微推力测试台的静架用于承受推力器和动架的质量,主要起固定待测推力器、支撑动架、安装位移传感器和固定连接线路的作用。底座下侧安装3个平衡螺钉来调节平衡高度,配有圆形气泡水平仪来检测水平度。底座上还安装有限位螺栓,限制动架在垂直面内的摆动位移,以对动架摆动机构进行过载保护。静架上方横梁处安装固定有"V"型刀口[15]。刀口具有一定的长度,使得动架只能在垂直于刀口轴线方向进行摆动,限定了动架在非敏感轴方向上的平动和转动,只能在敏感轴方向上运动,从而保证了摆动位移方向的确定性。

微推力测试台的位移传感器使用的是差动变压器式线性位移传感器(linear variable differential transformer, LVDT),与其他类型传感器相比,LVDT 具有工作可靠、线性度好、结构简单等优点,而且属于非接触性测试,对测试台动架的摆影响可降到最小,几乎可忽略不计。考虑到动架产生的偏转位移很小,为了能够提高位移测量的准确性,将位移传感器安装在距离摆动中心轴线尽可能远的位置。

天平式微推力测量系统的基本过程是:PPT 工作产生的推力对微推力测试台转动中心产生力矩,推动动架转动,由天平水平臂顶端的位移传感器测量该处的偏转位移。当微推力测试台固有频率远低于 PPT 点火频率时,分析在多脉冲推力作用下测试系统的输出与脉冲平均推力的关系,找到在高频多脉冲微推力作用下系统稳态转角与平均推力的关系,从而实现多脉冲平均推力的测量[16]。

2）单摆式

单摆式结构原理简单,容易实现,且适合大质量的推力器,推力测量范围一般在微牛至牛量级。典型结构如图 2-4 所示,主要由单摆、挠性枢轴、传感器等组成。推力器安装在单摆下端,在水平推力作用下,摆臂在铅垂面内摆动,由重力提供恢复力,测量单摆的位移可获取推力或脉冲冲量。单摆型结构可通过调节摆臂长度调整灵敏度,推力器电气管路可安装在摆臂内,减小管路影响。但单摆型结构恢复力由重力提供,会引入非线性效应,重力的变化(如推进剂的消耗等)也会影响推力测量。

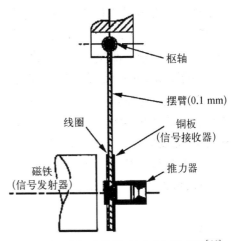

图 2-4　单摆式微推力测试台原理图[16]

3）扭摆式

扭摆式是国内外学者普遍采用的推力测量结构[17]。典型的扭摆式结构如图 2-5 所示,主要由挠性枢轴[图 2-5(a),LVDT 为线性差动变压器]或扭丝[图 2-5(b)]水平横梁、配重、位移或角度传感器和阻尼器等构成。其基本测量过程是:微推力器推力作用在水平横梁上,水平横梁在水平面内发生偏转,但在挠性枢轴或扭丝的恢复力作用下,水平横梁最终趋于新的平衡位置,测量该新平衡位置即可获取推力性能。扭摆式结构可有两种操作模式:① 动态模式,允许水平横梁对推力输入自由响应,直接测量转角获取推力;② 零位平衡模式,即用反馈力对推力进行补偿,使横梁始终工作在零位平衡状态,这种模式可增大测量范围。

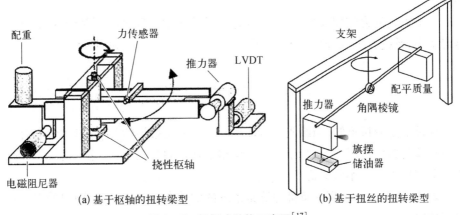

(a)基于枢轴的扭转梁型　　　　(b)基于扭丝的扭转梁型

图 2-5　扭摆式结构示意图[17]

　　挠性枢轴支撑的扭摆式能够测量微牛至毫牛量级的推力,而且通过可变位置的配重可实现不同质量微推力器的推力测量。随着微推力器质量和体积的小型化,扭丝的限重和定位难的局限得以打破,扭丝悬提的扭摆式结构受到关注,该结构在微牛量级推力测量中具有较高的测量精度。

　　扭摆式结构的优点有:推力器的重力和推力能够有效分离,从而恢复力不受推力器和扭臂等质量的影响;执行部件对纵向振动不敏感;通过调整横梁的长度可以调整灵敏度和信噪比。但温度的改变会引起弹性元件或扭丝刚度系数的变化或热变形,需要监测环境温度,分析其影响。

　　以上几种类型的微推力测量系统的力学模型都是典型的二阶质量—弹簧—阻尼系统,可以通过二阶微分方程来描述:

$$\ddot{\theta} + 2\omega_n \xi \dot{\theta} + \omega_n^2 \theta = M/J \qquad (2-1)$$

式中,θ 为角位移量;ω_n 为无阻尼自振频率;ζ 为阻尼比;M 为推力器对中心转轴产生的力矩;J 为台架的转动惯量。

　　由于测试台采用的传感器是差动变压器式线性位移传感器,测量的是位移量 x,在小角度的偏转情况下角位移量 $\theta(t)$ 与位移量 x 呈线性关系,即

$$x = l_s \sin \theta \approx l_s \theta \qquad (2-2)$$

式中,l_s 为位移传感器安装位置与中心转轴之间的距离。

　　当脉冲等离子体推力器以一定的频率连续点火时,作用在测试台上的多脉冲力可近似看成是一个恒定的平均推力,此时作用在测试台上的力矩为

$$M = F l_p \qquad (2-3)$$

式中,F 为推力器产生的平均推力;l_p 为推力器放电端口与中心转轴之间的距离。

　　一个恒定的力作用在测试台上,经过短暂的振动过程之后,系统会稳定于一个静态状态,系统方程微分分量为零,可得

$$x = \frac{l_s l_p}{\omega_n^2 J} F \qquad (2-4)$$

　　通过上述分析可知,当给测试台作用一个单冲量推力的时候,测试台会有一个二阶衰减的振荡过程,然后趋于稳定。根据上述推导公式可得,这个偏转位移的大小与平均推力的大小呈正比。

　　表 2-3 为三种类型的微推力测量系统的优缺点、测量范围及国内外展开相关研究的单位。

表 2-3　三种微推力测量系统对比

类型	优　点	缺　点	测量范围	研 究 单 位
天平式	精度高,结构简单	对推力器质量变化敏感,平衡不稳定,动态响应慢	mN～N	南加州大学、北京航天计量测试技术研究所、北京理工大学
单摆式	结构原理简单,容易实现,且适合大质量的推力器	重力的变化影响测量的准确性	μN～N	普林斯顿大学、NASA、大阪大学、博洛尼亚大学
扭摆式	推力器的重力和推力能够有效分离,从而恢复力不受推力器和扭臂等质量的影响;执行部件对纵向振动不敏感;通过调整横梁的长度可以调整灵敏度和信噪比	温度对弹性元件或扭丝刚度系数有影响,需监测环境温度及其影响	μN～mN	东京大学、NASA、中国人民解放军装备指挥技术学院、华中科技大学

2. 烧蚀质量测试系统

测量推进剂的烧蚀质量用于计算 PPT 的比冲、效率等性能指标。PPT 推进剂烧蚀质量的测量对测量仪器的精度要求很高,这是因为 PPT 单次脉冲烧蚀质量非常小,仅为微克级。目前普遍采用的烧蚀质量测量方法是让 PPT 多次点火工作,称量点火前后推进剂的总质量,得到总质量的变化量除以点火次数,得到单次脉冲烧蚀平均质量。此外,为了减小实验真空环境与测试大气环境之间的系统误差,可以采用系统校正的方法[17-19],具体方法为增加一个推进剂样本,要求其形状大小与实验推进剂基本一致,在 PPT 点火前称量,分别称量记录样本推进剂和试验推进剂的质量。将样本推进剂和 PPT 样机一同放进真空舱内,抽真空,进行 PPT 点火实验。实验结束后,将两块推进剂从真空舱中取出并在大气环境下静置半小时,再次分别测量样本推进剂和试验推进剂的质量。用样本推进剂实验前后的质量变化量对试验推进剂的烧蚀质量进行校正,可以减小整个实验过程中由于环境变化等因素引起的系统误差,提高测量的准确性,整个实验操作过程中使用镊子取放推进剂[20-21]。

测量仪器应选用精度为 0.01 mg 或更高的高精度电子天平测量烧蚀质量,具有内部校准功能模式,外部有防尘罩,可有效地防止在称量过程中外界的灰尘、湿度及空气对流对测量结果造成影响[22]。

测量推进剂单次烧蚀平均质量的基本步骤如下:

(1)接通电源后,预热至少半个小时,使电子天平达到所需的工作温度;

(2)使用天平自动校准功能,等到示数为零时,校准结束,进行称量;

(3)将推进剂放置在托盘上,关闭橱窗,等待示数稳定,记录质量,分别测量样本推进剂和试验推进剂的质量为 m_1 和 m_2;

(4)将样本推进剂和使用试验推进剂的 PPT 样机一同放进真空舱内,抽真空,进行 PPT 点火实验,记录点火次数 n;

（5）实验结束后，将两块推进剂从真空舱中取出并在大气环境下静置半小时，再次分别测量样本推进剂和试验推进剂的质量为 m_3 和 m_4；

（6）计算推进剂单次烧蚀平均质量：

$$\bar{m} = \frac{(m_2 - m_4) - (m_1 - m_3)}{n} \qquad (2-5)$$

3. PPT 性能参数计算方法

1）元冲量

在不能准确测量 PPT 产生的微推力时，也经常利用 PPT 的放电电流来计算 PPT 的元冲量。研究结果表明，PPT 的电磁元冲量与放电电流平方的积分成正比，对于 PPT 来说，气动加速对推力的贡献小，故一般情况下估算 PPT 元冲量时，假设等离子体只受电磁加速并忽略中性气体产生的冲量：

$$I_{bit} = \frac{\mu_0 h}{2w} \int_0^{t_e} I^2(t)\,dt \qquad (2-6)$$

式中，μ_0 为真空磁导率；h 和 w 分别为 PPT 的极板间距和宽度；$I(t)$ 为 t 时刻电路中的电流；t_e 为放电结束时刻。

2）比冲

得到元冲量后，用下式计算比冲：

$$I_{sp} = \frac{I_{bit}}{mg} \qquad (2-7)$$

式中，m 为 PPT 单次放电的推进剂烧蚀质量；g 为重力加速度。

3）推功比

推力功率比，由下式计算：

$$\frac{T}{P} = \frac{I_{bit}}{E_0} \qquad (2-8)$$

式中，E_0 为放电开始时电容储存的能量。

4）推力效率

由元冲量、烧蚀质量、单次放电能量可得到推力效率：

$$\eta_t = \frac{I_{bit}^2}{2mE_0} \qquad (2-9)$$

2.2.3　等离子体特性参数测试

PPT 等离子体特性参数诊断分为羽流成分测量、电子温度和电子密度测量、等离子体速度测量及等离子体运动过程记录等。羽流成分测量一般采用质谱分析的方法;电子温度和电子密度测量一般采用三探针或发射光谱诊断;等离子体速度测量一般采用飞行时间测量方法;等离子体运动过程则通常采用高速摄像机进行拍摄记录,即在微秒级的放电时间内,连续进行十余次高速拍照,获取不同时刻放电照片。PPT 等离子体的电子温度、电子密度、离子速度和羽流成分等特性参数研究以及放电过程高速拍照,对于研究 PPT 的放电过程、烧蚀过程、电离过程及加速过程等微观物理现象有重要意义。

PPT 放电产生的等离子体与一般的稳态等离子体相比,有两个主要的不同。① PPT 放电产生的等离子体是脉冲等离子体,等离子体存活时间非常短,约为几微秒到几十微秒。这个特点使得一些普遍应用于稳态等离子体的诊断技术,如单朗缪尔探针技术等,很难用于 PPT 等离子体测量;② PPT 等离子体的产生与放电时间有重合,伴随着强烈的电磁辐射,测试设备仪器不可避免地会受到干扰。以下主要介绍常用的等离子体特性参数诊断技术:探针技术和光谱技术。

1. 探针技术

朗缪尔探针技术普遍应用于等离子体的电子密度、电子温度及粒子速度诊断。其测量方法是:将一根极细小的探针插入等离子体中,作为一个电极,以舱体壁作为另一个电极。在两电极间施加扫描电压,得到 $I-V$ 曲线,进而可以计算等离子体的电子密度、电子温度、等离子体空间电位、悬浮电位等参数。然而获得 $I-V$ 曲线需要的时间在毫秒量级,而 PPT 等离子体寿命为微秒级,因而无法用于 PPT 等离子体诊断。

双朗缪尔探针(简称双探针)的使用原理与单探针完全相同[22],区别仅仅是:当等离子体空间区域较小时,舱体壁可以等效成一根探针,与单探针形成回路,完成测试任务;而当舱体空间很大,等离子体无法完全填充,则必须伸入两根探针进入等离子体,才能与外加偏压形成回路。当然,如果使用单探针,舱体壁与大地同电位。采用双探针方法可以对等离子体进行速度测量。具体方法是在 PPT 电极出口下游,布置两路施加恒定偏置电压的双探针。当等离子体运动到探针位置时,等离子体将探针连通,而得到等离子体到达的时间信号。通过比较两路探针的时间信号延迟,估算等离子体速度。

1965 年 Chen 和 Sekiguchi 发展了朗缪尔探针理论[23],使用三根同样的探针,在不需要电压扫描的情况下,就可以得到等离子体的电子密度和电子温度数据,使朗缪尔探针可以应用到瞬态等离子体诊断。三探针诊断原理如图 2-6 所示。

选三根同样的探针,分别用 V_{d2} 和 V_{d3} 的电池施加偏压如图 2-6 所示,以两电池的正极为参考点。当探针插入等离子体中时,由于探针存在偏置电压,探针 1

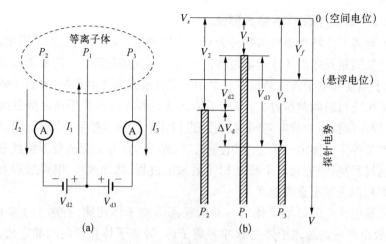

图 2 - 6　三探针诊断原理图

（参考点）电位在悬浮电位以上，探针 2 和探针 3 电位在悬浮电位以下，因此形成如图所示的电流 I_1、I_2 和 I_3。根据原理图，可以得到如下关系式：

$$I_1 = I_2 + I_3 \qquad (2-10)$$

$$V_2 - V_1 = V_{d2} \qquad (2-11)$$

$$V_3 - V_1 = V_{d3} \qquad (2-12)$$

假设有：

（1）等离子体中电子能量服从麦克斯韦分布；

（2）电子平均自由程远远大于离子鞘层厚度和探针直径；

（3）离子鞘层厚度小于探针间距，从而可以忽略鞘层间的相互影响。

在以上三条假设下，可以得到探针电流的关系式，如下：

$$-I_1 = -SJ_e \exp(-\phi V_1) + SJ_i(V_1) \qquad (2-13)$$

$$I_2 = -SJ_e \exp(-\phi V_2) + SJ_i(V_2) \qquad (2-14)$$

$$I_3 = -SJ_e \exp(-\phi V_3) + SJ_i(V_3) \qquad (2-15)$$

式中，

$$\phi \equiv e/kT_e \qquad (2-16)$$

$$J_e = n_e e (kT_e/2\pi m_e)^{\frac{1}{2}} \qquad (2-17)$$

J_e 是电子饱和电流密度；J_i 是离子饱和电流密度；S 是探针表面积；k 是波尔兹曼常数；e 和 m_e 分别是电子电荷和电子质量。为了简化，假设离子饱和电流随电势的

变化可以忽略[即 $J_i(V_1) = J_i(V_2) = J_i(V_3)$]。因此可以得到

$$\frac{I_1 + I_2}{I_1 + I_3} = \frac{1 - \exp(-\phi V_{d2})}{1 - \exp(-\phi V_{d3})} \qquad (2-18)$$

进而由式(2-16)得到电子温度 T_e。

利用式(2-14)和式(2-15),得到式(2-19):

$$J_i = \frac{1}{S} \times \frac{I_3 - I_2 \exp(-\phi \Delta V_d)}{1 - \exp(-\phi \Delta V_d)} \qquad (2-19)$$

式中,$\Delta V_d \equiv V_{d3} - V_{d2} = V_3 - V_2$,从以上结果只能直接得到电子温度和饱和离子电流。为了得到电子密度,需要从离子鞘层理论进行分析。

一般来说,根据单朗缪尔探针的 $I-V$ 曲线得到的饱和电子电流与根据电子热运动理论计算得到的饱和电子电流吻合较好,而饱和离子电流,尤其在低气压条件下,试验得到的饱和离子电流值比纯热运动得到的饱和离子电流明显偏大。对于这个问题,目前普遍接受的观点是:离子鞘层内产生的电场部分的穿透鞘层,使得探针鞘层外边界与等离子体之间形成一个所谓的"类等离子体区域",在这个区域中离子被加速,结果是探针鞘层外边界上的离子电流密度远大于根据热运动得到的饱和离子电流密度。鞘层结构如图 2-7 所示,根据理论计算,离子鞘层外边界电势为

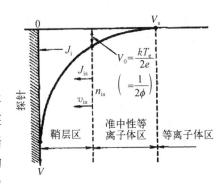

图 2-7 鞘层理论示意图

$$V_0 = (kT_e/2e) = (1/2\phi) \qquad (2-20)$$

$$v_{is} = (2eV_0/m_i)^{\frac{1}{2}} = (kT_e/m_i) \qquad (2-21)$$

$$J_{is} = en_{is}v_{is} = en_{is}(kT_e/m_i) \qquad (2-22)$$

在"类等离子体区域"中,电子密度和离子密度仍近似相等,且服从麦克斯韦分布,可以得

$$n_{is} \cong n_{es} = n_e \exp[-\phi(1/2\phi)] = n_e \exp\left(-\frac{1}{2}\right) \qquad (2-23)$$

式中,n_{es}、n_{is} 分别是鞘层边界上的电子密度和离子密度;n_e 是等离子体中的电子密度。由于假设薄鞘层,所以鞘层外表面积与探针表面积近似相等,所以探针表面

离子饱和电流为

$$J_i = (S'/S)J_{is} \cong J_{is} = \exp\left(-\frac{1}{2}\right) e n_e (kT_e/m_i)^{\frac{1}{2}} \qquad (2-24)$$

进而，

$$J_e = J_i \exp\left(\frac{1}{2}\right) (m_i/2\pi m_e)^{\frac{1}{2}} \qquad (2-25)$$

结合式(2-19)，可以得到电子密度。

2. 光谱技术

用于诊断等离子体的光谱法包括发射光谱法、激光诱导荧光法、吸收谱法、X射线光谱法等。通过这些方法，可测到等离子体辐射的不同波长的谱线波谱。通过这些波谱，逆向就可以诊断出等离子体的各种参数，如等离子体的成分及其分布、电子密度、电子温度、离子密度、离子温度和磁场分布等重要数据[24]。而发射光谱法[25-27]因其具备的多种优点而被广泛地应用于各种不同过程的等离子体诊断和测试，同时能够满足瞬态数据采集、抗强电磁干扰等测试要求。下面详细介绍发射光谱测试系统。

1) 光谱系统的组成

光谱系统由光谱仪、高压稳压电源、滤光片轮、光电倍增管、PC控制主机、控制器、高速数据采集系统、步进电机和定位光源组成。光谱系统示意图如图2-8所示。

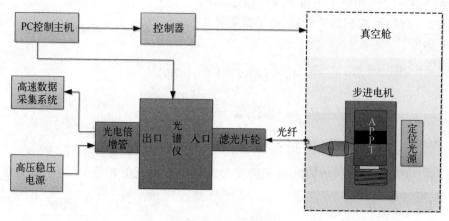

图 2-8　光谱系统组成

光谱仪是光谱系统的重要组成部分，它是利用光学原理，能够达到对物质的结构及成分等进行测量、分析和处理的基本一种设备，精度高、测量范围大及速度快等是它最大的优点，能够利用它来测定 PPT 产生的等离子体的光谱组成。光谱仪的基本组成有光源、准直系统、色散元件和检测系统。其工作原理如下：首先 PPT 产生的光透过狭缝而后形成一个物像，之后准直系统将透过狭缝的入射光线平行的射到光栅上，此时光栅将光在空间上进行散射；经过散射的光在聚焦系统的作用下聚焦在焦平面上，放置在焦平面探测器接受光信号，此时的光信号经过安置在出射狭缝处的光电信号转换器转换成电信号输出；最后由采集系统进行采集。

光谱仪的选取则主要考虑三个方面的因素：可测波长范围、PPT 等离子的脉冲特性和光路选择。光谱仪中最重要的两个部件分别是光栅和探测器。光栅将入射的复杂的混合光在空间上进行色散，光栅的光谱范围就从根本上决定了光谱测试系统所能感应到的光谱范围。探测器的作用是探测经过光栅散射的光的强度。不同的探测器可以响应不同的光谱频率范围，也具有不同的响应速度。探测器的响应速度直接决定了光谱系统能够响应的发光体频率。

步进控制系统由两部分组成，分别是控制器和步进电机。控制器和步进电机分别放置在真空舱的外部和内部，通过真空舱的高真空连接头连接起来。PPT 样机放置于步进电机上，在测量 PPT 放电通道内的同一高度上的不同位置的时候可以通过控制器控制步进电机进行移动，精度为 0.5%。

2）光谱方法技术要点

PPT 等离子体区光谱诊断由于其特殊性，实验测试时存在若干技术要点，时间尺度方面等离子体存在时间极短（仅为微秒级），这对测试系统的响应时间要求极高；空间尺度方面放电通道长宽高均为厘米级，对测试系统的空间分辨率提出了较高要求；另外 PPT 放电伴随着强烈的电磁干扰，对测试系统的抗干扰能力提出较高要求；最后光谱测试系统不能对等离子体区造成干扰，需要非接触式测量。目前 PPT 光谱测试系统主要有两种测量方案：光电倍增管和 CCD。光电倍增管的优势在于更好的时间响应速度，但同次只能测量单一位置；CCD 的优势在于极高的空间分辨率，但 PPT 的微秒级时间尺度使 CCD 处于曝光不足状态，常见的快门方式很难同时满足良好的信噪比和时间分辨率。目前很少存在同时满足高时空分辨的 PPT 光谱试验方案。

这就催生了一种伪同步法来同时实现时间与空间的高分辨能力。该方法假设多次 PPT 的放电过程保持一致，在单次 PPT 放电过程中仅测量某一位置某一波长的发射光谱，然后在下一次放电改变测量位置或波长。最终将多次放电获得的实验数据以某一时间基准整合可得到同时测量多个空间位置多个波长的发射光谱，实现较高精度的 PPT 发射光谱时空分布测量。但是此方法要保证测量时要有较好的重复性与稳定性。

（1）光谱的空间重复性：使用光纤作为把推力器产生的光传输到舱外的狭缝里的媒介，这就要求推力器羽流的发射光必须准直地进入光纤，否则采集到的光强度会比真实结果偏低，对测量结果有较大影响。此外，单次操作时移动推力器等操作,也会造成较大误差,因此需要对推力器进行精准的定位。为了尽可能减少等离子发射光的衍射和色散,使等离子体发射光谱以点光源的形式进入滤光片轮的入口,可以放置一组透镜,这样可使样机产生的光尽量多的进入光纤,同时滤光片轮和 PPT 样机间放置了一个可调节宽度的狭缝,这样就能够更精确地获得等离子体的光谱信息。每次实验应保证 PPT 样机电极板通道中心与光纤对准,以保证测量的重复性和稳定性。

(2)光谱的时间重复性:PPT 推力器放电的过程十分复杂,在等离子体产生的过程中伴随着强烈的电磁辐射、发光发热等剧烈的现象。并且放电通道又十分狭小,等离子体十分不均匀。所有这些特点给等离子体诊断带来了极大的困难。此外,火花塞点火与 PPT 放电有重合时间,因此确定采集光谱信号的初始零点十分重要。根据 PPT 的工作原理,主放电过程是在火花塞点火之后发生,PPT 的点火电源可以通过内置的单片机控制火花塞的点火频率,有良好的时间精确度,因此将火花塞的点火开始时间作为示波器开始采集 PPT 放电光谱信号的初始零点。但是火花塞点火电压高达 600 V 以上,无法将其直接接入示波器作为外触发的信号,可以进行电路改造解决该问题,具体方法为:在点火信号输出点并联一个电路,电路中串联 2 000 Ω 和 10 Ω 的电阻各一个,把 10 Ω 电阻两端的信号输入示波器作为其采集初始点。这样就实现了每次火花塞点火后开始采集光谱信号的功能。将火花塞点火信号作为光谱数据采集的起始零点,可以实现采集信号的时间上的同一性,解决了采集过程中出现的系列时序问题。

(3)光强标定:通过光谱仪实验测得的信号是 $u-t$ 变化曲线,并不是绝对的光强,因此需要进行光强标定。光强标定,就是利用已知高精度的光源的光强对试验系统进行标定,进而测得 IDE 光谱的电压与绝对光谱强度之间的关系。标定的标准光源波长范围应覆盖实验所测的光谱波长范围。标定过程中使用建立的光谱测试系统对标定光源进行测量,标定过程中应使工作的环境及光谱仪参数(包括波长、狭缝、光栅、稳压幅值)与实际测量过程一致,最后用标定光源所得的数据对实际光谱时测量的电压数据进行校正,就可以得到实际的光谱强度。

(4)取样电阻选择:推力器放电测得的光谱信号要通过光电倍增管进行放大输出转化为电流信号,不能直接用示波器进行采集,因为如果用示波器采集就相当于加了一个无限大的电阻,这样对于测量的结果影响很大,因此需要在输出信号线间加一个大小合适的电阻,称它为取样电阻。取样电阻选取的标准是在该电阻情况下所得到光谱曲线与放电曲线在持续时间尺度上保持一致,峰值变化需基本相同。经过多次实验测试对比分析,建议选取 300 Ω 作为光谱测试的取样电阻。

3)光谱测试实验流程

实验准备。检查各个仪器部件运行正常,按照正确的连接方法连接各部件。

(1)基准定位。初步调试,检查光源是否可以透过滤光片进入光谱仪,如果能通过示波器上必定有光信号,并进行零点位置的定位。

（2）抽真空。在以上步骤准确无误后,关闭舱门,手动操作电气控制柜,使得达到实验所需的真空环境(真空度在 $8×10^{-3}$ Pa 以下)。

（3）进行光谱实验。先进行光强标定,再进行点火实验测量得到真实的光谱强度。由于光谱的工作原理是将光信号转换为电压信号输出的,并不是直接得到的光强,因此还需要将电压信号转化为光强信号,如式(2-26)所示。

$$\frac{I}{I_{\text{S}}} \times S \times \Delta\lambda_{\text{InS}} = \frac{U}{U_{\text{S}}} \times k_{\text{InS}} \qquad (2-26)$$

式中,I_{S}、U_{S} 为查找数据插值后的标准光强、电压;I 为实际光强;U 为实验测得的电压值;S 为光谱仪狭缝面积;$\Delta\lambda_{\text{Ins}}$ 为仪器脉宽;k_{Ins} 为比例系数,均可由仪器及标定参数中查到。

4）光谱测试等离子体参数计算方法

表征等离子体特性非常重要的两个参数分别是电子温度和电子密度。下面对这两个特征参数的具体的计算方法进行介绍。

（1）电子温度

电子温度对气体的电离、激发和分解的概率有着制约和控制的作用,试验中主要采用光强比值法计算电子温度[28],具体介绍如下。

首先在等离子体中建立完全热平衡假设或者局部热平衡假设。热力学平衡的定义:对于气态原子(或离子、分子)的激发的电离,单位时间离开某一能级的重离子数等于到达此能级的该种粒子数,并且由某一过程到达此能级的粒子数与其反过程离开此能级的粒子数均相等,但是在光谱分析中,由于光源中存在向体系外的发射或吸收辐射能的状况,所以它们不是完全热平衡体系,只能是局部热平衡(local thermal equilibrium, LTE)体系。基于 LTE 假定,电子的碰撞控制了原子和离子在不同能级上的布局,因此由波尔兹曼分布关系可得到如下公式[29]:

$$\ln\frac{I_{mn}\lambda_{mn}}{g_{mn}A_{mn}} = \ln\frac{N}{Z} - \frac{E_m}{kT_{\text{e}}} \qquad (2-27)$$

式中,I_{mn} 是光强;A_{mn} 是从高能态 m 到低能态 n 的跃迁概率;λ_{mn} 是波长;g_m 是高能态统计权重;N 为粒子数密度;Z 为配分函数;E_m 为高能级能量;T_{e} 为电子温度;k 为波尔兹曼常数。

同一种离子有着同一个电离级次,故配分函数和粒子密度是相同的,但是却有着多种不同的波长谱线,故可由同一离子的两条谱线的相对强度之比来计算电子温度,由式(2-27)推导出式(2-28):

$$\frac{I_1}{I_2} = \frac{A_1 g_1 \gamma_2}{A_2 g_2 \lambda_1} \exp\left(-\frac{E_1 - E_2}{kT_e}\right) \quad\quad (2-28)$$

通过式(2-28)就能计算出所需的电子温度。如果继续推导式(2-28)得到式(2-29),应用波尔兹曼斜率法,拟合成直线,那么这个直线斜率即为所求的电子温度。

$$\ln\frac{I\lambda}{gA} = -\frac{E}{kT_e} + C \quad\quad (2-29)$$

测得光强后,求该直线斜率即可获得等离子体峰值电子温度。以聚四氟乙烯为固体推进剂的 PPT 中,通常 C^+ 光谱的分布较其他组分更为广泛,各谱线间具有较好的分辨率,因此测量 C^+ 的 391.90 nm、588.98 nm 及 658.29 nm 三条谱线峰值时刻的光强,代入式(2-27),绘制图像拟合直线斜率可以求得该 PPT 的等离子体峰值电子温度。

(2) 电子密度

电子密度的计算[30-31]需要根据实验测得的数据进行拟合,建立谱线展宽与密度的函数,谱线符合洛伦兹线型:

$$I(\Delta\lambda)\frac{W/\pi}{(\Delta\lambda - d)^2 + W} \quad\quad (2-30)$$

式中,W 为单边线宽;d 为线移;$\Delta\lambda$ 为离谱线中心的距离。

谱线的展宽有很多种,并且在实际的工作工程中,谱线会同时受到多种展宽机制的影响,其中主要包括 Stark 展宽、多普勒展宽、仪器展宽、共振展宽及范德瓦尔斯展宽等。由于共振展宽和范德瓦尔斯展宽太小可忽略不计,故展宽公式可表示为

$$\Delta\lambda_{\text{Stark}} = \Delta\lambda_{\text{Total}} - \Delta\lambda_{\text{Doppler}} - \Delta\lambda_{\text{Insturment}} \quad\quad (2-31)$$

由于多普勒展宽和仪器展宽都在 10^3 nm 量级,由于实验的误差等原因,得到的展宽数值可能较大,故可假设主要受到 Stark 展宽的影响:

$$\Delta\lambda_{\text{Stark}} \approx \Delta\lambda_{\text{Total}} \quad\quad (2-32)$$

Stark 展宽,即带电粒子引起的在等离子体中占主导地位的压制展宽,它的公式如下:

$$\Delta\lambda_S = \left[(d/w) + 2.0 \times 10^{-4} N_e^{1/4}\alpha(1 - 0.068 N_e^{1/6} T^{-1/2})\right]10^{-16} w N_e$$
$$(2-33)$$

式中，$\Delta\lambda_s$ 为谱线 Stark 线移量；N_e 为电子密度；T 为电子温度；w 为电子碰撞半宽度；d 为线移；α 为离子展宽参数。

选用此方法进行密度计算时，应满足以下条件（N_e 的单位应为 $10^{16}\ \mathrm{cm}^{-3}$）：

(1) $10^{-4} \times \alpha N_e^{1/4} < 0.5$；

(2) $\sigma = 8.0 \times 10^{-2} \omega\lambda^{-2}(T/\mu)^{-1/2}N_e^{2/3} > 1$；

(3) $R = 9.0 \times 10^{-2} N_e^{1/6} T^{-1/2} < 0.8$。

2.2.4　脉冲等离子体推力器典型设计及实验测试

1. 测试条件

使用 2.1 节建立的单脉冲等离子体推力器实验样机，进行单脉冲 PPT 放电实验，并使用 2.2 节中介绍的测量系统测量实验的放电参数、推力性能和等离子体性能参数[32-33]，具体结果如下所述。

2. 放电参数

如图 2-9 为放电电压为 750 V 时，PPT 放电过程中电压和电流波形图[34]。从图中可以看到，单次 PPT 脉冲周期约为 3 μs，在放电电压为 750 V 时，脉冲电流最大可达 3 000 A 左右。

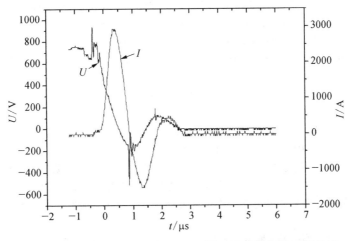

图 2-9　放电电压为 750 V 时，PPT 放电过程中电压和电流波形

3. 性能参数

根据 2.2.2 节中微推力测试方法，可以测得单次实验中推进剂的烧蚀质量，在本次实验中为 1.25 μg，由已知的 PPT 样机的基本参数、放电参数和烧蚀质量，根据式(2-5)~式(2-8)可以计算出推力器单次实验的性能参数，估算得到的 PPT 的元冲量为 6.36 μNs，推力功率比为 11.3 μN/W，比冲为 509 s。该工况下 PPT 的

推力效率为 2.88%。

4. 等离子体参数

根据 2.2.3 节中的等离子体特性参数的测试方法,可以分别使用三探针技术和发射光谱技术得到单次 PPT 放电实验中等离子体的电子温度和电子密度的基本数据。

经过大量的试验,最终得到了电容容量为 10 μF,初始放电电压分别是 1 kV、1.2 kV、1.4 kV 三个工况下的电子密度和电子温度数据,电子密度分别是 1.7×10^{14} cm^{-3}、2.3×10^{14} cm^{-3}、4.5×10^{14} cm^{-3},电子温度最大值为 6~7 eV。电子数密度随放电能量的增大而增大,这一趋势是合理的。

参考文献

[1] 冯炯. 脉冲等离子体推力器二次放电实验和理论研究. 北京: 北京理工大学,2016.

[2] Zheng C, Henry B. Performance of high power capacitors for pulsed plasma thruster applications. 26th International Electric Propulsion Conference, IEPC - 99 - 060, 1999.

[3] Cassady R, Hoskins W A, Campbell M, et al. A micro pulsed plasma thruster (PPT) for the "Dawgstar" spacecraft. IEEE Aerospace Conference Proceedings, 2000, 4: 7 - 14.

[4] Curran F, Peterson T, Pencil E, et al. Pulsed plasma thruster technology directions. Joint Propulsion Conference and Exhibit, 2013.

[5] Leduc J, Bromaghim D, Peterson T, et al. Mission planning, hardware development, and ground testing for the Pulsed Plasma Thruster (PPT) space demonstration on MightySat Ⅱ.1. Proceedings of the Joint Propulsion Conference and Exhibit, 1997.

[6] Hanji W. Initiating characteristics of ignition system of PPT. Tokyo: 17th International Electric Propulsion Conference, 1984.

[7] Brady M E, Aston G. Pulsed plasma thruster igniter plug ignition characteristics. Pasadena: Boeing Aerospace Company, AIAA, 1982.

[8] Aston G, Pless L C, Brady M E. Pulsed plasma thruster ignition study. AFRPL Jet Propulsion, AFRPL - TR - 81 - 105, 1982.

[9] 杨乐. 脉冲等离子体推力器工作过程理论和实验研究. 长沙: 国防科学技术大学,2007.

[10] 罗宣国,金传山. 电气设备常用绝缘材料特性. 可再生能源,2013,31(12): 142 - 144.

[11] 尹乐. 脉冲等离子体推力器工作过程及羽流的数值仿真研究. 长沙: 国防科学技术大学,2009.

[12] 王司宇. 脉冲等离子体推力器实验及仿真研究. 北京: 北京理工大学,2016.

[13] 杨乐,李自然,吴建军,等. 脉冲等离子体推力器微推力测试技术的述评. 宇航计测技术,2006,26(4): 52 - 55.

[14] 鲁高飞. PPT 的高精度微冲量测量技术研究. 长沙: 国防科学技术大学,2014.

[15] 朱迎超. 脉冲等离子体推力器推力测试及光谱特性实验研究. 北京: 北京理工大学,2015.

[16] 王广宇,洪延姬. 脉冲微推力器平均推力测量研究. 推进技术,2009,30(5): 638 - 640.

[17] 金星,洪延姬,陈景鹏,等. 激光单脉冲冲量的扭摆测量方法. 强激光与粒子束,2006,18

(11)：1809－1812.

[18]　邓健.脉冲等离子体推力器脉冲电源及推进剂烧蚀特性的实验研究和数值分析.南京：南京理工大学,2013.

[19]　杨乐,李自然,尹乐,等.脉冲等离子体推力器研究综述.火箭推进,2006,32(2)：36－40.

[20]　杨乐,李殿东.脉冲等离子体推力器实验系统.真空,2008,45(4)：41－44.

[21]　鲁文涛,蒋远大,吴汉基,等.脉冲等离子体推力器地面试验电源.科学技术与工程,2010,10(10)：2384－2388.

[22]　陈成权.脉冲等离子体推力器测控装置研制及试验研究.北京：北京理工大学,2011.

[23]　Chen Sin-Li, Sekiguchi T. Instantaneous direct-display system of plasma parameters by means of triple probe. Journal of Applied Physics, 1965, 36(8)：2363－2375.

[24]　Huddlestone R H, Leonard S L. Plasma diagnostic techniques. New York：Academic Press, 1965.

[25]　刘振.双脉冲等离子体推力器的光谱特性研究.北京：北京理工大学,2016.

[26]　陈森,张师平,吴疆,等.光电倍增管光谱特性实验设计.大学物理实验,2013,26(1)：31－33.

[27]　王海科,吕云鹏.光电倍增管特性及应用.仪器仪表与分析监测,2005,(1)：1－4.

[28]　陆同兴,赵献章,崔执凤.用发射光谱测量激光等离子体的电子温度与电子密度.原子与分子物理学报,1994,11(2)：120－128.

[29]　Markusic T E, Spores R A. Spectroscopic emission measurements of a pulsed plasma thruster plume. US Air Force. Electric Propulsion Laboratory, Edwards AFB, CA. American Institute of Aeronautics and Astronautics, 1997.

[30]　冉俊霞,董丽芳,张少朋,等.仪器展宽对大气压等离子体电子密度测量的影响.原子与分子物理学报,2008,25(3)：191－195.

[31]　Liu F, Nie Z F, Xu X, et al. Measurement of electron density by Stark broadening in an ablative pulsed plasma thruster. Applied Physics Letters, 2008, 93(11)：55－57.

[32]　左冠宇.脉冲等离子体推力器等离子体特性计算及性能仿真研究.北京：北京理工大学,2016.

[33]　张华,吴建军,何振,等.脉冲等离子体推力器等离子体羽流的光谱研究.光谱学与光谱分析,2016,36(6)：1867－1871.

[34]　黄天坤.脉冲等离子体推力器能量分配机理的理论分析与实验研究.北京：北京理工大学,2017.

第3章
脉冲等离子体推力器的数学模型

脉冲等离子体推力器作为一种结构简单的微推进系统,有必要开发简单的性能评估手段。但是PPT工作过程中涉及的各个物理过程极其复杂且互相耦合,影响性能的因素有很多。PPT本质上是一个典型的RLC电路的放电过程,除与电容器本身密切相关外,还受到电路中电阻、等离子体电阻、电感等参数的影响,其中电感以及等离子体电阻均为放电通道几何构型参数的函数,因此,本章将详细介绍几种评估PPT性能的数学模型。

3.1 经典弹丸模型

3.1.1 动力学模型的建立

1968年,研究者首次用弹丸模型来描述平行板PPT的工作过程。此后,围绕非稳态的电磁加速的物理过程,对该模型的研究一直不断[1-2]。经典弹丸模型的基础是将系统近似为一个电路与动力学系统相互作用的机电装置,将电路理想化成一个离散的、可运动的电路,用于描述电路方程的物理定律是基尔霍夫电压定律。通常,电感和电流是时间的函数,而电阻则认为在等离子体加速过程中保持恒定。将动力学系统理想化成一个具有初始质量的电流片,电流片体被洛伦兹力加速喷出推力器,用于描述动力学过程的物理定律是牛顿运动第二定律。图3-1为平行

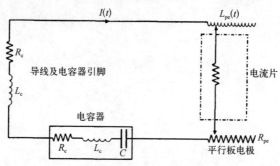

图3-1 平行板电极PPT的电路模型[1]

板电极 PPT 的电路模型,图 3 - 2 为平行板电极 PPT 的组成图。其中,L_c、L_{pe} 与 L_e 分别为电容器、平行板电极和导线及电容器引脚的电感;R_c、R_e、R_{pe} 和 R_p 分别为电容器、导线及电容器引脚、平行板电极和等离子体的电阻。根据图 3 - 1 所示,由基尔霍夫定律和法拉第电磁感应定律,有

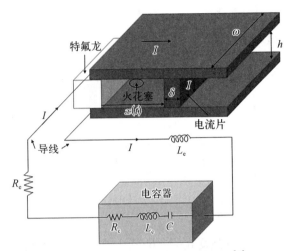

图 3 - 2　平行板电极 PPT 的组成图[1]

$$V_c(t) = IR_T(t) + \frac{\mathrm{d}}{\mathrm{d}t}\left[\lambda_{PPT}(t)\right] \qquad (3-1)$$

式中,$R_T(t) = R_c + R_e + R_{pe} + R_p(t)$;$\lambda_{PPT}(t)$ 为通过整个电路的磁通量。全磁通由电容器电感产生的磁通量 $\lambda_c(t)$、导线及电容器引脚电感产生的磁通量 $\lambda_e(t)$ 以及穿过平行板电极通道的磁通量 $\lambda_{pe}(t)$ 组成:

$$\lambda_{PPT}(t) = \lambda_c(t) + \lambda_e(t) + \lambda_{pe}(t) \qquad (3-2)$$

按照电容器、导线以及电容器引脚自感上式可重写为

$$\lambda_{PPT}(t) = L_c I(t) + L_e I(t) + \iint\limits_{electrodes} B_{ind}(x, y) \cdot \mathrm{d}A \qquad (3-3)$$

式中,L_c、L_e、B_{ind} 和 A 分别为电容器自感、导线及电容器引脚自感、穿过电流片的自感磁场强度和等离子体薄片的面积矢量。

1. 自感磁场强度模型

假设平行板电极近似为一个准无限宽($w \times h$)、完全导电(电导率 σ 为无限大)薄片组成的一匝螺线管,如图 3 - 3 所示。同时假设每个薄片都有均匀的单位宽度电流 K。由安培连续条件及完全导体的边界条件,得到电流片的磁场为

$$B_{ind} = \mu_0 K \hat{y} = \mu_0 \frac{I}{w} \hat{y} \qquad (3-4)$$

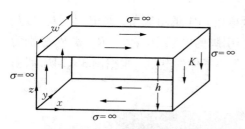

图 3-3 自感磁场强度模型[1]

将安培定律作用于电流片的表面 S,并利用式(3-4)作为边界条件,得到贯穿电流片的磁场为

$$B_{\mathrm{ind}}(x,\,t) = \mu_0\,\frac{I(t)}{w}\left[1 - \frac{x - x_s(t)}{\delta}\right]\hat{y} \tag{3-5}$$

假设电流片之前的磁场相等,并等于零。由此得到自感磁场强度的完整表达式为

$$B_{\mathrm{ind}}(x,\,t) = \begin{cases} \mu_0\,\dfrac{I(t)}{w}\hat{y} & 0 < x < x_s(t) \\[3mm] \mu_0\,\dfrac{I(t)}{w}\left[1 - \dfrac{x - x_s(t)}{\delta}\right]\hat{y} & x_s(t) < x < x_x(t) + \delta \\[3mm] 0 & x > x_x(t) + \delta \end{cases} \tag{3-6}$$

2. 电感模型

将平行板电极自感磁场强度式(3-6)代入式(3-3)中,得到

$$\lambda_{\mathrm{PPT}}(t) = L_c I(t) + L_e I(t) + \int_0^{x_s(t)}\!\!\int_0^h \mu_0\,\frac{I(t)}{w}\mathrm{d}y\mathrm{d}x + \int_{x_s(t)}^{x_s(t)+\delta}\!\!\int_0^h \mu_0\,\frac{I(t)}{w}\left[1 - \frac{x - x_s(t)}{\delta}\right]\mathrm{d}y\mathrm{d}x \tag{3-7}$$

将右边后两项积分,得

$$\lambda_{\mathrm{PPT}}(t) = L_c I(t) + L_e I(t) + \left[\mu_0\,\frac{h}{w}x_s(t) + \mu_0\,\frac{\delta}{2}\,\frac{h}{w}\right]I(t) \tag{3-8}$$

上式括号中的项是平行板电极的自感,

$$L_{\mathrm{pe}}(x_s(t)) = \frac{\lambda_{\mathrm{pe}}(x_s(t))}{I(t)} = \mu_0\,\frac{h}{w}x_s(t) + \mu_0\,\frac{\delta}{2}\,\frac{h}{w} \tag{3-9}$$

假设薄片厚度无限小,则式(3-9)可以简化为

$$L_{\mathrm{pe}}(x_s(t)) = \mu_0\,\frac{h}{w}x_s(t) \tag{3-10}$$

3. 动力学模型

电流片的运动遵循牛顿第二定律:

$$\frac{\mathrm{d}}{\mathrm{d}t}\left[m(t)\dot{x}(t)\right] = \sum \boldsymbol{F}(t) \tag{3-11}$$

式中, $m(t)$ 为电流片的质量; $\sum F(t)$ 为作用在电流片上力的总和。假设作用在电流片上的力为洛伦兹力:

$$F_{\mathrm{L}}(t) = \iiint\limits_{\substack{\text{current} \\ \text{sheet}}} j \times B \mathrm{d}V = \iiint\limits_{\substack{\text{current} \\ \text{sheet}}} \mu_0 \frac{[I(t)]^2}{\delta w^2}\left[1 - \frac{x - x_{\mathrm{s}}(t)}{\delta}\right]\mathrm{d}x\mathrm{d}y\mathrm{d}z = \frac{1}{2}\mu_0 \frac{h}{w}[I(t)]^2 \tag{3-12}$$

式中, j 为穿过电流片的电流密度, 有

$$j = -\frac{I}{w\delta} \tag{3-13}$$

将式 (3-12) 代入式 (3-11) 中得到经典弹丸模型的动力学方程:

$$\frac{\mathrm{d}}{\mathrm{d}t}[m(t)\dot{x}_{\mathrm{s}}(t)] = \frac{1}{2}\mu_0 \frac{h}{w}[I(t)]^2\hat{x} \tag{3-14}$$

假设所有的推进剂气体在 $t = 0$ 的时刻都聚集在推进剂的表面, 电流片在朝放电通道下游加速过程中没有质量累积, 即 $\dot{m}(t) = 0$, 有 $m(t) = m_0$。因此,

$$m_0\ddot{x}_{\mathrm{s}}(t) = \frac{1}{2}\mu_0 \frac{h}{w}[I(t)]^2 \tag{3-15}$$

4. 等离子体电阻模型

假设等离子体为一阶电离, 且完全电离[1-2], 有

$$R_{\mathrm{p}} = \frac{h}{\sigma_{\mathrm{p}} w \delta} \tag{3-16}$$

式中, σ_{p} 是电导率模型给出的等离子体电导率[1-2], 有

$$\sigma_{\mathrm{p}} = 1.53 \times 10^{-2} \frac{T_{\mathrm{e}}^{\frac{3}{2}}}{\ln \Lambda} \tag{3-17}$$

式中, Λ 是德拜长度和碰撞参数之比。

$$\Lambda = \frac{\lambda_{\mathrm{D}}}{\bar{b}_0} = 1.24 \times 10^7 \left(\frac{T_{\mathrm{e}}^3}{n_{\mathrm{e}}}\right)^{\frac{1}{2}} \tag{3-18}$$

式中, T_{e} 为电子温度; n_{e} 为电子数密度。

电流片的厚度近似等于磁场扩散深度,

$$\delta = \sqrt{\frac{\tau}{\sigma_{\mathrm{p}}\mu_0}} \tag{3-19}$$

式中,为特征脉冲时间;μ_0 为真空磁导率,其数值为 $4\pi \times 10^{-7}$。

由式(3-16)~式(3-19)可知,等离子体电阻为

$$R_\mathrm{p} = 8.08 \, \frac{h}{T_\mathrm{e}^{\frac{3}{4}} w} \sqrt{\frac{\mu_0 \ln\left[1.24 \times 10^7 \left(\frac{T_\mathrm{e}^3}{n_\mathrm{e}}\right)^{\frac{1}{2}}\right]}{\tau}} \tag{3-20}$$

5. 电路模型

电容器放电过程中,其电压可以写成

$$V_C(t) = V_0 - \frac{1}{C}\int_0^t I(t)\,\mathrm{d}t \tag{3-21}$$

式中,V_0 为电容器的初始电压。

由式(3-21)和式(3-8),式(3-1)可以改写成

$$V_0 - \frac{1}{C}\int_0^t I(t)\,\mathrm{d}t = I(t)(R_\mathrm{c} + R_\mathrm{e} + R_\mathrm{pe} + R_\mathrm{p})$$

$$+ \left[L_\mathrm{c} + L_\mathrm{e} + \mu_0 \frac{h}{w} x_\mathrm{s}(t) + \mu_0 \frac{\delta}{2}\frac{h}{w}\right]\dot{I}(t)$$

$$+ \mu_0 \frac{h}{w}\dot{x}_\mathrm{s}(t)I(t) \tag{3-22}$$

6. 模型求解

根据以上各式可以对模型进行求解,由式(3-22)、式(3-15)及式(3-20)组成一个耦合的非线性积分微分二阶方程:

$$\begin{cases} V_0 - \dfrac{1}{C}\displaystyle\int_0^t I(t)\,\mathrm{d}t = I(t)(R_\mathrm{c} + R_\mathrm{e} + R_\mathrm{pe} + R_\mathrm{p}) + \left[L_\mathrm{c} + L_\mathrm{e} + \mu_0 \dfrac{h}{w} x_\mathrm{s}(t) + \mu_0 \dfrac{\delta}{2}\dfrac{h}{w}\right] \\[3mm] \dot{I}(t) + \mu_0 \dfrac{h}{w}\dot{x}_\mathrm{s}(t)I(t) \\[3mm] m_0\ddot{x}_\mathrm{s}(t) = \dfrac{1}{2}\mu_0 \dfrac{h}{w}\left[I(t)\right]^2 \\[3mm] R_\mathrm{p} = 8.08 \dfrac{h}{T_\mathrm{e}^{\frac{3}{4}} w}\sqrt{\dfrac{\mu_0 \ln\left[1.24 \times 10^7 \left(\dfrac{T_\mathrm{e}^3}{n_\mathrm{e}}\right)^{\frac{1}{2}}\right]}{\tau}} \end{cases}$$

$$\tag{3-23}$$

初始条件：

$$x_s(0) = 0, \quad \dot{x}_s(0) = 0, \quad \int_0^{t=0} I(t)\,\mathrm{d}t = 0, \quad I(0) = 0 \tag{3-24}$$

通过对等离子片的位置 $x_s(t)$ 和放电电流 $I(t)$ 的求解，放电电压与等离子体速度等相关信息也同样可以得到，同时可以计算推力器性能参数。

比冲：

$$I_{\mathrm{sp}} = \frac{\dot{x}_e}{g} \tag{3-25}$$

式中，$\dot{x}_e$ 为推力器出口处速度；g 为重力加速度。

元冲量：

$$I_{\mathrm{bit}}(t) = \int_0^t \frac{1}{2}\mu_0 \frac{h}{w} \left[I(t)\right]^2 \mathrm{d}\tau \tag{3-26}$$

3.1.2　模型的验证与分析

美国于 1968 年发射了林肯实验卫星号(LES - 6)[3]，采用 PPT 承担卫星的东西位置保持任务，任务取得成功。从那以后，各国研究人员以 LES - 6 PPT 为研究对象，开展了大量的理论与实验研究，积累了许多研究成果。几乎所有的理论分析和数值仿真都选择 LES - 6 PPT 为对象进行模型验证，因此，本节选择 LES - 6 PPT 作为研究对象对经典弹丸模型进行验证。

LES - 6 PPT 的部分参数如表 3 - 1 所示。

表 3 - 1　LES - 6 PPT 的部分参数

初始电压/V	电容容量/μF	电容电阻/mΩ	初始电感/nH	电极间距/mm
1 360	2	30	34	30

电极厚度/mm	电极长度/mm	脉冲烧蚀质量/μg	等离子体温度/eV	电子密度/m⁻³
10	6	10	1.5	10^{21}

图 3 - 4 为 LES - 6 PPT 的放电电压和电流波形。由图可以看出，放电的波形是一个典型的 RLC 电路放电波形。除了放电初始阶段电流波形不同之外，整个电路的动力学特性匹配较好。计算得到的放电电压和电流波形与实验测到的存在差异，主要是因为模型中将等离子体电阻视为常数，而在实际推力器中，等离子体电阻随着等离子体的形成以及电子温度和电子数密度的改变而变化。

表 3 - 2 比较了 LES - 6 PPT 出口速度、比冲和元冲量的实验结果与计算结果。

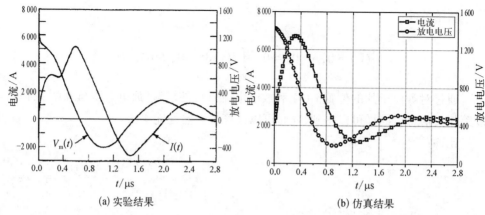

(a) 实验结果　　　　　　　　　　(b) 仿真结果

图 3 - 4　LES - 6 PPT 的放电电压和电流波形[1,3]

表 3 - 2　LES - 6 PPT 出口速度、比冲和元冲量的实验结果与计算结果[1]

参　　数	实　　验	计　　算
出口速度/(m/s)	3 000	2 976
比冲/s	300	303.7
元冲量/μNs	31.2	30

由表 3 - 2 可以看出,采用经典弹丸模型计算得到的 LES - 6 PPT 出口速度、比冲和元冲量与实验获得数值吻合较好。计算给出的值比实验测到的值要稍小,主要是因为推力器工作过程中等离子体电阻是变化的。此外,模型没有考虑真实推力器的气动效应。

图 3 - 5 为计算得到的 LES - 6 PPT 能量分布。由图可知,LES - 6 PPT 的电容

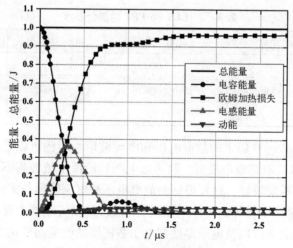

图 3 - 5　LES - 6 PPT 能量分布[1]

器储能中有 97.29% 的能量以欧姆加热的形式损失,只有 2.63% 转换成喷气动能;而 Vondra 等对 LES-6 PPT 的实验研究表明,仅有约 3% 的能量转化为动能,模型仿真结果与实验结果吻合较好。

由以上分析可以看出,对于平行板电极 PPT,经典弹丸模型计算得到的性能与实验结果吻合较好,因而可以采用经典弹丸模型对 PPT 的性能进行预估。

3.2　改进弹丸模型

虽然经典弹丸模型能够在一定程度上模拟 PPT 等离子体加速过程中的宏观特性,但其模型在应用中做了过多不符合 PPT 实际工作过程的假设,不能完全反映推力器真实的物理工作过程,其主要缺点和局限性在于[4]:

(1) 假设所有的推进剂气体在初始时刻都聚集在推进剂表面,气体完全电离;

(2) 电流片质量(即脉冲烧蚀质量)需要由实验预先给定(不能计算),且在向放电通道下游加速过程中质量保持恒定;

(3) 动力学模型中只考虑了洛伦兹力的加速作用,未考虑气动力对电流片(等离子体)的作用;

(4) 未考虑滞后烧蚀对推力器性能的影响,实验结合计算结果表明,滞后烧蚀是造成脉冲等离子体推力器效率低下的一个重要原因,因此对滞后烧蚀效应的评估是准确分析和描述 PPT 宏观工作特性的重要因素之一。

为了能够综合考虑脉冲烧蚀质量的变化,分析放电烧蚀阶段电磁力和气动效应对等离子体加速过程的影响,以及滞后烧蚀效应对推力器性能的作用,对经典弹丸模型进行改进,称为改进弹丸模型,该模型中假设:

(1) 平行板电极 PPT 的 RLC 等效电路模型与经典弹丸模型一致;

(2) 总脉冲烧蚀质量是由放电烧蚀过程中离子化产生的高速带电粒子质量和主放电结束后由滞后烧蚀效应产生的低速中性气体混合物质量两部分组成;

(3) 理想动力学系统中的电流片是由这些离子化所产生的带电粒子所构成,电流片在朝放电通道下游加速过程中质量逐渐累积;

(4) 动力学模型中作用在电流片上的力为洛伦兹力和气动压力的总和;

(5) PPT 宏观特性由放电过程中电流片的电磁和气动加速效应,以及脉冲放电后发生的滞后烧蚀气动效应所共同作用产生。

3.2.1　动力学模型的建立

固体推进剂电离后生成的等离子体,受到磁场的洛伦兹力以及由于欧姆热而产生的气动力,因此电流片同时受到洛伦兹力和气动力的作用(图 3-6)。

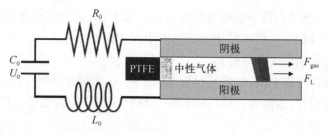

图 3-6 放电烧蚀阶段电流片加速示意图[4]

电流片的运动遵循牛顿第二定律：

$$\frac{\mathrm{d}}{\mathrm{d}t}\left[m_e(t)x_s(t)\right] = \sum F(t) = F_l(t) + F_g(t) \tag{3-27}$$

式中，$m_e(t)$ 为电流片质量；$\sum F(t)$ 为作用在电流片上的力的总和；$F_l(t)$ 为作用在电流片上的洛伦兹力；$F_g(t)$ 为作用在电流片上的气动力。

作用在电流片上的洛伦兹力如下式所示：

$$F_l(t) = \iiint_{\substack{current \\ sheet}} j \times B \mathrm{d}V = \frac{1}{2}\mu_0 \frac{h}{w}\left[I(t)\right]^2 \hat{x} \tag{3-28}$$

作用在电流片上的气动力：

$$F_g = \dot{m}_e u_e + (p_e - p_a)A_e \tag{3-29}$$

式中，u_e 是排气速度；p_e 和 p_a 分别是出口和环境的压强。

假设流动是稳定等熵流动，排气速度、质量流量、压强、停滞和出口压强的比例可通过以下三种形式表现：

$$u_e = \sqrt{\frac{2\gamma RT_0}{(\gamma-1)}\left[1 - \left(\frac{p_e}{p_0}\right)^{\frac{\gamma-1}{\gamma}}\right]} \tag{3-30}$$

$$\dot{m}_e = \frac{Ap_0}{\sqrt{\gamma RT_0}}\left[\gamma\left(\frac{2}{\gamma+1}\right)^{\frac{\gamma+1}{2(\gamma-1)}}\right] \tag{3-31}$$

$$\frac{p_0}{p_e} = \left(1 + \frac{\gamma-1}{2}M^2\right)^{\frac{\gamma}{\gamma-1}} \tag{3-32}$$

式中，γ 为等离子体的比热比；R 为摩尔气体常数；A 是推进剂表面积。

结合式(3-29)~式(3-32)，整理得

$$F_g = p_0 A \left[\gamma \left(\frac{2}{\gamma + 1} \right)^{\frac{\gamma}{\gamma-1}} + \left(1 + \frac{\gamma - 1}{2} \right)^{\frac{\gamma}{\gamma-1}} \right] \tag{3-33}$$

并设 C_f、C_m 分别为

$$C_f = \gamma \left(\frac{2}{\gamma + 1} \right)^{\frac{\gamma}{\gamma+1}} + \left(1 + \frac{\gamma - 1}{2} \right)^{-\frac{\gamma}{\gamma-1}} \tag{3-34}$$

$$C_m = \gamma \left(\frac{2}{\gamma + 1} \right)^{\frac{\gamma+1}{2(\gamma-1)}} \tag{3-35}$$

将式(3-31)、式(3-34)和式(3-35)代入式(3-33),整理得

$$F_g = \dot{m}_e \sqrt{\gamma R T_e} \, C_f / C_m \tag{3-36}$$

式中,T_e 为等离子体的温度。

将式(3-28)和式(3-36)代入式(3-27),整理得

$$\frac{\mathrm{d}}{\mathrm{d}t} [m_e(t) x_s(t)] = \sum F(t) = F_l(t) + F_g(t)$$
$$= \frac{1}{2} \mu_0 \frac{h}{w} [I(t)]^2 + \dot{m}_e \sqrt{\gamma R T_0} \, C_f / C_m \tag{3-37}$$

式(3-37)进一步整理得

$$m_e(t) \ddot{x}_s(t) + \dot{m}_e(t) \dot{x}_s(t) = \frac{1}{2} \mu_0 \frac{h}{w} [I(t)]^2 + \dot{m}_e \sqrt{\gamma R T_0} \, C_f / C_m \tag{3-38}$$

3.2.2　烧蚀质量模型的建立

由式(3-38)可知,求解动力学模型需要进一步获取 $m_e(t)$,即电流片在朝放电通道下流加速过程中质量逐渐累积的过程。由改进"弹丸"模型假设(2)可知,准稳态流假设成立,$m_e(t)$ 可由放电过程中准稳态流模型推导。即假定 PPT 在放电烧蚀阶段,其加速通道内存在低 β 值(即热压远小于磁压)和高磁雷诺数的一维准稳态等离子流,那么在流动中存在一个磁声速点,该点的流动速度等于阿尔文波速度[5]:

$$u^* = v_A = \frac{B^*}{\sqrt{\mu_0 \cdot \rho^*}} \tag{3-39}$$

式中，u^*、ρ^*、B^* 分别为磁声速点的速度、密度和磁场强度。

根据以上假设，准稳态流的质量、动量和能量守恒形式可分别表示为

$$\dot{m}_e = \rho^* \cdot u^* \cdot A \tag{3-40}$$

$$\dot{m}_e \cdot \frac{\mathrm{d}u}{\mathrm{d}x} = j_y \cdot B_z \cdot A \tag{3-41}$$

$$\dot{m}_e \cdot \left(h + u \frac{\mathrm{d}u}{\mathrm{d}x} \right) = -\frac{E \cdot A}{\mu_0} \cdot \frac{\mathrm{d}B_z}{\mathrm{d}x} \tag{3-42}$$

式中，h、E 分别为焓值和电场强度；x 方向为流动方向。具体坐标轴定义见图 3-3。

对式(3-41)两边积分，积分范围为滞止点到磁声速点，同时根据安培定律代换 B_z，整理可得

$$2 \cdot \mu_0 \cdot \dot{m}_e \cdot u^* = A(B_0^2 - B^{*2}) \tag{3-43}$$

进一步将式(3-31)中质量流率代入式(3-43)，整理可得磁声速点的磁场强度与停滞点的磁场强度的比例关系：

$$\frac{B^*}{B_0} = \frac{1}{\sqrt{3}} \tag{3-44}$$

式中，下标 0 代指停滞点的物理量。

结合式(3-39)，将式(3-44)代入式(3-41)，整理可得如下基于磁声速点条件的质量流率表达式：

$$\dot{m}_e = \frac{A \cdot B_0^2}{3 \cdot \mu_0 \cdot \mu^*} = \frac{A \cdot \mu_0 \cdot I^2}{3 \cdot w^2 \cdot u^*} \tag{3-45}$$

对式(3-42)两边积分，积分范围为停滞点到磁声速点，整理可得

$$\dot{m}_e \cdot h_0 + \frac{A(E \cdot B)_0}{\mu_0} = \dot{m}_e \left(h^* + \frac{u^*}{2} \right) + \frac{A(E \cdot B)^*}{\mu_0} \tag{3-46}$$

进一步由于磁声速点满足高磁雷诺数的条件，可得磁声速点速度：

$$u^* = \sqrt{\frac{h^* - h_0}{\sqrt{3} - 1.5}} = 1.468\sqrt{2\Delta h} \tag{3-47}$$

式中，$h^* - h_0 = \Delta h \cong c_p \cdot T^* + \varepsilon_i^*$。假设 PPT 放电过程能量消耗中相比于热内能，电离能占主导，即 $c_p \cdot T^* \ll \varepsilon_i^*$，那么磁声速点的速度即与阿尔文波临界速度成比

例,即

$$u^{*} = 1.468\sqrt{2 \cdot \varepsilon_{i}} = 1.468 \cdot V_{crit} \tag{3-48}$$

式中,ε_{i} 是每单位质量推进剂电离需要的能量。对聚四氟乙烯(C_2F_4),该值是 8.88×10^{7} J/kg。

最后将式(3-48)代入式(3-45),可得 PPT 放电烧蚀阶段带电粒子的质量流率公式,即电流片在朝放电通道下游加速过程中质量流率公式 $\dot{m}_{e}(t)$:

$$\dot{m}_{e} = \frac{A \cdot \mu_{0} \cdot I^{2}}{4.404 \cdot w^{2} \cdot V_{crit}} \tag{3-49}$$

对式(3-49)积分,放电烧蚀阶段中带电粒子质量可以写为

$$m_{e}(t) = \frac{\mu_{0}h}{wV_{crit}4.404}\int_{0}^{t} I^{2}(t)\,\mathrm{d}t \tag{3-50}$$

式(3-50)表明 $m_{e}(t)$ 是推进剂材料特性、推力器结构参数和放电波形的函数。

将以上动力学模型和烧蚀质量模型,以及经典弹丸模型中的 RLC 电路模型相结合,可以组合成一个耦合的非线性积分-微分二阶方程组,即得到基于改进弹丸模型设计方法的脉冲等离子体推力器宏观特性预估模型:

$$\begin{cases} V_{0} - \dfrac{1}{C}\displaystyle\int_{0}^{t} I(t)\,\mathrm{d}t = I(t)(R_{c} + R_{e} + R_{pe} + R_{p}) + \\[2mm] \quad \left[L_{c} + L_{e} + \mu_{0}\dfrac{h}{w}x_{s}(t) + \mu_{0}\dfrac{\delta}{2}\dfrac{h}{w} \right]\dot{I}(t) + \mu_{0}\dfrac{h}{w}\dot{x}_{s}(t)I(t) \\[2mm] m_{e}(t)\ddot{x}_{s}(t) + \dot{m}_{e}(t)\dot{x}_{s}(t) = \dfrac{1}{2}\mu_{0}\dfrac{h}{w}[I(t)]^{2} + \dot{m}_{e}(t)\sqrt{\gamma R T_{e}}\,C_{f}/C_{m} \\[2mm] m_{e}(t) = \dfrac{\mu_{0}h}{wV_{crit}4.404}\displaystyle\int_{0}^{t} I^{2}(t)\,\mathrm{d}t \\[2mm] \dot{m}_{e}(t) = \dfrac{\mu_{0}AI^{2}(t)}{w^{2}V_{crit}4.404} \\[4mm] R_{p} = 8.08\dfrac{h}{T_{e}^{\frac{3}{4}}w}\sqrt{\dfrac{\mu_{0}\ln\left[1.24\times10^{7}\left(\dfrac{T_{e}^{3}}{n_{e}}\right)^{\frac{1}{2}}\right]}{\tau}} \end{cases}$$

$$\tag{3-51}$$

式中,V_0、C 分别为电容器的初始电压和电容容量;R_c、R_e、R_{pe}、R_p 分别为电容器、导线及电容器引脚、平行板电极和等离子体的电阻;L_c、L_e 分别为电容器、导线及电容器引脚的电感;T_e 为等离子体温度;n_e 为电子数密度。

该模型可以通过常微分方程的数值方法进行求解,用于预测 PPT 放电与加速中脉冲烧蚀质量的变化及等离子体出口速度、比冲、元冲量等宏观性能参数。计算时初始条件为

$$x_s = 0, \ \dot{x}_s(0) = 0, \ \int_0^{t=0} I(t)\,\mathrm{d}t = 0, \ I(0) = 0 \ \int_0^{t=0} I^2(t)\,\mathrm{d}t = 0 \quad (3-52)$$

式中,x_s 为电流片的位移;$\dot{x}_s$ 为电流片的速度;$\int_0^t I(t)\,\mathrm{d}t$ 为电流的积分;$I(t)$ 为 PPT 放电电流;$\int_0^t I^2(t)\,\mathrm{d}t$ 为电流平方的积分。

3.3 多电流片模型

电流片假设是 PPT 弹丸模型中常用的假设,即假设等离子体为一片密度均一的矩形导电薄片。此薄片在电磁加速过程中不会发生形状变化和偏斜,薄片从极板间喷出后产生推力。而多数使用电流片假设的 PPT 模型都假设极板间只有一片电流片,计算一片电流片喷出的速度来估算 PPT 的性能。但实验研究表明,PPT 极板间的等离子体并非集中于一起,因此上述假设并不十分准确,在其工作过程中,可以假设极板间的等离子体由多片矩形等离子体片组成,这些等离子体片共同维持 PPT 的放电。等离子体片在加速过程中不会发生质量增减、形状变化和偏斜,如图 3-7 所示。本节模型将通过模拟这些等离子体片在极板间的运动情况来研究 PPT 的物理机制,并统计电流片喷出时的运动参数来估算 PPT 的宏观性能。

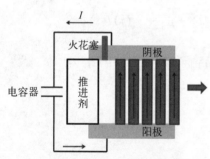

图 3-7 多电流片模型原理图[6]

3.3.1 多电流片模型的建立

1. 电参数模型

PPT 工作过程中,由于极板间的等离子体电阻、等离子体电感和动态电阻难以计算,而放电电压和电流随时间的变化曲线很容易通过实验获得,故模型假设 PPT 放电电路为总阻和总电感恒定的 RLC 电路,总电阻 R 和总电感 L 由实验测得的

放电电压和电流波形估算得到。具体估算方式如下。

对于一个总电阻和电感恒定的 RLC 回路,放电电流和电容电压之间有如下关系[7]:

$$
\begin{cases}
L \dfrac{\mathrm{d}^2 Q(t)}{\mathrm{d}t^2} + R \dfrac{\mathrm{d}Q(t)}{\mathrm{d}t} + \dfrac{Q(t)}{C} = 0 \\[2mm]
I(t) = \dfrac{\mathrm{d}Q}{\mathrm{d}t} \\[2mm]
U(t) = \dfrac{Q(t)}{C} \\[2mm]
U(t=0) = U_0, \ I(t=0) = 0
\end{cases}
\tag{3-53}
$$

式中,$Q(t)$、$U(t)$ 和 $I(t)$ 分别为 t 时刻(以电容开始放电瞬间为 0 时刻)电容电量、电容电压和电路电流;U_0 为放电开始时电容两端的电压。

当 L 和 R 为定值时,式(3-53)的解为

$$
\begin{cases}
U(t) = \dfrac{U_0}{\omega} \sqrt{\dfrac{C}{L}} e^{-(R/2L)t} \sin(\omega t + \theta) \\[2mm]
I(t) = \dfrac{U_0}{\omega L} e^{-(R/2L)t} \sin \omega t \\[2mm]
\omega = \left(\dfrac{1}{LC} - \dfrac{R^2}{4L^2} \right)^{\frac{1}{2}} \\[2mm]
\theta = \tan^{-1} \left(\dfrac{4L}{R^2 C} - 1 \right)^{\frac{1}{2}}
\end{cases}
\tag{3-54}
$$

对式(3-54)中电流进行求导,有

$$
\left| \frac{\mathrm{d}I(t)}{\mathrm{d}t} \right| = \left| \frac{U_0}{\omega \sqrt{L^3 C}} e^{-(R/2L)t} \sin(\omega t - \theta) \right|
\tag{3-55}
$$

因此,对于电流,当 $\omega t = k\pi$(k 为大于或等于 0 的整数)时,$I(t) = 0$,当 $\omega t = k\pi + \theta$(k 为大于或等于 0 的整数)时,$I(t)$ 有极值。故对于前后两个相邻的电流极值的绝对值之比 β,有

$$
\beta = e^{(R/2L)\frac{\pi}{\omega}}
\tag{3-56}
$$

以图 3-8 的电流波形为例,由式(3-55)和式(3-56)有

$$\begin{cases} \omega = \dfrac{\pi}{t_1} \\[2mm] \beta = \dfrac{I_1}{I_2} \\[2mm] \theta = \dfrac{\pi}{t_2} \end{cases} \qquad (3-57)$$

式中,t_1、t_2、I_1 和 I_2 可以从实验中获得;ω、β 和 θ 三个参数中计算得到其二,即可估算电路的总电阻 R 和总电感 L。

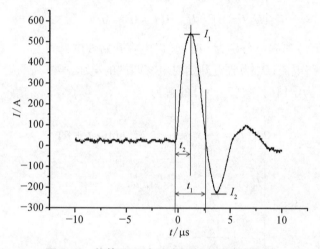

图 3 - 8   估算 PPT 电路内阻与内感的示意图

2. 烧蚀质量流率模型

由于 PPT 推进剂烧蚀机制极其复杂,无法十分准确模拟 PPT 工作时中性气体的产生过程,故对 PPT 的推进剂烧蚀过程进行简化,假设 PPT 推进剂烧蚀全部发生在 PPT 放电过程中,中性气体进入放电区域(极板间)的质量流量与电流的平方成正比[8]。此外,还假设新生成的中性气体会集中在一起,形成一片密度均一的中性气体片。则在 t 时刻,新进入极板间的中性气体片的质量为

$$m_n = \frac{m \displaystyle\int_{n \times dt}^{(n+1) \times dt} I^2(t)\, dt}{\displaystyle\int_0^{N \times dt} I^2(t)\, dt} \qquad (3-58)$$

式中,m_n 为 $t = n \times dt\,(n = 0,\ 1,\ 2,\ \cdots,\ N-1)$ 时刻进入放电区域的中性气体片的质量;m 为单次放电推进剂烧蚀的总质量;N 为时间步数;dt 为时间步长,本书中步

长选取 10^{-9} s。

在 PPT 的实际工作过程中,固体推进剂的烧蚀速率并不与电流的平方严格地呈正比例关系。根据实验研究结果,PPT 放电结束后,由于推进剂表面温度仍然在聚四氟乙烯的分解温度之上,依旧会有中性气体从推进剂表面产生,因此该假设并非完全符合实际物理过程。但由于推进剂的烧蚀质量与其吸收的热量有关,而热量的来源为等离子体的欧姆加热,与电流的平方正相关,故这个假设具有一定合理性。

3. 混合气体电离模型

和其他物理过程一样,PPT 的中性气体电离过程也极其复杂,根据气体放电领域的研究成果,极板间的电场强度和中性粒子数密度是判断中性气体是否在电场中被击穿而产生等离子体的决定性因素。因此,可以假设新进入放电区域的中性气体片达到电离条件时,立即被电离成等离子体,中性气体片被转换成等离子体片时,等离子体片的形状和质量与原中性气体片相同。并且根据既有实验研究结果,无法被电离的中性气体喷出时产生的冲量对推力的贡献很小,可以忽略不计,所以可以进一步假设中性气体片进入放电区域时,若电离条件无法满足,此时产生的中性气体片会从极板两侧扩散,即新中性气体片消失[3]。

由于 PPT 常用的推进剂为聚四氟乙烯,其工作时产生的等离子体中,碳离子和氟离子占据绝大多数,所以假设中性气体片由碳原子和氟原子组成,碳原子和氟原子均匀分布在气体片中。则中性气体片的粒子数密度由下式计算:

$$N_n = \frac{6N_A\rho_n}{M_{C_2F_4}} = \frac{6N_A m_n}{wh\delta M_{C_2F_4}} \tag{3-59}$$

式中,$M_{C_2F_4}$ 为聚四氟乙烯的分子量;N_A 为阿伏伽德罗常数;w 和 h 分别为极板的宽度和高度;δ 为中性气体片的厚度,由下式计算:

$$\delta = v_g \times dt \tag{3-60}$$

式中,v_g 为 PPT 推进剂表面附近中性气体的速度,在 PPT 实际工作过程中,由于 v_g 随时间变化,很难获得,故这里假设 v_g 为常数。根据相关实验结果,PPT 极板间的中性离子的平均速度为 5～15 km/s,此处设定 $v_g = 5$ km/s。

假设极板间电场强度 $E(t)$ 由下式计算:

$$E(t) = \frac{U(t)}{h} \tag{3-61}$$

则在 $t = n \times dt$ 时刻,新进入放电区域的中性气体片中,电子与中性原子的平均碰撞能量为

$$E_k^n = \frac{qU(t)}{h}\lambda_n \qquad (3-62)$$

式中，q 为电子的电荷量；λ_n 为中性气体片中，电子和中性原子碰撞的平均自由程。λ_n 由下式计算得到：

$$\lambda_n = \frac{1}{N_n\left(\dfrac{1}{3}\pi r_C^2 + \dfrac{2}{3}\pi r_F^2\right)} \qquad (3-63)$$

式中，r_C 和 r_F 分别为碳原子和氟原子的半径，$r_C = 91$ pm，$r_F = 71$ pm。

假设中性气体片的平均第一电离能为 2 个碳原子和 4 个氟原子的第一电离能的平均值（碳原子和氟原子的第一电离能分别为 10.6 eV 和 16.5 eV。）14.5 eV，即当电子与中性原子的平均碰撞能量超过 14.5 eV 时，达到电离条件，中性气体片被电离为等离子体片。

电离模型的原理图见图 3-9。

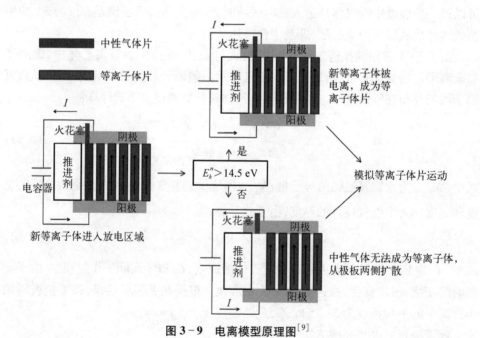

图 3-9   电离模型原理图[9]

相关的实验结果显示，电容放电前 PPT 极板间有少量等离子体存在。因此，模型假设在 $t = 0$ 时刻，极板间存在一片初始等离子体片。火花塞放电能量通常为主放电能量的 1% 左右[10]，因此不妨假设初始等离子体片的质量为总烧蚀质量的 1%。

4. 磁场模型

受到等离子体片电阻、极板内磁场分布等多种因素影响,PPT 电路中的电流分布十分复杂。为了简化模型,假设所有等离子体片的电流都相等,即

$$J(t) = \frac{I(t)}{N_{\mathrm{p}}(t)} \tag{3-64}$$

式中,$J(t)$、$I(t)$ 和 $N_{\mathrm{p}}(t)$ 分别为等离子体片中流过的电流、PPT 回路的总电流和在 t 时刻极板间存在的等离子体片的片数。

对磁场的简化参考前文所述经典弹丸模型。如图 3-10 所示,将单独的等离子体片回路视为一个矩形的螺线管。

则对于每个等离子体片回路,有:

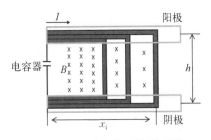

图 3-10　磁场模型的原理图

$$\begin{cases} B_i(s, t) = 0 & s > x_i \\[2mm] B_i(s, t) = \dfrac{\mu_0 J(t)}{2w} & s = x_i \\[2mm] B_i(s, t) = \dfrac{\mu_0 J(t)}{w} & s < x_i \end{cases} \tag{3-65}$$

式中,$B_i(s, t)$ 为 t 时刻,编号为 i 的等离子体片在 s 位置处所具有的磁场强度;μ_0 为真空磁导率;w 为极板宽度;x_i 为编号为 i 的等离子体片与推进剂表面的距离。

则 t 时刻,位置 s 处的总磁场强度为

$$B(s, t) = \sum_{i=1}^{N_{\mathrm{p}}(t)} B_i(s, t) \tag{3-66}$$

5. 运动模型

由于 PPT 极板间的等离子体速度产生主要来源于电磁力的加速,因此气体膨胀的加速效果可以忽略不计。对于编号为 i 的等离子体片,其 t 时刻的速度和位移为

$$\begin{cases} \dfrac{\mathrm{d}v_i(t)}{\mathrm{d}t} = \dfrac{B(x_i, t)hJ(t)}{m_i} \\[4mm] \dfrac{\mathrm{d}x_i(t)}{\mathrm{d}t} = v_i \end{cases} \tag{3-67}$$

当两块等离子体片发生碰撞时,假设等离子体片合并,成为一片新的等离子体片,新产生的等离子体片具有的质量和动量为碰撞前两等离子体片之和。

3.3.2 模型的验证与分析

与前文中两种模型相同,本小节模型同样以 LES‐6 所使用的 PPT 作为模拟对象[3],由实验测得的工作放电电压和电流波形如图 3‐11(a)所示,通过本节模型仿真得到放电电压和电流波形如图 3‐11(b)所示。

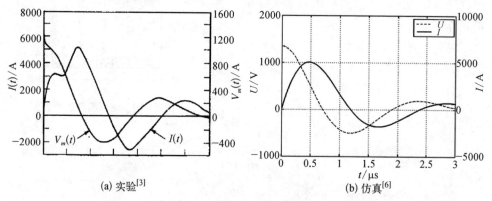

(a) 实验[3]   (b) 仿真[6]

图 3‐11 LES‐6PPT 工作时的放电电压和电流波形

由图 3‐11 可以看出,仿真得到的电流和电压波形与实验结果相似,仿真结果可以作为其他模型的输入。

由仿真计算得到的元冲量为 29.05 μNs,比冲为 290.5 s,与实验测量得到的 32 μNs 和 320 s 相近;仿真结果显示,有 0.956 μg 的中性气体能够被电离,即推进剂利用率为 9.56%,亦与实验所得的 10% 相近。此外,仿真计算得到的等离子体喷出平均速度为 30.8 km/s,与实验测得的 30~40 km/s 吻合。

对于 LES6‐PPT,推进剂表面的中性气体产生速率和等离子体的产生速率如图 3‐12 所示。可见在推进剂表面附近,等离子体的产生并不是连续的。按电离模型的设定,等离子体的产生和极板间电场强度及中性气体的密度有关。此外,模型还设定极板间电场强度与电压成正比,中性气体的密度与电流的平方成正比。而 PPT 的放电类似 LRC 放电,电压和电流波形都为阻尼振荡曲线,而且电压和电流波形有一定的相位差,这也导致了推进剂供给和极板间电场强度无法很好地匹配,无法将所有推进剂完全电离。故仿真结果显示,PPT 放电过程中,等离子体的产生是非连续的,并不是整个放电过程中都有等离子体产生。

在实际 PPT 工作过程中,虽然极板间电场分布和推进剂供给情况不如多电流片模型假设的那么简单,但电容放电电压确实呈现阻尼振荡波形,故极板间电场强度很难满足整个 PPT 工作过程中(包括放电阶段和放电后阶段)新产生的中性气

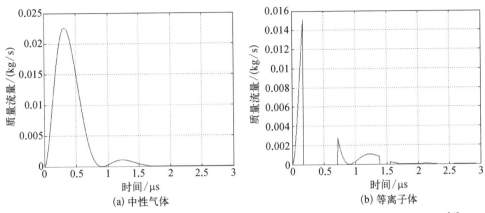

图 3 - 12　PPT 放电过程中推进剂表面的中性气体产生速率和等离子体的产生速率[6]

体的电离条件。因此,可以认为实际工作过程中,PPT 的推进剂利用率低下主要原因也是极板间电场强度和推进剂供给的不匹配,仿真结果对 PPT 的中性气体电离的研究有一定参考价值。

3.4　磁流体 MHD 模型

"弹丸"模型能够在一定程度上模拟 PPT 等离子体加速过程中的宏观特性,但其模型在应用中做了过多的不符合 PPT 实际工作过程假设,不能完全反映推力器真实的物理工作过程。随着计算技术的发展和对 PPT 工作的物理过程了解的逐渐深入,理论建模和数值仿真方面的研究逐步发展起来。以此为代表的是采用磁流体动力学仿真程序 MACH2 的建模和仿真,以及基于 MACH2 的仿真结果进一步发展的一些简化的理想模型,能够更加全面地模拟 PPT 等离子体加速过程[11]。

MACH2 是一个二维、多温、非定常的等离子体仿真程序。该程序的基础是基于 MHD 方程组的连续流体模型,包含了几个辐射模型,真实气体状态方程、霍尔效应、真实黏度效应和一个多口电路求解器等。考虑了局部热力学平衡和连续流假设下的几乎所有相关物理现象的影响[12],例如,等离子体在输运中的微观不稳定性的影响可以通过基于动力学计算的现象逻辑模型来获得,可以对平行板或同轴对称的复杂结构的推力器进行仿真。下面分别介绍以 PTFE 与水为推进剂的 PPT 的 MHD 模型。

3.4.1　PTFE 推进剂 MHD 模型

与弹丸模型类似,MHD 模型也主要分析 PPT 工作过程中的三个主要的进程:烧蚀模型、电路模型、等离子体流动模型。

1. 烧蚀模型

作为整个流动模拟的唯一入口边界,烧蚀模型建立的目的是为等离子体流动模型提供边界条件。等离子体放电过程中,放电能量决定烧蚀表面的温度,温度决定特氟龙的烧蚀质量,烧蚀质量决定烧蚀边界的蒸气的密度和压强,这些变量反过来又影响等离子的流动。所以,烧蚀模型的建立对等离子体流动的整个模拟过程非常重要。对于固体 PPT 的推进剂特氟龙,即聚四氟乙烯$[(C_2F_4)_n]$,其分解温度大约为 600 K。分解成的特氟龙分子在高温(1~2 eV)的条件下被电离成等离子体。

　　元素呈气态时,从它的一个原子或阳离子中将一个电子移至无穷远处时所需做的功,称为该元素的电离势,单位为电子伏特。当原子失去第一个电子成为一价阳离子时,所需的能量为元素的第一电离势;当一价阳离子再失去一个电子成为二价阳离子时所需的能量为第二电离势,以此类推。第二电离势高于第一电离势,第三电离势又高于第二电离势,如此等等。通常所称的电离势一般都是指第一电离势,电离势越小,表示越易失去电子。电离势即电离能。特氟龙中原子的电离势为:$E_{rC^+} = 24.38$ eV,$E_{iF^+} = 35.0$ eV。

　　PPT 工作时,等离子体放电的同时向推进剂表面传递能量。放电产生的能量一部分用于加速等离子体,一部分用于加热和分解特氟龙,还有一部分是用于特氟龙从蒸气到等离子体这一过程转换所需要的能量。这里假设等离子体都为一阶电离(第一电离势),特氟龙分解过程可以表示为

$$(C_2F_4)_n \xrightarrow{600 \text{ K}} n(C_2F_4) + \Delta h_{sv} \xrightarrow{1-2 \text{ eV}} 2nC^+ + 4nF^+ + \Delta h_{sv} + \Delta h + \overline{E_i}$$

$$(3-68)$$

式中,Δh_{sv} 为特氟龙分解所吸收的热量;Δh 为特氟龙蒸气变成等离子体所需焓的变化,表示为 $\Delta h = c_p(T_e - 600)$,$c_p$ 为蒸气等压比热容,T_e 为达到局部热平衡时电子的平均温度;$\overline{E_i}$ 为 C^+ 和 F^+ 的平均一阶电离势,具体计算为

$$\overline{E_i} = (E_{iC^+} + 2E_{iF^+})/3 \qquad (3-69)$$

　　用 $\dot{m}$ 表示特氟龙表面的质量流率,ρ_g 表示蒸气密度,u_g 表示蒸气速度,则质量流率可以表示为

$$\dot{m} = \rho_g u_g \qquad (3-70)$$

　　由于 PPT 工作时间极短,一般几微秒到几十微秒,在这么短的时间内,等离子体向推进剂固体的传热可以看作半无限大固体的非稳态传热。

　　1)半无限大固体的非稳态导热

　　所谓半无限大,是指以 yz 平面(即 $x = 0$ 平面)为唯一界面,在 x 方向(或正或负)上无限延伸的物体。虽然在工程中所涉及的物体并不是无限大,但是在一定时间限度以内,边界面处的温度扰动只来得及传播到有限深度。在这个深度以外,物体仍保持原有状态(即初始状态)。于是,在这个时间限度内就可以把有限厚度物

体视为半无限大。

推进剂非稳态传热方程为

$$\frac{\partial t}{\partial \tau} = \alpha \frac{\partial^2 t}{\partial x^2} \qquad (3-71)$$

假设常物性且半无限大物体内的初始温度均匀,初始条件和边界条件为

$$\tau = 0, \ t = t_0$$
$$x = 0, \ t = t_w; \ x \to \infty, \ t \to t_0$$

则上述方程求解结果是

$$\frac{\theta}{\theta_0} = \frac{t - t_w}{t_0 - t_w} = \mathrm{erf} \frac{x}{\sqrt{4a\tau}} = \mathrm{erfu} \qquad (3-72)$$

根据傅里叶定律,可以得到半无限大物体内时刻的瞬时热流密度:

$$q_x = -\lambda \frac{\partial t}{\partial x} = \lambda \frac{t_w - t_0}{\sqrt{\pi a \tau}} \exp\left(-\frac{x^2}{4a\tau}\right) \qquad (3-73)$$

只需把 $x = 0$ 代入上式,就得到界面上的瞬时热流:

$$q_x = \lambda \frac{t_w - t_0}{\sqrt{\pi a \tau}} = (t_w - t_0) \frac{\sqrt{\lambda \rho c}}{\sqrt{\pi \tau}} \qquad (3-74)$$

在 $0 \sim \tau$ 时间间隔内物体单位表面积得到(即半无限大物体内存储)的热量:

$$Q = \int_0^\tau q_w \mathrm{d}\tau = 2(t_w - t_0) \sqrt{\lambda \rho c} \sqrt{\lambda/\pi} \qquad (3-75)$$

式中, t_w 为烧蚀表面温度,利用上式就可以求出烧蚀表面温度随时间变化情况。

2) 平衡蒸气压理论模型

烧蚀模型基于低速薄层理论,当从等离子传出的热流穿透固体时,在固体表面产生"渗透"蒸气层,蒸气在气动力和电磁力的作用下进入等离子区,如图 3 - 13 所示。除了假设特氟隆表面存在一个饱和蒸气层外,还存在一个虚拟的饱和蒸气向等离子体转化的过渡层,其厚度可忽略,温度与饱和蒸气层温度相同,并认为紧贴壁面的饱和蒸气层速度很低,而过渡层即烧蚀

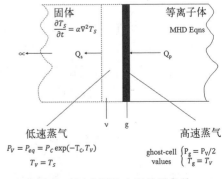

图 3 - 13　MHD 方程边界条件

表面与等离子体层的交界面的速度却很高。

假设在特氟龙表面存在一层饱和特氟龙分子蒸气,且该蒸气与固体构成一个由两个状态组成的单独的平衡系统,该系统总可以用温度 T 和压力 p 来表征,该平衡显示:

$$g_s(T, p) = g_v(T, p) \qquad (3-76)$$

式中,$g_s(T, p)$、$g_v(T, p)$ 分别是固体和蒸气吉布斯自由能(单位摩尔)。

以上方程中 T 和 p 两相混合平衡,由著名的 Clausius-Clayperon 等式给出:

$$\frac{\mathrm{d}p}{\mathrm{d}T} = \frac{L_v}{T \Delta V} \qquad (3-77)$$

式中,L_v 是单位摩尔汽化潜热;ΔV 是摩尔体积变化量。假定蒸气层为理想气体,并忽略固态物质的体积变化,也就是

$$\Delta V = V_v - V_s = V_v \qquad (3-78)$$

$$p V_v = RT \qquad (3-79)$$

则式(3-77)可以写成

$$\frac{1}{p} \frac{\mathrm{d}p}{\mathrm{d}T} = \frac{L_v}{RT^2} \qquad (3-80)$$

式中,R 为普适气体常数。上面的方程综合推导出平衡蒸气压:

$$p_{eq} = p_c \exp(-T_c/T) \qquad (3-81)$$

式中,p_c 和 T_c 为经验值给定。

建立烧蚀边界模型的最大困难在于不能预先知道蒸气/等离子体的交界面的速度,它是求解 MHD 方程组的部分条件。速度值可能很大(取决于加速力的大小)因此边界压力值 p_g 不能简单地参考低速蒸气的压力 p_v,温度 T_g 也可能与 T_v 不同。

通过变化条件,大量模拟数据表明,等离子体的热传导 Q_p 是表面温度 T_s 的决定性因素,蒸气/等离子体交界面的速度非常大。基于第一个假设,假定一个非常薄的蒸气层,那么在蒸气温度从 T_v 到 T_g 这个过程中热量的消耗与 Q_p 比起来可以说是非常小的,基本可以忽略不计。于是,表面净热流量 Q_s 写为

$$Q_s = Q_p - m \left[\frac{u_g^2}{2} + \Delta h_{sv} + c_p(T_e - 600) + \bar{E}_i \right] \qquad (3-82)$$

净热流量可以作为一个半无限大固体扩散方程的边界条件。式中 u_g 为蒸气/等离

子体边界层速度；Δh_{sv} 是相能量变化量；Q_p 为等离子体在放电过程中产生的能量，假定由下式确定：

$$Q_p = I^2 R_p \qquad (3-83)$$

　　在烧蚀模型中，在每一个计算的循环过程中，问题的困难之处是确定高速蒸气的压力 p_g。要确定高速蒸气的压力 p_g 值，必须知道相关参数。流体供热表明，见图 3-14。亚音速（$Ma_1 < 1$）流加热时，当马赫数为 $1/\sqrt{\gamma}$。基于这个马赫数，假设靠近固体的蒸气为低速，烧蚀表面静压 p_v 远远大于动压 $p_v u_v^2$，则高速蒸气压力 p_g 由一维动量方程给出：

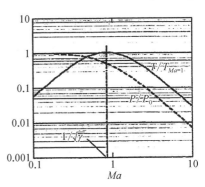

图 3-14　马赫数改变时压强和温度变化[11]

$$p_v + mu_v = p_g + mu_g = p_g + \frac{p_g}{\sqrt{RT_g}}\sqrt{RT_g} = 2p_g \qquad (3-84)$$

即

$$p_g = p_v/2 \qquad (3-85)$$

　　用 MACH2 进行多次模拟测试发现，M_g 的选择对 MHD 磁流体力学方程组的性能影响不明显，这是因为质量流率主要取决于磁场压力梯度。在工作条件下，分别假定 M_g 的值为 0 和 $\dfrac{1}{\sqrt{\gamma}}$，发现表面温度的变化不超过 20%。

　　已知 p_g 的值，高速蒸气层遵循理想气体假设：

$$p_g = \frac{p_g}{RT} \qquad (3-86)$$

这样，就由烧蚀模型确定了等离子体流动方程的边界条件。

　　在磁流体模型的近似下，等离子体作为流体，服从流体的连续方程、运动方程和能量方程。当导电流体在电磁场中运动时，电磁现象与流体力学现象并存，这种复杂的现象必须用电磁场方程和流体力学方程联立进行研究。因此，需要将流体力学方程组和 Maxwell 方程组结合起来，并补充适当的状态方程，建立封闭的磁流体力学方程组。

　　2. 电路模型

　　PPT 工作时，其放电过程从总体来看，可以认为是一个典型的 RLC 电路放电过

程。对该 RLC 电路,根据基尔霍夫定律,通过下式可以获得随时间变化的电路电流:

$$L_0 \frac{\mathrm{d}^2 q_c}{\mathrm{d}t^2} + (R_0 + R_p) \frac{\mathrm{d}q_c}{\mathrm{d}t} + E_{\mathrm{ind}} + \frac{q_c}{C} = 0 \qquad (3-87)$$

式中,L_0 为外电路电感;q_c 为电容器电量;C 为电容器电容;R_0 为外电路电阻;R_p 为等离子体电阻;E_{ind} 为电极间的感应电动势。

通过上式计算出电路中的电流后,就可以进一步获得电极间的电场分布情况。两个电极间的电势差由下式获得:

$$V_{\mathrm{PPT}} = E_{\mathrm{ind}} - IR_p \qquad (3-88)$$

而两电极间的集总电场强度:

$$E_{\mathrm{ext}} = \frac{V_{\mathrm{PPT}}}{h} \qquad (3-89)$$

式中,V_{PPT} 是 PPT 电极间的电压降;I 是电路中的总电流;h 为电极间距离。电极间的电流密度分布由下式获得:

$$j = \sigma E' \qquad (3-90)$$

式中,E' 为有效电场强度。假定电极板上没有电势降,则一般情况下有

$$E' = E_{\mathrm{ext}} - uB \qquad (3-91)$$

实际计算过程中由于非稳态的影响,还会再加入一个中间项 E_{ind}:

$$j = \sigma(E_{\mathrm{ext}} + E_{\mathrm{int}} - uB) \qquad (3-92)$$

式中,

$$E_{\mathrm{int}} = -\frac{1}{\mu_0 \sigma} \frac{\partial B}{\partial x} - E_{\mathrm{ext}} + uB \qquad (3-93)$$

式中,E_{int} 为内电场强度,其求解将利用上一时刻的计算结果。

3. 等离子体流动模型

1) 等离子体流动基本方程

等离子体的流体模型是指在研究等离子体的宏观运动时,近似地把它当作导电流体来处理。这种模型适合于缓慢变化的等离子体现象。所谓缓慢变化是指等离子体的特征长度和特征时间(在这个长度和时间内等离子体参数产生显著变化)远大于等离子体粒子的平均自由程和平均碰撞时间。在这种情况下,等离子体可以近似看作局部热平衡状态,因而可以像通常的流体力学中那样定义流体的速

度、压强、密度、温度等流体力学和热力学参量,并用这些宏观参量来描述等离子体的宏观运动。导电流体中产生的现象的特点是,除了具有一般流体中的重力、压强、黏滞力等作用外,电磁力起很大作用。当导电流体在磁场中运动时,流体将引起感应电场,产生感应电流。这个电流一方面与磁场相互作用,产生附加的机械力,改变流体的运动;另一方面又引起原有磁场的改变。电磁加速过程最实用的为磁流体力学模型,这种方法把离子气体作为一种连续流体,物理性能用一些平均参数来描述,动力学行为由守恒关系式来描述。针对平板构型的仿真过程,假定一个使用经典输运系数的单温等离子体,等离子体的状态由基于状态方程的特氟龙决定。本文考虑的等离子体流是一维、准中性单流体,并假定 PPT 中的等离子体均一阶电离,满足局部热力学平衡,忽略黏性力,符合理想气体状态方程的非定常可压缩流体。平板 PPT 中各参量方向规定见图 3 - 15。

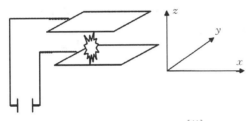

图 3 - 15　各参量坐标方向[11]

带电流体的运动同普通流体一样遵守经典力学三大定律:质量守恒、动量守恒和能量守恒。因此其基本的流动方程也包括连续方程、运动方程和能量方程三个。连续方程为

$$\frac{\partial \rho}{\partial t} + \frac{\partial \rho u}{\partial x} = 0 \qquad (3-94)$$

式中,ρ 为等离子体密度;u 为等离子体在 x 方向的速度(假设其他方向的速度均为零)。该方程表示了控制体积内的质量变化率等于穿过控制表面的等离子体的净质量流率。在带电流体的运动中,基于动量守恒的运动方程比一般流体增加了洛仑兹力的作用,方程如下:

$$\frac{\partial \rho u}{\partial t} + \frac{\partial (\rho u^2 + p)}{\partial x} = \frac{\partial \tau_{xx}}{\partial x} + j \times B_y \qquad (3-95)$$

式中,p 为等离子体气动压力;τ_{xx} 为等离子体应力张量,包含弹性和黏性张量;j 为电流密度;B_y 为 y 方向的磁场感应强度(假设其他方向的磁感应强度均为零);$j \times B_y$ 为洛仑兹力。

在等离子体的模拟中,能量必须时刻保持守恒。与连续方程相似,能量的守恒

表示控制体积内的能量的增加必须等于能量的输入减去能量的输出再加上控制体积内的自生能量。方程如下：

$$\frac{\partial \rho e}{\partial t} + \frac{\partial \rho u e}{\partial x} + \frac{\partial u\left(\rho + \dfrac{B_y^2}{2\mu_0}\right)}{\partial x} = \lambda \frac{\partial^2 T}{\partial^2 x} + \frac{\partial u \tau_{xx}}{\partial x} + \frac{j^2}{\sigma} \qquad (3-96)$$

式中，e 为单位质量的等离子体能量；λ 为等离子体的热导率；σ 为等离子体电导率。方程左边前两项表示单位体积内能量（内能和动能）的随体导数，第三项代表压力做功，右边第一项代表等离子体的轴向热传导，第二项表示应力张量的影响，最后一项为欧姆热项。

2）电磁方程

上述守恒方程必须结合电、磁参量 j 和 B_y 等才能形成一个完备的方程组。j 和 B_y 之间的关系由安培定律给出：

$$j = -\frac{1}{\mu_0} \frac{\partial B_y}{\partial x} \qquad (3-97)$$

式中，μ_0 是真空磁导率。磁感应方程由法拉第电磁感应定律获得

$$\frac{\partial B_y}{\partial t} = -\frac{\partial E}{\partial x} \qquad (3-98)$$

式中，E 为电场强度，方向为 z 轴方向。它由广义欧姆定律获得

$$E = \frac{j}{\sigma} + uB_y \qquad (3-99)$$

式(3-99)包含了等离子体的运动对电场的影响（右边第二项），而忽略了霍尔效应。联立式(3-97)~式(3-99)则可得到

$$\frac{\partial B_y}{\partial t} = -\frac{\partial uB_y}{\partial x} + \frac{\partial}{\partial x}\left(\frac{1}{\mu_0 \sigma} \frac{\partial B_y}{\partial x}\right) \qquad (3-100)$$

式(3-100)表示由于等离子体运动和磁场扩散引起的当地磁场感应强度随时间的变化率。

3）状态方程

假设等离子体符合理想气体状态方程，则

$$p = \rho RT$$

式(3-96)中等离子体比内能 e 可以表示为

$$e = \frac{p}{\rho(\gamma-1)} + \frac{u^2}{2} + \frac{B_y^2}{2\rho u_0} \qquad (3-101)$$

式中,γ 为等离子体比热。

综合以上方程,可以得到一个封闭的磁流体力学方程组(MHD 方程组):

$$\begin{cases} \dfrac{\partial \rho}{\partial t} + \dfrac{\partial \rho u}{\partial x} = 0 \\[3mm] \dfrac{\partial \rho u}{\partial t} + \dfrac{\partial\left(\rho u^2 + p + \dfrac{B^2}{2\mu_0}\right)}{\partial x} = \dfrac{\partial \tau_{xx}}{\partial x} \\[3mm] \dfrac{\partial \rho e}{\partial t} + \dfrac{\partial \rho u e}{\partial x} + \dfrac{\partial u\left(\rho + \dfrac{B_y^2}{2\mu_0}\right)}{\partial x} = \lambda \dfrac{\partial^2 T}{\partial^2 x} + \dfrac{\partial u \tau_{xx}}{\partial x} + \dfrac{j^2}{\sigma} \\[3mm] \dfrac{\partial B_y}{\partial t} + \dfrac{\partial u B_y}{\partial x} = \dfrac{\partial}{\partial x}\left(\dfrac{1}{\mu_0 \sigma} \dfrac{\partial B_y}{\partial x}\right) \\[3mm] e = \dfrac{p}{\rho(\gamma-1)} + \dfrac{u^2}{2} + \dfrac{B_y^2}{2\rho\mu_0} \end{cases} \qquad (3-102)$$

忽略黏性项和轴向热传导得到一个封闭的 MHD 方程组:

$$\begin{cases} \dfrac{\partial \rho}{\partial t} + \dfrac{\partial \rho u}{\partial x} = 0 \\[3mm] \dfrac{\partial \rho u}{\partial t} + \dfrac{\partial\left(\rho u^2 + p + \dfrac{B^2}{2\mu_0}\right)}{\partial x} = 0 \\[3mm] \dfrac{\partial \rho e}{\partial t} + \dfrac{\partial\left(\rho u u + u p + u \dfrac{B^2}{2\mu_0}\right)}{\partial x} = \dfrac{j^2}{\sigma} \\[3mm] \dfrac{\partial B}{\partial t} + \dfrac{\partial(u B)}{\partial x} = \dfrac{\partial}{\partial x}\left(\dfrac{1}{\mu_0 \sigma} \dfrac{\partial B}{\partial x}\right) \\[3mm] e = \dfrac{p}{\rho(\gamma-1)} + \dfrac{u^2}{2} + \dfrac{B^2}{2\rho\mu_0} \end{cases} \qquad (3-103)$$

4. 一维磁流体动力学方程组的数值解法

计算流体力学是以计算机求解为基础,依靠编程的方法得以实现的一种计算方法。在实际求解时候,包括建模、编程计算及数据分析的过程。数值计算的前处理和编程调试往往是其中最困难的,所花费的时间和精力也最多,要求计算者具有扎实的流体力学、传热学知识及丰富的编程计算经验。计算流体力学求解流动问题的基本步骤如下:

(1) 针对具体问题建立控制方程组并给定初始和边界条件;

(2) 在需要求解的区域上划分子区域(网格);

(3) 选择合适的数值格式将控制方程组离散化,求解离散方程组;

(4) 处理和分析计算结果。

完备的磁流体动力学方程组是一个混合了双曲型和抛物型的复杂系统,这对数值求解方法提出了很高的要求。近年来在航空航天领域,空气动力学、计算流体力学等方面发展了许多为提高数值计算速度和计算精度的数值格式。20 世纪 60~70 年代主要用 MacCormack 格式和 Beam-warming 格式求解 Euler 方程和 N-S 方程。用于流场数值模拟的格式还有 Lax-Werdroff 格式、LuSSor 方法、Newton 迭代法、TVD 格式和特征线法。20 世纪 80 年代,Harten 提出 TVD 格式。

在可压缩流场的数值计算方法方面,可以使用的方法主要有经典的 MacCormack 格式、多步龙格—库塔格式、矢通量分裂差分格式及 TVD 格式等。对于这些方法,虽然在一定程度上提高了精度,但在显式格式 MacCormack 格式和多步龙格—库塔格式中,由于多步龙格—库塔格式在计算过程中需要加入复杂的黏性项来平衡激波和维持解法的稳定性,但考虑到数值计算的实用性和方便性,这里选取了较为传统的计算流体力学 MacCormack 格式用于求解 MHD 方程组。

MHD 方程组是以电路模型和烧蚀模型提供的边界或初始条件为基础,忽略黏性力的无黏可压缩流体控制方程。因此,可用求解欧拉方程和 N-S 方程的经典数值方法求解。MacCormack 格式是二步显式格式,该格式广泛用于求解欧拉方程和 N-S 方程,并在航空航天工业的流场计算中得到大量应用。

MacCormack 格式是二步显式差分格式,第一步为预报步,第二步为修正步。第一步采用的是一阶精度向后差分,第二步采用一阶精度向前差分,差分格式总精度为空间二阶精度。该格式广泛应用于解欧拉方程和 N-S 方程,并在航空航天工业的流场计算中得到大量的应用。MacCormack 格式的不足之处是在激波附近数值解中有数值振荡,因而在实际使用时要加入人工黏性项。

对于一维欧拉方程的 MacCormack 格式,欧拉方程在一维情况下简化为

$$\frac{\partial U}{\partial t} + \frac{\partial E}{\partial x} = 0 \tag{3-104}$$

相应的 MacCormack 格式为

预报步:

$$U_i^* = U_i^n - \Delta t \Delta_x^- E_i^n \qquad (3-105)$$

式中, Δ_x^- 为向后差分。

修正步:

$$U_i^{**} = \frac{1}{2}(U_i^* + U_i^n) - \frac{1}{2}\Delta t \Delta_x^+ E_i^* \qquad (3-106)$$

式中, Δ_x^+ 为向前差分。

时间步长 Δt 由 CFL 稳定性条件给出:

$$\Delta t \leqslant \frac{c_1 \Delta x}{u + a} \qquad (3-107)$$

式中, a 为声速; c_1 为与 CFL 条件相关的系数, 一般 $c_1 > 1$, c_1 越大收敛速度越快, 这里取 $c_1 = 2$。

对一维 MHD 方程组, 可以将式(3-103)简化成

$$\frac{\partial Q}{\partial t} + \frac{\partial F}{\partial x} + H = 0 \qquad (3-108)$$

式中,

$$Q = \begin{cases} \rho \\ \rho u \\ \rho e \\ B \end{cases}, \quad F = \begin{cases} \rho u \\ \rho uu + p + \dfrac{B^2}{2\mu_0} \\ \rho ue + up + u\dfrac{B^2}{2\mu_0} \\ uB \end{cases}, \quad H = \begin{cases} 0 \\ 0 \\ \dfrac{j^2}{\sigma} \\ 0 \end{cases} \qquad (3-109)$$

式中, 欧姆热源项 j^2/σ 作为方程组的源项加入。由上式算得各参数值后, 利用 MHD 方程组中的磁场扩散方程:

$$\frac{\partial B}{\partial t} = \frac{\partial}{\partial x}\left(\frac{1}{\mu_0 \sigma} \frac{\partial B}{\partial x}\right) \qquad (3-110)$$

采用时间向后、中心空间差分格式进行求解并修正能量项, 获得下一时刻的 e 和 B

两个量。

由于不考虑流体黏性,差分会造成奇偶点数值不耦合,并且激波和滞止点附近还会出现数值振荡,因而在差分格式中要引入人工黏性。黏性项的引入会增加差分方程的稳定范围。所谓"人工黏性"相当于在原求解方程中人为地加入黏性项,增加计算过程的稳定性。当然人工黏性项数值要很小,否则增加稳定性的同时会引入较大的计算误差。加入黏性项的 MHD 方程组的 MacCormack 格式为

$$
\begin{cases}
Q_i^* = Q_i^n - \dfrac{\Delta t}{\Delta x}(F_{i+1}^n - F_i^n) + \Delta t H_i^n \\[2mm]
Q_i^{n+1} = \dfrac{1}{2}(Q_i^* + Q_i^n) - \dfrac{1}{2}\dfrac{\Delta t}{\Delta x}(F_i^* - F_{i-1}^*) + \\[2mm]
\qquad \Delta t H_i^* + \dfrac{q}{2}(Q_{i+1}^* - 2Q_i^* + Q_{i-1}^*) \\[2mm]
q = \dfrac{p_{i+1} - 2p_i + p_{i-1}}{p_{i+1} + 2p_i + p_{i-1}}
\end{cases}
\tag{3-111}
$$

5. 模型的验证与分析

1) 仿真参数

本模型同样以 LES-6 PPT 为对象进行了模型验证。

2) 仿真结果

仿真得到的推力器通道等离子体速度分布和烧蚀质量随时间变化情况如图 3-16 所示。

在推力器通道范围内,从烧蚀表面到推力器出口,等离子体速度逐渐增大,在

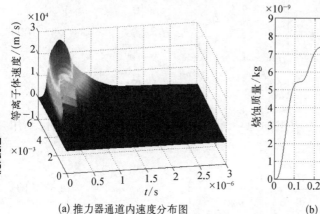

(a) 推力器通道内速度分布图

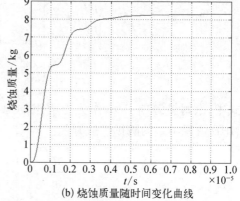

(b) 烧蚀质量随时间变化曲线

图 3-16　LES-6 PPT 的等离子体运动与推进剂烧蚀质量仿真结果[11]

出口处达到最大值。体现了等离子体在整个推力器内的加速过程。由于脉冲放电主要是在脉冲的第一个放电波过程,所以体现在速度上就是等离子体在第一个放电电流波中得到最大的加速效果,其后的加速作用不明显。随着时间推移,放电过程的结束,速度值也变得平缓。

磁感应强度随电流变化而变化,在靠近烧蚀表面附近磁感应强度有一个最大值。说明脉冲放电电流在靠近烧蚀表面较大。高的放电电流对应着高的磁场强度,同时也对应着高的等离子体密度,从图 3-17 中可以看出等离子体密度也在烧蚀表面处达到最大值。图 3-18 为放电参数仿真结果与实验结果对比图。

LES-6 PPT 在 3 μs 左右放电完毕,波形为典型的 RLC 电路放电波形,对比可以看出仿真结果与实验值较吻合。

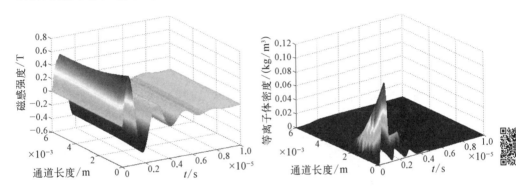

(a) 推力器通道内磁感应分布图　　　(b) 推力器通道内等离子体密度分布图

图 3-17　通道中的磁场与等离子体密度分布仿真结果[11]

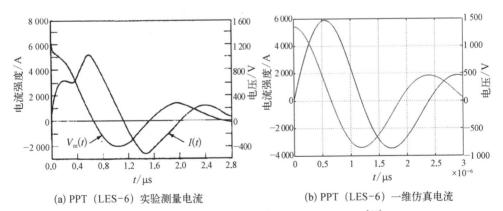

(a) PPT (LES-6) 实验测量电流　　　(b) PPT (LES-6) 一维仿真电流

图 3-18　放电参数仿真结果与实验结果对比图[11]

元冲量(单个脉冲过程推力器产生的冲量)主要来自脉冲初期电磁加速的贡献,后期逐渐平缓。图 3-19 为推进剂表面温度与元冲量仿真结果。仿真得到的元冲量为 32.883 μNs,根据表 3-2 实验测得的元冲量为 27 μNs,该模型获得的结

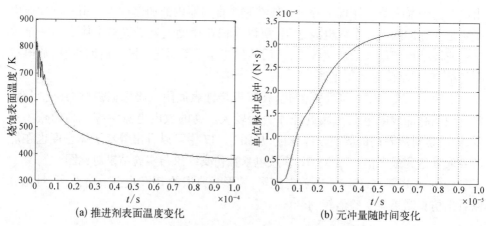

(a) 推进剂表面温度变化　　　　　(b) 元冲量随时间变化

图 3 - 19　推进剂表面温度与元冲量仿真结果[11]

果基本接近实验结果。

3）结果分析

推力器性能的仿真结果与实验结果对比见表 3 - 3。

表 3 - 3　仿真结果与实验结果对比[11]

推力器	能量/J	比冲/s	总冲/μNs	烧蚀质量/μg	仿真数值
LES - 6	1.85	300	27	9	2.1
仿真结果	1.85	396	32.883	8.3037	3.52

由元冲量和烧蚀质量算得的推力器的比冲为 396 s，比实验结果偏高。分析认为主要是两方面的原因：一是实际的烧蚀过程中，固体推进剂烧蚀表面温度延后，造成特氟龙的延迟烧蚀质量增加，所以实验烧蚀质量比仿真所得的烧蚀质量偏高，进而造成比冲较低；另一个原因是模型假设等离子体为一阶完全电离，而实际情况是等离子体只有部分电离，存在部分未电离的中性粒子，而中性粒子不受电磁力加速，从而导致实验值偏低。

等离子体速度方面，Guman 等测量的 C^{2+} 和 F^{2+} 的速度为 30～35 km/s，而一阶电离 C^+ 和 F^+ 的速度为 20～25 km/s。仿真得到的最大速度为 25.892 km/s。参见表 3 - 4。

表 3 - 4　等离子体速度仿真结果对比

等离子体速度	Guman 等对 LES - 6 PPT 实验测定值	仿真结果
二阶电离（C^{2+}、F^{2+}）	30～35 km/s	25.892 km/s
一阶电离（C^+、F^+）	20～25 km/s	

烧蚀边界速度设置对推力器性能影响方面,前面提到,初始速度的设置对推力器表面温度影响不大(基于等离子体传热的考虑,高速蒸气速度 u_g 在 0.5 到 $1/\sqrt{\gamma}$ 马赫数之间变化),由边界速度变化引起的表面温度应波动不超过 20%。从图 3-20 中可以看出,模拟结果很好地体现了这点。

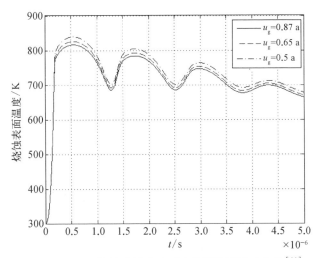

图 3-20　不同烧蚀边界速度对应的烧蚀面温度变化[11]

表 3-5 为边界速度的设置对推力器性能的影响,从表中可以看出,边界速度的设置对推力器性能影响不大。在不同的马赫数的选取中,当马赫数为 $1/\sqrt{\gamma}$ 时,离子体比冲、元冲量和效率较大。

表 3-5　不同边界速度对应的推力器性能

初始马赫数	比冲/s	元冲量/μNs	效率/%
0.87	396	32.9	3.52
0.65	387.9	29.1	3.05
0.5	305.9	24.4	2.01

综上,经过 PPT(LES-6)实验的验证,结果显示该模型获得的结果基本接近实验结果,证明该仿真模型对 PPT 工作过程进行基本的分析是可行的。

3.4.2　水推进剂 MHD 模型

上节所介绍的 MHD 模型是基于固体推进剂 PTFE 的 PPT 进行的应用。除此之外,MHD 模型还可用于液体推进剂 PPT 的建模与仿真。本小节采用了日本东京大学 Koizumi 的水推进剂 PPT(WP-PPT)样机作为仿真对象(图 3-21),

其阀门式喷注器以及平板式结构,与固体 PPT 结构较为接近,并且数据较为完整。

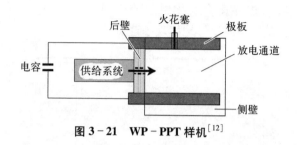

图 3-21　WP-PPT 样机[12]

与上节的仿真模型相同,本模型包括烧蚀模型、电路模型和 MHD 模型,三者关系如图 3-22 所示。

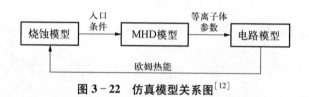

图 3-22　仿真模型关系图[12]

1. 烧蚀模型

水推进剂的烧蚀过程描述为:水通过喷注器进入放电通道,在欧姆热能的作用下蒸发、分解及电离,最后形成等离子体。当供给的水推进剂全部转变为等离子体后,烧蚀过程结束,通道中不再产生新的等离子体。针对水推进剂的转变过程,假设水的表面存在两个层,分别是蒸气层和等离子体层(图 3-23)。

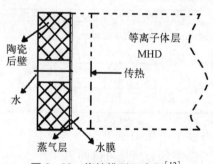

图 3-23　烧蚀模型示意图[12]

烧蚀模型基本假设:① 当水注入后,会均匀附着在后壁表面,形成一层厚度可忽略的水膜;② 蒸气层饱和且厚度可忽略;③ 等离子体层向后壁单向传热;④ 忽略 WP-PPT 与外界的传热损失;⑤ 放电产生的欧姆热能是烧蚀过程唯一能量源。

为揭示水的烧蚀过程,首先建立了饱和蒸气压子模型。然后从该子模型出发研究推进剂的差异带来的工作过程变化。最后针对不同工况分别建立了适用的子模型,共同组成烧蚀模型。

1) 饱和蒸气压子模型

饱和蒸气压子模型用来描述推进剂表面压强和温度的关系。工业中常用的饱和水蒸气压方程定义为[13]

$$\begin{cases} P_s = P^* \left[\dfrac{2C}{-B + (B^2 - 4AC)^{0.5}} \right] \\[2mm] A = \vartheta^2 + n_1 \vartheta + n_2 \\[2mm] B = n_3 \vartheta^2 + n_4 \vartheta + n_5 \\[2mm] C = n_6 \vartheta^2 + n_7 \vartheta + n_8 \\[2mm] \vartheta = \dfrac{T_s}{T^*} + \dfrac{n_9}{(T_s/T^*) - n_{10}} \end{cases} \tag{3-112}$$

式中，$n_1 \sim n_{10}$、T^*、P^* 都为常数。

将饱和水蒸气压方程与 PTFE 平衡蒸气压方程作图比较(图 3-24)，可以发现二者在各自工作温度下压强相差若干量级。一定温度下，较高的压强意味着较高的质量流率和较多的能量消耗。因此除类似于固体 PPT 的自由烧蚀工况外，当欧姆热能无法满足蒸气转化为等离子体所耗能量时，WP-PPT 会存在烧蚀能量不足的工况。此外，为提高 WP-PPT 性能，防止滞后烧蚀现象，需要限制供给质量，WP-PPT 工作过程会存在烧蚀质量不足的工况。针对以上自由烧蚀、烧蚀能量不足及烧蚀质量不足三种工况，分别建立自由烧蚀子模型、有限烧蚀能量子模型及有限烧蚀质量子模型。

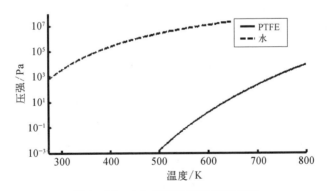

图 3-24　水与 PTFE 的蒸气压方程

2) 自由烧蚀子模型

自由烧蚀子模型适用于欧姆热能满足蒸气转化为等离子体所耗能量的工况。

(1) 自由烧蚀子模型传热传质关系

此工况下后壁净热流密度定义为

$$q_s = q_h - \dot{m} \Delta h_i \tag{3-113}$$

式中，$\dot{m}$(单位面积等离子体质量流率)、q_h(等离子体传入的热流密度)和 Δh_i(等离

子体吸收的能量)分别定义为

$$\dot{m} = \rho_p u_p \tag{3-114}$$

$$q_h = \frac{I^2 R_p}{hw} \tag{3-115}$$

$$\Delta h_i = h_{T_{av}} - h_{T_0} \tag{3-116}$$

式中，ρ_p 和 u_p 分别表示等离子体入口处密度和速度；R_p 表示等离子体平均电阻；h 和 w 分别表示放电通道高度和宽度；$h_{T_{av}}$ 表示等离子体在平均温度下的焓值；h_{T_0} 表示推进剂初始温度下的焓值。式（3-116）需要精确的 $h_{T_{av}}$，但由于等离子体焓值的准确值较难得到，因此通过能量守恒估算 $h_{T_{av}}$：

$$h_{T_{av}} = u_p^2/2 + \Delta h + h_{H_2O} + \frac{1}{9}(h_{H_2} + E_H) + \frac{8}{9}(h_{O_2} + E_O) + 2 \times E_{H-O} \tag{3-117}$$

式中，Δh 是水的蒸发潜热；h_{H_2O} 是水热分解焓值；h_{H_2} 和 h_{O_2} 是氢气与氧气在平均温度下的焓值；E_H 和 E_O 是电离能；E_{H-O} 是键能。以平均温度 1.5 eV 为例，将 Δh_i 估算为定值 3×10^8 J/kg。

此时后壁温度由半无限大固体传热方程可得

$$T_s = T_0 + \frac{Q_1}{2}\sqrt{\frac{\pi}{\rho\lambda ct}} \tag{3-118}$$

式中，$Q_1 = \int_0^t q_s dt$；$\sqrt{\rho\lambda c}$ 描述的是后壁材料的热容量。

（2）自由烧蚀子模型边界层关系

在自由烧蚀工况下，WP-PPT 的后壁、蒸气层及等离子体层入口三者之间的关系与固体 PPT 类似，各层具体关系式为

$$\begin{cases} T_v = T_s \\ P_v = P_s \end{cases} \begin{cases} T_p = T_v \\ u_p = \sqrt{\dfrac{kT_p}{M_p}} \\ P_p = \dfrac{P_v}{2} \end{cases} \tag{3-119}$$

式中，T 为温度；P 为压强；k 为通用气体常数；M 为分子量；下角标 s 表示后壁；v 表示蒸气层；p 表示等离子体入口。

3）有限烧蚀能量子模型

有限烧蚀能量子模型适用于欧姆热能无法满足蒸气转化为等离子体所耗能量的工况（即 $q_s \leqslant 0$）。

（1）有限烧蚀能量子模型传热传质关系

此工况下等离子体质量流率取决于传入的热流密度。欧姆热能全部用于等离子体生成。已生成等离子体与后壁呈绝热关系。后壁维持在原有温度。具体关系如下：

$$\begin{cases} \dot{m} = q_h / \Delta h_i \\ q_s = 0 \\ T_s = T_0 \end{cases} \tag{3-120}$$

（2）有限烧蚀能量子模型边界层关系：

此工况下等离子体入口处压强由已生成等离子体决定，各层具体关系式为

$$\begin{cases} T_v = T_s \\ P_v = P_s \end{cases} \begin{cases} T_p = T_v \\ u_p = \sqrt{\dfrac{kT_p}{M_p}} \\ P_p = \dfrac{\dot{m}}{u_p} \dfrac{k}{M_p} T_v \end{cases} \tag{3-121}$$

4）有限烧蚀质量子模型

有限烧蚀质量子模型适用于烧蚀质量不足的工况。为了提供连续的等离子体入口条件，且不引入新的烧蚀质量，认为等离子体入口处密度和温度呈指数变化趋势，速度为零，如图 3-25 所示。

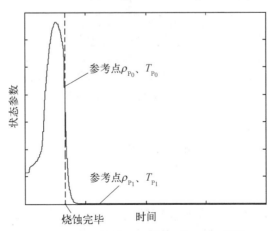

图 3-25　有限烧蚀质量子模型示意图[12]

具体模型为

$$
\begin{cases}
\rho_{\mathrm{p}} = a_1 e^{b_1 t} \\
T_{\mathrm{p}} = a_2 e^{b_2 t} \\
v_{\mathrm{p}} = 0
\end{cases}
\tag{3-122}
$$

式中，a_1、b_1、a_2 和 b_2 是常数，需要通过两个参考点来确定，分别是烧蚀刚刚结束时的状态 ρ_{P_0}、T_{P_0} 及烧蚀完毕的状态 ρ_{P_1}、T_{P_1}。

5）烧蚀模型仿真流程

仿真使用以上各子模型计算各个工况下等离子体的入口条件，烧蚀模型仿真流程图如图 3－26 所示。

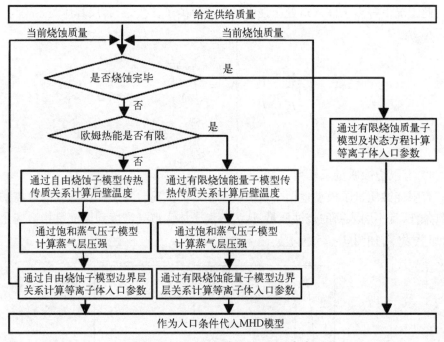

图 3－26　烧蚀模型仿真流程图[12]

2. 电路模型和 MHD 模型

电路模型和 MHD 模型仍沿用固体 PPT 仿真的相关模型。

电路模型中将电路视为 LRC 电路。等离子体电导率由 Z&L 等离子体电导率模型得到。

MHD 模型使用简化的一维理想 MHD 方程，但一维理想 MHD 方程的焦耳热源没有考虑生成等离子体所消耗的电离能，因此用 α_{h} 表示去掉电离能后等离子体消耗的能量占欧姆热源的比重。式(3－123)为加入 α_h 后的简化一维理想 MHD 方程：

$$
\begin{cases}
\dfrac{\partial \rho}{\partial t} + \dfrac{\partial \rho u}{\partial x} = 0 \\[4mm]
\dfrac{\partial \rho u}{\partial t} + \dfrac{\partial \left(\rho uu + p + \dfrac{B^2}{2\mu_0} \right)}{\partial x} = 0 \\[4mm]
\dfrac{\partial \rho \left(\dfrac{p}{\rho(\gamma-1)} + \dfrac{u^2}{2} + \dfrac{B^2}{2\rho\mu_0} \right)}{\partial t} + \\[4mm]
\dfrac{\partial \left\{ \rho u \left[\dfrac{p}{\rho(\gamma-1)} + \dfrac{u^2}{2} + \dfrac{B^2}{2\rho\mu_0} \right] + up + u\dfrac{B^2}{2\mu_0} \right\}}{\partial x} = \alpha_h \dfrac{j^2}{\sigma} \\[4mm]
\dfrac{\partial B}{\partial t} + \dfrac{\partial (uB)}{\partial x} = \dfrac{\partial}{\partial x} \left(\dfrac{1}{\mu_0 \sigma} \dfrac{\partial B}{\partial x} \right)
\end{cases}
\tag{3－123}
$$

3. 模型的验证与分析

1）仿真参数

日本东京大学 WP－PPT 样机[14]的几何尺寸、电路参数和烧蚀质量如表 3－6 所示。

表 3－6　WP－PPT 样机参数[14]

参　数	参　数　值	参　数	参　数　值
高度/mm	20	电阻(外电路)/mΩ	43
长度/mm	34	初始能量/J	13.5
宽度/mm	10	烧蚀质量/μg	6.8
电容/μF	3	电感(全部)/nH	119

2）仿真结果

将样机参数代入仿真模型，计算得到仿真结果，部分如图 3－27 所示。

当总供给质量为 6.8 μg 时，从图 3－27(a)烧蚀质量曲线可以发现烧蚀质量分别于 2 μs 和 4 μs 处有两个明显的变化。当 7 μs 时总烧蚀质量达到 6.8 μg，此时供给的水推进剂全部烧蚀完毕，烧蚀质量不再增加。图 3－27(a)后壁温度曲线中三个温度峰值相对应产生三个等离子体团。由于水蒸气压较高，产生的气体较多，所

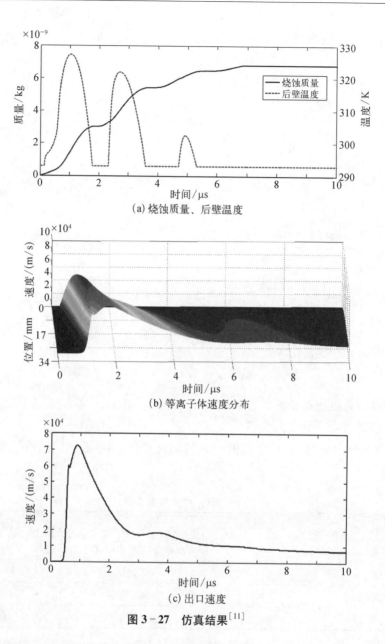

(a) 烧蚀质量、后壁温度

(b) 等离子体速度分布

(c) 出口速度

图 3 - 27　仿真结果[11]

以大部分能量用于等离子体生成,因此后壁温度降到环境温度。2 μs 和 4 μs 处温度下限分别对应烧蚀质量曲线中两处变化。图 3 - 27(b)是放电通道等离子体速度分布。其中影响推力器性能的出口速度如图 3 - 27(c)所示,曲线存在一个明显的速度峰值。

仿真性能结果与 LES - 6 PPT 实验结果的比较具体如表 3 - 7 和图 3 - 28 所示[11]。

表 3-7　仿真性能结果与 LES-6 PPT 实验结果性能对比[11]

性　能	仿　真	实　验
元冲量/(μN·s)	173	73
比冲/s	2 598	1 070
能量转换率/%	23.3	14
等离子体电阻/mΩ	16.6	27

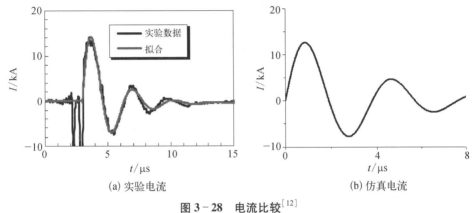

(a) 实验电流　　　　　　　(b) 仿真电流

图 3-28　电流比较[12]

3) 结果分析

仿真得到的电流与实验较为接近,但仿真性能与实验结果存在较大差异,实验测得的元冲量、比冲、能量转换率分别是仿真结果的 42%、41%、60%。经分析认为主要与样机的喷注器有关。喷注器通过开启阀门将水注入放电通道。这种方式工作状态较为稳定,但仅有部分水推进剂参与放电:① 放电前部分推进剂气化。水注入通道到 WP-PPT 点火存在延时,在此时间段内,处于真空中的液态水会部分蒸发。具有快响应的喷注器可以有效减小该延时;② 放电后部分推进剂残留,如图 3-29(a)和图 3-29(c)所示,放电后通道中发现许多放电前不存在的物质。东京大学的研究人员认为是液态或固态的水,这部分推进剂基本没有参与放电。通过高速摄影发现[图 3-29(b)],水是以一排水珠的方式注入放电通道。由于分布不均匀导致无法充分参与到电离过程中,始终以液态或固态的方式留存于放电通道内,因此喷注不均匀是产生残留水的主要原因。

鉴于参考实验样机存在上述现象,代入不同比例参与放电的推进剂质量进行仿真,并与实验结果对比(表 3-8)。结果表明当参与放电的推进剂占总推进剂的 20% 时,仿真结果与实验样机性能吻合良好。此外,高速摄影测得的第一和第二个半放电周期的平均出口速度为 40.6 km/s 和 24.6 km/s,而 20% 推进剂参与放电时的仿真结果相应平均出口速度分别为 40.6 km/s 和 22.1 km/s,二者结果相近

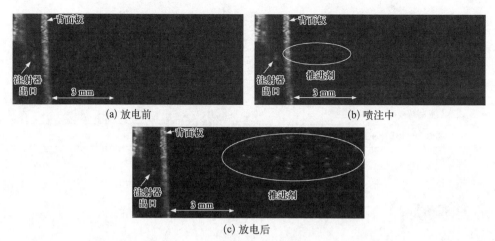

(a) 放电前　　　　　　　　　　　　　　　(b) 喷注中

(c) 放电后

图 3 - 29　放电前后放电通道对比[14]

(100% 推进剂参与放电时的仿真结果分别为 41.2 km/s 和 21 km/s)。

表 3 - 8　不同比例质量结果对比[11]

性　　能	仿　真	仿　真	仿　真	仿　真	实　验
参与放电质量所占百分比/%	100	40	20	10	未知
元冲量/(μN · s)	173	113	74	33	73
比冲/s	2 598	1 703	1 114	505	1 070
能量转换率/%	23.3	19.9	15.2	6.47	14%
等离子体平均电阻/mΩ	16.6	18.8	22	25	27.5

　　对图 3 - 29(c)进行图像处理。假设残留推进剂为液态水并以球体存在于通道中,经估算残留水总质量约 4 μg,占总推进剂质量的 58%。实验中点火设置在阀门开启后 5.5 ms,据估计约 10% 的水推进剂已经在点火前气化。因此估算参与放电的推进剂占总推进剂的 32%,与仿真结果较为接近。

　　综合仿真和实验结果可知,推进剂利用率很低是制约 WP - PPT 性能的主要因素。研制高性能供给系统是解决问题的关键。针对点火前气化现象,需要缩短阀门的开启时间;针对放电后残留现象,需要改进阀门供给的均匀性。随着相关技术的发展,有望研制快响应、高喷注均匀性的 WP - PPT 供给系统,从而提高 WP - PPT 的性能。

参考文献

[1]　杨乐. 脉冲等离子体推力器工作过程理论和实验研究. 长沙: 国防科学技术大学, 2007.

[2]　Laperriere D, Gatsonis N, Demetriou M. Electromechanical modeling of applied field micro pulsed plasma thrusters. AIAA/ASME/SAE/ASEE Joint Propulsion Conference & Exhibit, 2005.

[3]　Vondra R J, Thomassen K I, Solbes A. Analysis of solid teflon pulsed plasma thruster. Journal of Spacecraft and Rockets, 1970, 7(12): 1402 - 1406.

[4]　杨磊. 基于热化反应的脉冲等离子体推力器烧蚀工作过程的理论分析和数值研究. 北京: 北京理工大学, 2013.

[5]　Scharlemann C A, Corey R, Mikellied I G, et al. Pulsed plasma thruster variation for improved mission capabilities. Las Vegas: 36th AIAA Joint Propulsion Conference, 2000.

[6]　黄天坤. 脉冲等离子体推力器能量分配机理的理论分析与实验研究. 北京: 北京理工大学, 2017.

[7]　Jahn R G. Physics of electric propulsion. New York: McGraw-Hill, 1968.

[8]　Noji R, Komurasaki K, Arakawa Y. Study on plasma acceleration in an ablative pulsed plasma thruster. Cincinnati: 43rd AIAA/ASME/SAE/ASEE Joint Propulsion Conference and Exhibit, AIAA Paper 2007 - 5226, 2007.

[9]　Huang T K, Wu Z W, Liu X Y, et al. Modeling of gas ionization and plasma flow in ablative pulsed plasma thrusters[J]. Acta Astronautica, 2016, (129): 309 - 315.

[10]　Schönherr T, Komurasaki K, Herdrich G. Propellant utilization efficiency in a pulsed plasma thruster[J]. Journal of Propulsion and Power, 2013, 29(6): 1478 - 1487.

[11]　肖利杰. 烧蚀型脉冲等离子体推力器工作机理研究与仿真. 北京: 北京理工大学, 2010.

[12]　王司宇. 脉冲等离子体推力器实验及仿真研究. 北京: 北京理工大学, 2016.

[13]　Wagner W, Cooper J R, Dittmann A, et al. The IAPWS industrial formulation 1997 for the thermodynamic properties of water and steam[J]. Transactions of the ASME, 2000, 122(1): 150 - 182.

[14]　Koizumi A, Furuta Y, Komurasaki K, et al. A pulsed plasma thruster using water as the propellant. Fort Lauderdale: 40th AIAA Joint Propulsion Conference, 2004.

第 4 章
脉冲等离子体推力器的固体推进剂 PTFE 特性研究

4.1　PTFE 热化反应及其高温等离子体系的热物性分析

　　本章以 PPT 常用的固体推进剂 PTFE 为研究对象。首先,根据 PPT 烧蚀过程的特点,对可能存在的热化分解产物进行气相化学平衡分析,其中中性烧蚀产物的反应机制由吉布斯函数判据决定,研究烧蚀过程中不同状态下的组分含量变化;其次,进一步引入 Saha 方程,根据理想气体和局部热力学平衡假设,确定推进剂烧蚀产生的多种离子组分、原子浓度、电离程度与局部热力学状态特性(压强、温度等)之间的平衡关系。根据确立的烧蚀组分信息,分析 PPT 烧蚀过程中的热物性参数变化规律,建立 PPT 烧蚀过程中由平动、电子模式及其配分函数所贡献的基于温度和压强变化的热焓模型及电导率模型,为 PPT 烧蚀传热和放电过程的解算提供理论和数据支持;最后,为充分理解 PTFE 热分解的物理过程,进一步提供验证数值模拟结果的试验基础,本章在一定条件下通过热重—差热综合热分析仪(TG - DSC)测试和分析 PTFE 热分解过程中基本特性。

4.1.1　可能存在的烧蚀组分和化学反应方程
　　求解 PPT 烧蚀过程的关键是计算固体推进剂热分解过程中的热物性参数,而获取固体推进剂的热物性参数首先必须选取烧蚀过程中可能的产物及组分含量信息,因此本节以 PPT 常用的推进剂 PTFE 为例,分析其在脉冲电流激励下烧蚀过程中可能存在的烧蚀组分和化学反应方程。

　　Kovitya 在研究固体聚合物高温($5\,000 \sim 30\,000$ K)时的热物性和输运特性参数时,假设 PTFE 热分解过程中可能存在 C、C^+、C^{2+}、C^-、C_2、C_2^-、C_3、C_4、C_5、F、F_2、F^-、F^+、F^{2+}、CF、CF_2、CF_3、CF_4、C_2F_2、C_2F_4、C_2F_6 和电子共 22 种平衡组分;而 Schmahl 的单温定压 C_2F_4 蒸气组分模型则给出了由 22 个独立化学反应平衡方程所确定的 23 种烧蚀组分: C_2F_2、C_2F_4、C_2F_6、CF_2、CF_2^+、CF_3、CF_3^+、CF_4、C_2、CF、CF^+、F_2、F_2^+ 及 C 离

子、F 离子、电子等 23 种平衡组分。尽管 Kovity、Schmahl 等以 PTFE 为对象给出了其分解过程中可能包含的大量组分信息,但实际应用于 PPT 烧蚀过程分析时,必须遵循以下两个原则[1]。

(1) 符合 PPT 实际烧蚀过程特点及等离子体参数的范围。在 PPT 放电烧蚀初期,PTFE 壁面温度较低,初始烧蚀蒸气是一个典型的多元基中性气体团——C_2F_4 蒸气,在其烧蚀热分解中实质体现为大分子团、分子、原子等中性组分共存的复合体。

随着放电能量的大量释放,烧蚀产物电离度的提高,PTFE 分解产物将呈现以离子、原子、电子起主导地位的等离子体团。在这个阶段,PPT 内等离子体团具有非稳态、大参数梯度的特点。其物性参数在较大温度和压强范围内变化,如温度量级可达 10^4 K。等离子体的浓度和存在时间是 PPT 推力性能最主要的影响因素,大量羽流诊断试验表明 C、F 等离子组分可高达三价。

(2) 选取中性生成物生成概率大的组分,减少组分假设的数量,以更贴切 PPT 羽流环境并加快数值模拟速度。

中性烧蚀组分的选择主要根据 PPT 羽流的诊断结果,如存在 C 原子、F 原子和少量 CF、C_2、F_2 和 CF_2 等中性气体分子。此外,在相应计算时会发现并不需要假设那么多的组分,尤其是某些中性组分的浓度很小,完全能够忽略。Schmahl 在低温(0~5 000 K)条件下对 C_2F_4 蒸气的化学平衡组分进行计算,结果表明 C_2F_2 的浓度相比于其他组分低 2 个数量级。而对于其他组分如 CF_3 和 CF_4,相应的热分解反应($C_2F_4 \rightleftharpoons CF_3 + CF$ 和 $C_2F_4 \rightleftharpoons CF_4 + C$)的化学平衡常数与 $C_2F_4 \rightleftharpoons 2 \cdot CF_2$ 相比分别低了 2 和 5 个数量级,见图 4-1。化学平衡常数的大小体现了一个可逆反应进行的程度,平衡常数越大,则表示反应物的转化率越高。这表明包含 C_2F_4

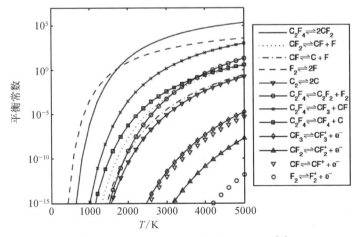

图 4-1 不同热解反应的化学平衡常数[1]

组分的分解反应中,$C_2F_4 \rightleftharpoons 2 \cdot CF_2$ 占主导地位,也就是说 CF_2 是最可能生成的组分,这个结论也被气相色谱分析结果证实。事实上,PTFE 的热解反应是自由基过程。首先 PTFE 在任何位置均裂形成两个长链自由基,由于自由基处的 C—C 键能(184 kJ/mol)远小于远离自由基的 C—C 键能(359 kJ/mol),因此每次都是自由基处的 C—C 键断裂形成 CF_2。同样,其他的带电分子(如 CF_3^+、CF_2^+ 和 CF^+ 等组分)也被证明可以在假设中忽略。

综上所述,PTFE 的热化反应组分可归纳为两大类:中性烧蚀组分和等离子体组分,见表 4-1 和表 4-2。中性烧蚀组分主要发生在脉冲放电初始时刻和放电末期,集中在推进剂表面的低温克努森烧蚀层中。单价、二价和三价的 C、F 离子集中于高温等离子体层,其电磁加速流动效应提供推力器的主要推力性能。所有假设的组分必须线性独立并且每个组分都必须包含在至少一个反应式中,即在 PPT 烧蚀过程研究中考虑聚四氟乙烯的分解产物主要由以下 18 种组分构成,对应的化学反应方程如下所示[1]:

$$C_2F_4 \rightleftharpoons 2 \cdot CF_2 \tag{4-1}$$

$$C_2F_4 \rightleftharpoons C_2F_2 + F_2 \tag{4-2}$$

$$C_2F_4 \rightleftharpoons CF_4 + C \tag{4-3}$$

$$C_2F_4 \rightleftharpoons CF_3 + CF \tag{4-4}$$

$$CF_2 \rightleftharpoons CF + F \tag{4-5}$$

$$CF \rightleftharpoons C + F \tag{4-6}$$

$$C_3 \rightleftharpoons C_2 + 2C \tag{4-7}$$

$$C_2 \rightleftharpoons 2C \tag{4-8}$$

$$F_2 \rightleftharpoons 2F \tag{4-9}$$

$$C^{z+} \rightleftharpoons C^{z+1} + e^{-1} \tag{4-10}$$

$$F^{z+} \rightleftharpoons F^{z+1} + e^{-1} \tag{4-11}$$

式(4-10)和式(4-11)中,$z = 0 \sim 2$。

表 4-1　PTFE 中性烧蚀组分[1]

序号	1	2	3	4	5	6	7	8	9	10	11
组分	C_2F_4	C_2F_2	CF_4	CF_3	CF_2	CF	C_3	C_2	F_2	C	F

表 4 - 2　PTFE 等离子体组分

序号	1	2	3	4	5	6	7	8	9
组分	C^+	C^{2+}	C^{3+}	F^+	F^{2+}	F^{3+}	C	F	e^{-1}

4.1.2　PTFE 中性烧蚀组分计算

1. 吉布斯最小自由能法

为了分析特定组分结构对 PPT 低温烧蚀边界层的作用,本小节采用基于吉布斯最小自由能法的热力计算获取一定条件下固体推进剂热化分解过程中的中性烧蚀产物及组分含量信息。

吉布斯最小自由能法遵循质量守恒原理和化学反应平衡原理。在系统的等温等压过程中,自由能总是朝着减少的方向自发地进行。当反应过程达到平衡状态时,自由能最小,并不再变化,可表示为 $dG = 0$,其中 G 为吉布斯自由能。烧蚀产物组分是一个十分复杂的混合系统,假定其中有 n 种气相组分 $(j = 1, 2, 3, \cdots, n)$,p 种凝相组分 $(h = 1 \sim p)$,L 种元素 $(k = 1 \sim L)$。根据推进剂中各元素的质量守恒方程的一般通式,可写出质量守恒方程为

$$\sum_{j=1}^{n} a_{jk} n_{jg} + \sum_{h=1}^{p} a_{hk} n_{hs} = N_k \qquad (4-12)$$

式中,a_{jk} 为燃烧产物中 1 mol j 气相组分中含有 k 元素的原子数;n_{jg} 为 1 kg 质量烧蚀产物中第 j 种气相组分的摩尔数;a_{hk} 为烧蚀产物中 1 mol h 凝相组分中含有 k 元素的原子数;n_{hs} 为 1 kg 质量烧蚀产物中第 h 种凝相组分的摩尔数;N_k 为 1 kg 推进剂中含有 k 元素的摩尔原子数。系统内烧蚀产物总的自由能等同于产物中各组分的自由能之和,经线性化处理后的吉布斯自由能可表示为

$$G = \sum_{j=1}^{n} \left(g_j^0 + R_0 T \ln \frac{n_{jg}}{n_g} \right) n_{jg} + \sum_{h=1}^{p} g_h^0 n_{hs} \qquad (4-13)$$

式中,g_j 表示 1 mol j 组分理想气体的自由能;g_h 表示 1 mol h 组分凝相产物的自由能。在近似组分位置,用多变量泰勒级数展开,忽略一阶及二阶以上微量,用函数 $Q(n)$ 来表示 $G(n)$ 的近似值:

$$Q(n) = G(y) + \sum_{j=1}^{n} \left(C_{jg} + \ln \frac{y_{jg}}{y_g} \right) \Delta_{jg} + \sum_{h=1}^{p} \frac{g_{hs}^0}{R_0^T} \Delta_{hs} \qquad (4-14)$$

在定温定压的条件下,函数 $Q(n)$ 与函数 $G(n)$ 的极小值条件相同。应用拉格朗日法可以把条件极值问题转化为无条件极值问题,并结合质量守恒方程和吉布斯自由能表达式,获取烧蚀边界层中组分信息。

2. CHEMKIN® 软件简介及算例分析

CHEMKIN® 是一种非常强大的求解复杂化学反应问题的软件包,由美国桑迪亚国家实验室的 Kee 等于 1980 年编写,后来由 Reaction Design 公司收购并继续开发。该软件常用于对燃烧过程、催化过程、化学气相沉积、等离子体及其他化学反应的模拟。随着计算技术的快速发展,近 30 年来,CHEMKIN® 软件包不断发展日趋完善,迅速成为一种非常方便的化学反应数值分析工具[2]。

事实上,CHEMKIN® 软件包不是一个应用软件,它只是一个子程序库,以气相动力学、表面动力学、传递过程这三个核心软件包为基础,提供了 21 种常见化学反应模型及后处理程序。相对于目前所流行的工程计算软件(CFD - FASTRAN、FLUENT 等),CHEMKIN® 软件包所具有的优势如下。

(1) 化学反应计算不基于流动。CFD - FASTRAN 或者 FLUENT 是应用在空气动力学和气体热力学领域的先进计算流体软件,然而其化学反应计算隐含在流动仿真中,而不能以子模块独立计算。此外 CFD - FASTRAN 或者 FLUENT 也不能给 PPT 提供基于多物理场耦合的非稳态磁流体仿真环境。而 CHEMKIN® 软件包中包含独立的化学反应模块,可不依靠流体直接进行化学反应计算。

(2) 具有操作简单、结构合理、可靠性高等特点。CHEMKIN® 软件包提供了大量工业反应流的反应器模型。通过引导用户输入和允许反应器网络图构建复杂系统,由用户图形界面推动问题的解决。图形式后处理器能够将结果快速呈现出来,并且可以将数据输出到第三方分析器,因而成为当今化学反应动力学领域普遍使用的模拟计算工具。

本节将通过 CHEMKIN® 软件包中气相动力学模块(Gas-Phase Kinetics)对 PTFE 可能存在的中性烧蚀分解产物进行气相化学平衡的仿真。Gas-Phase Kinetics 模块即是化学反应和相平衡计算子程序,其选用的反应机制遵循吉布斯最小自由能方法的热力计算[3]。基于 CHEMKIN® 软件包的 PTFE 中性烧蚀组分的计算流程见图 4 - 2。

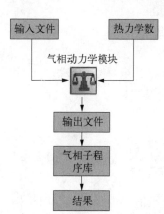

图 4 - 2 PTFE 中性烧蚀组分的计算流程[1]

1) 输入文件

输入文件是描述化学反应平衡计算的组分信息,包括元素和具体组分参数。对于 PTFE,元素即是 C 和 F。组分参数如表 4 - 1 所列,即 C_2F_4、C_2F_2、CF_4、CF_3、CF_2、CF、C_3、C_2、F_2、C 和 F。

2) 热力学数据库

热力学数据库包含了大多数燃烧问题中涉及的反应物、中间产物及终产物的热力学数据,其数据格式按照 Cordon 和 McBride 的 NASA 格式所制定。

3）Gas-Phase Kinetics 模块

读入用户提供的输入文件，同时 Gas-Phase Kinetics 模块从热力学数据库中提取基于吉布斯最小自由能机制中涉及的物质有关的热力学数据。Gas-Phase Kinetics 模块最终形成了所谓的输出文件，该文件包含了基于吉布斯最小自由能机制中元素、物质和反应的所有信息。

4）气相子程序库

气相子程序库由 100 多个高度模块化的子程序所构成，它们提供了诸如元素、物质、化学反应的参数以及状态方程、热力学特性、化学反应速率和敏感性分析的计算结果。

5）结果

Gas-Phase Kinetics 模块直接输出所有假定化学组分在平衡条件下的物质的量浓度。

以 PTFE 为例，本节通过 CHEMKIN® 软件包中 Gas-Phase Kinetics 模块计算中性烧蚀组分在一定压强条件下，物质的量浓度随温度的变化规律。相应气相化学平衡仿真结果见图 4-3。从图 4-3 中可看出，PTFE 热化烧蚀粒子平衡组分在 600~5 000 K 低温段呈现从 C_2F_4 至 CF_3、CF_2、CF、C 等热分解过程。基于 HgCdTe 红外探测器的 PPT 放电过程中壁面温度的测试结果以及相关文献[4-5]的数值模拟结果表明，在 PPT 实际工作环境下，PTFE 表面的温度为 600~1 000 K，对应的烧蚀蒸气组分主要以 C_2F_4（包含少量 CF_4）等刚性多原子为主。这个结果与 PTFE 热解实验结果一致，即真空环境中 PTFE 在 1 000 K 范围内热分解产物以 C_2F_4 为主。

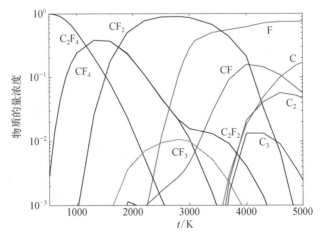

图 4-3　PTFE 中性烧蚀组分物质的量浓度随温度的变化过程（1 atm *）[1]

＊　1 atm≈101 325 Pa。

4.1.3　PTFE 高温等离子体组分及热物性计算

1. 等离子体组分计算模型

这里需要说明的是,烧蚀组分的热力学数据通常是由 5 000 K 以下温度范围内试验数据拟合而成,因此烧蚀组分计算可从已公开的实验值或数据库(如 NIST 化学反应动力学数据库)中获取。然而对于 PPT 工作过程中起着重要作用的等离子体组分,尤其是高价离子热力学数据公开报道相对来说非常匮乏。考虑到使用低温热力学数据进行外推的不准确性,本节引入 Saha 方程,针对 PPT 放电烧蚀所形成的高温等离子体阶段,对等离子体的化学组分进行预测。

为了构建等离子体组分的计算模型,本节假定 PPT 放电通道内烧蚀气体满足局部热力学平衡假设。事实上化学平衡组分计算前提就是满足理想气体和局部热力学平衡假设。处于局部热力学平衡状态下的烧蚀气体组分在系统不受外界影响的条件时,可以用热力学宏观状态参数如温度、压强、密度等进行描述,而无须了解烧蚀气体内部所发生的微观过程。

文献[6]给出基于麦克斯韦分布的等离子体电离和化合的弛豫时间可表示为

$$T_i = \frac{1}{n_i V_{ii} Q_{ii}} \tag{4-15}$$

式中,V_{ii} 为离子之间的碰撞频率;Q_{ii} 为碰撞截面。由式(4-15),文献[7]进一步根据 PPT 典型的等离子体参数范围,计算出在 PPT 脉冲放电过程中,等离子体的弛豫时间小于放电过程的特征时间。

因此,表 4-2 所列的等离子体组分可满足如下的 Saha 方程组:

$$
\frac{n_e n_{C^+}}{n_C} = 2\exp\left(-\frac{\varepsilon_{C^+}}{kT}\right)\left(\frac{2\pi m_e kT}{h^2}\right)^{3/2}\left(\frac{Z_{C^+,ex}}{Z_{C,ex}}\right)
$$

$$
\frac{n_e n_{C^{2+}}}{n_{C^+}} = 2\exp\left(-\frac{\varepsilon_{C^{2+}}}{kT}\right)\left(\frac{2\pi m_e kT}{h^2}\right)^{3/2}\left(\frac{Z_{C^{2+},ex}}{Z_{C^+,ex}}\right)
$$

$$
\frac{n_e n_{C^{3+}}}{n_{C^{2+}}} = 2\exp\left(-\frac{\varepsilon_{C^{3+}}}{kT}\right)\left(\frac{2\pi m_e kT}{h^2}\right)^{3/2}\left(\frac{Z_{C^{3+},ex}}{Z_{C^{2+},ex}}\right)
$$

$$
\frac{n_e n_{F^+}}{n_F} = 2\exp\left(-\frac{\varepsilon_{F^+}}{kT}\right)\left(\frac{2\pi m_e kT}{h^2}\right)^{3/2}\left(\frac{Z_{F^+,ex}}{Z_{F,ex}}\right) \tag{4-16}
$$

$$
\frac{n_e n_{F^{2+}}}{n_{F^+}} = 2\exp\left(-\frac{\varepsilon_{F^{2+}}}{kT}\right)\left(\frac{2\pi m_e kT}{h^2}\right)^{3/2}\left(\frac{Z_{F^{2+},ex}}{Z_{F^+,ex}}\right)
$$

$$
\frac{n_e n_{F^{3+}}}{n_{F^{2+}}} = 2\exp\left(-\frac{\varepsilon_{F^{3+}}}{kT}\right)\left(\frac{2\pi m_e kT}{h^2}\right)^{3/2}\left(\frac{Z_{F^{3+},ex}}{Z_{F^{2+},ex}}\right)
$$

式中，n_e、n_C、n_{C^+}、$n_{C^{2+}}$ 和 $n_{C^{3+}}$ 分别代表电子、碳原子及其一次电离离子、二次电离离子和三次电离离子的数密度；n_F、n_{F^+}、$n_{F^{2+}}$ 和 n_{3+} 分别代表氟原子及其一次电离、二次电离离子和三次电离离子的数密度；k 是 Boltzmann 常数；m_e 为电子质量，h 为 Planck 常数；ε_{C^+}、$\varepsilon_{C^{2+}}$ 和 $\varepsilon_{C^{3+}}$ 分别表示碳原子的一次、二次和三次电离能；ε_{F^+}、$\varepsilon_{F^{2+}}$ 和 $\varepsilon_{F^{3+}}$ 分别表示氟原子的一次、二次和三次电离能；$Z_{C,ex}$、$Z_{C^+,ex}$、$Z_{C^{2+},ex}$ 和 $Z_{C^{3+},ex}$ 分别表示碳原子及其一次电离离子、二次电离离子和三次电离离子的配分函数；类似地，氟原子及其一次电离离子、二次电离离子和三次电离离子的配分函数由 $Z_{F,ex}$、$Z_{F^+,ex}$、$Z_{F^{2+},ex}$ 和 $Z_{F^{3+},ex}$ 分别表示。方程组(4-16)中原子及各价离子的配分函数可参阅 NIST 原子能级数据库。

为了计算方程组(4-16)所描述的 9 个等离子体及电子组分的数密度，需要进一步补充以下假设和模型。

1) 电中性假设

德拜长度是衡量等离子体宏观电中性的尺度。当德拜长度远小于等离子体特征长度时，可认为等离子体的宏观电中性条件成立。在 PPT 放电脉冲时间内，典型的等离子体温度为 $1\sim3$ eV，相应等离子体的数密度可达 $10^{19}\sim10^{24}$ m^{-3}。由德拜长度计算公式 $\lambda_d=\sqrt{\varepsilon_0 kT/n_e e^2}$ 可知其量级为 10^{-5} m，远小于推力器特征长度 $10^{-3}\sim10^{-2}$ m，因此电中性假设成立，即有

$$n_e=\sum_i\sum_r r\cdot n_i^r \qquad (4-17)$$

式中，n_i 表示第 i 种等离子组分的数密度；r 是电离阶次。对于本书中等离子体组分的假设，即有

$$n_e=n_{C^+}+2\times n_{C^{2+}}+3\times n_{C^{3+}}+n_{F^+}+2\times n_{F^{2+}}+3\times n_{F^{3+}} \qquad (4-18)$$

2) 质量平衡

根据聚四氟乙烯分子(C_2F_4)组成，可得

$$2(n_C+n_{C^+}+n_{C^{2+}}+n_{C^{3+}})=n_F+n_{F^+}+n_{F^{2+}}+n_{F^{3+}} \qquad (4-19)$$

3) 气体分压定律

$$\sum_i\sum_r p_i^r=nkT \qquad (4-20)$$

式中，$p_i^r=n_i^r kT$ 表示第 i 种成分的分压。

综合式(4-16)、式(4-18)~式(4-20)可得 PPT 放电烧蚀过程中等离子体组分的预测模型。

2. 基于配分函数的热焓模型

本小节已初步介绍了在一定温度和压强下，所假设的各种 PTFE 烧蚀粒子组

分的计算模型。本节将根据等离子体组分物质的量(或质量)浓度,确立 PTFE 热物性参数——比焓的计算过程,为 PPT 烧蚀传热模型的解算提供理论支持。

在微观的尺度下,粒子(分子或原子)所具有的能量一般可归纳为平动能、转动能、振动能和电子模型这四部分组分,即

$$E_i = E_i^{\text{trans}} + E_i^{\text{rot}} + E_i^{\text{vib}} + E_i^{\text{el}} \qquad (4-21)$$

式中,E_i 为第 i 个粒子的总比内能;E_i^{trans}、E_i^{rot}、E_i^{vib}、E_i^{el} 分别是粒子基于平动、转动、振动和电子模式对比内能的贡献。这里需要说明的是 $E_i = E_i^T - E_i^0$,E_i^T 和 E_i^0 分别是第 i 个粒子在热力学温度 T 时和零点时(绝对零度)的标准比内能;而粒子在零点时的标准比内能只包括平动、振动和电子模式对比内能的贡献,即粒子无零点转动能。

基于以上四类粒子能量的配分函数 Z,对于单温系统的比内能和比焓可由下式表示:

$$E_i = RT^2 \left(\frac{\partial \ln Z}{\partial T} \right)_v \qquad (4-22)$$

$$h_i = RT + RT^2 \left(\frac{\partial \ln Z}{\partial T} \right)_v \qquad (4-23)$$

式中,$h_i = h_i^T - h_i^0$,h_i^T 和 h_i^0 分别是第 i 个粒子在热力学温度 T 时和零点时(绝对零度)的比焓值。

由式(4-22)和式(4-23)可知,粒子的比内能与比焓的关系可表述为

$$h_i = e + Pv \qquad (4-24)$$

上述关系适用于任何种类的气体(不论是量热完全气体或是化学反应气体)。

根据模态能量及相关简并度的量化值,Vincenti 和 Kruger 推演出粒子基于平动、转动、振动能的配分函数,这里直接给出其相应的简化形式[8],即

平动配分函数:

$$Z_{\text{trans}} = \left(2\pi mkT/h^2 \right)^{\frac{3}{2}} \times V \qquad (4-25)$$

转动配分函数:

$$Z_{\text{rot}} = \frac{8\pi^2 IkT}{\sigma h^2} \qquad (4-26)$$

振动配分函数:

$$Z_{\text{vib}} = \frac{1}{1 - e^{-\frac{hv}{kT}}} \tag{4-27}$$

式中，V 是量子体系的体积；I 是量子旋转惯性矩；σ 是转动对称数；v 是量子振动频率。

这里需要说明的是转动和振动配分函数的建立分别是基于分子是刚性转动体或者谐振子的假设。式(4-26)中加入 σ 因子是由于波函数在相同粒子传播中对称性要求造成的。对于异核分子(如 CF) $\sigma = 1$，而对于同核分子(如 F_2) $\sigma = 2$，并且 σ 因子的值也会随着分子结构的复杂性取其他值。

不同于以上三种量子模式，电子模式的配分函数建立在完全孤立的粒子假设基础上，可表示为

$$Z_{\text{el}} = \sum_{j=0}^{\infty} g_j e^{-\frac{\varepsilon_j}{kT}} \tag{4-28}$$

式中，g_j 是粒子对应于各个电子能级的简并度；ε_j 为相应能级。理论上电子从基态激发到离子电势有无限多个数量的电子能级存在，而实际中，粒子不能孤立存在于任何有限密度的介质中，即式(4-28)表示的序列会最终达到某一个主量子数。这里需要说明的是，本书实际计算电子模式的配分函数时，忽略 $\varepsilon_j \geq 10kT$ 的能级数目，这是由于负十次方的指数幂已经足够小，不会对粒子内能的数值产生影响。

将式(4-25)~式(4-28)代入式(4-22)，整理可得基于以上四种模型的比内能：

$$E_i^{\text{trans}} = \frac{3}{2} R_i T \tag{4-29}$$

$$E_i^{\text{rot}} = R_i T \tag{4-30}$$

$$E_i^{\text{vib}} = \frac{hv_i}{kT} \left(\frac{1}{e^{\frac{hv_i}{kT}} - 1} \right) R_i T \tag{4-31}$$

对于电子模式的比内能，由于其配分函数理论上无穷序列的特殊性，必须针对具体粒子形成闭型解。这里假设粒子的能级数量为有限值 V，则电子模式所贡献的比内能一般形式可表示为

$$E_i^{\text{el}} = R_i T^2 \left(\frac{\partial \ln Q_i^{\text{el}}}{\partial T} \right)_v = R_i T^2 \frac{\sum_{j=0}^{r} \frac{g_j \varepsilon_j}{kT^2} e^{-\frac{\varepsilon_j}{kT}}}{\sum_{j=0}^{r} g_j e^{-\frac{\varepsilon_j}{kT}}} \tag{4-32}$$

式中，R_i 为每千克理想气体的气体常数。

对 PPT 烧蚀过程中典型的烧蚀多组分的复合体形式，总的比内能可表达为

$$E = \sum_{i=1}^{N} c_i E_i \qquad (4-33)$$

式中，c_i 是组分的质量分数，即 $c_i = \dfrac{m_i}{m} = \dfrac{\rho_i}{\rho}$。由本书假设的 PPT 烧蚀组分类型，$N = 18$，即考虑电子对混合烧蚀组分比内能的贡献。对于分子，E_i 包括以上四类能量模式的贡献；对于原子，E_i 只包括平动能和电子模式的贡献。

类似地，对于 N 种组分混合的比焓，其表达式为

$$h = \sum_{i=1}^{N} c_i h_i^T \qquad (4-34)$$

$$h_i^T = E_i + R_i T + h_i^0 \qquad (4-35)$$

3. 电导率模型

PPT 放电过程及所形成的高温等离子体电弧是固体推进剂烧蚀的能量来源，而决定放电过程的关键在于等离子体的电导率。Spitzer 最早提出了简单实用的理想等离子体的电导率公式[9]，得到了广泛的应用。Spitzer 电导率模型假设等离子体完全电离，并处于局部热力学平衡状态，具体可表示为

$$\sigma_{\text{plasma}} = \frac{\gamma_E T^{3/2}}{38.0 Z \ln \Lambda} \qquad (4-36)$$

式中，γ_E 是考虑电子与电子碰撞对电导率的修正系数，且有

$$\gamma_E = \frac{1\,960.8 \varepsilon_0^2}{e^2 Z} \left(\frac{\pi}{m_e} \right)^{1/2} k^{3/2} \qquad (4-37)$$

Z 代表平均电离电荷数；ε_0 是真空介电常数。$\ln \Lambda$ 是库伦对象，且有

$$\ln \Lambda = \ln \frac{12\pi (\varepsilon_0 k T)^{3/2}}{Z^2 e^3 n_e^{1/2}} \qquad (4-38)$$

然而 Spitzer 电导率模型假设等离子体完全电离，即其中不存在中性原子，这显然不符合 PPT 烧蚀过程特点。大量文献对非理想等离子体电导率做了研究，其中典型的就是 Zollweg 和 Liebermann 提出的 Z&L 电导率模型[10-11]，它对等离子体非理想性进行适当修正：

（1）将修正的屏蔽距离应用于运动方程，在非理想等离子体中相互作用过程

将保持双体碰撞的特性;

（2）采用修正的相互作用势以考虑离子不完全屏蔽所造成的短程力的影响;

（3）由于电子与微静电场作用,有必要对低能量连续电子态密度加以修正。

Z&L 电导率模型的表达式如下所示:

$$\sigma_{\text{plasma}} = \frac{\gamma_{\text{E}} T^{3/2}}{38.0 Z \ln(1 + 1.4\Lambda_m^2)^{1/2}} \quad (4-39)$$

$$\Lambda_m = (\lambda_D^2 + \lambda_i^2)^{1/2}/b_0, \quad \lambda_D = \left(\frac{\varepsilon_0 kT}{n_e e^2}\right)^{1/2}, \quad \lambda_i = \left(\frac{4}{3}\pi n_i\right)^{-1/3} \quad (4-40)$$

式中, λ_D 是德拜半径; λ_i 是正离子的平均离子半径; n_i 是正离子的数密度; $b_0 = Ze^2/(12\pi\varepsilon_0 kT)$ 是碰撞参数。

考虑到 PPT 脉冲放电初期非完全电离所呈现的弱等离子特性,本文将 Z&L 电导率用于 PPT 等离子电阻的计算,并与 Spitzer 电导率模型进行对比。

4. 理论模型验证

Saha 方程的数值求解思路是将其转换为非线性平方和的最小值问题（实际就是最小二乘问题）。由于在 Saha 方程中数密度量级比较大,因此通过两边取对数把求解参数从数密度归一化为对数量形式,以增大搜索范围和精确性。变换后的 Saha 方程组的形式可微且连续。为了提高收敛速度且降低计算量,本节选取典型求解非线性二次平方问题 Gauss-Newton 迭代法。Gauss-Newton 迭代法的基本思想是使用泰勒级数展开式去近似地代替非线性回归模型,然后通过多次迭代修正回归系数,使回归系数不断逼近非线性回归模型的最佳回归系数,最终使原模型的残差平方和达到最小。

图 4-4 给出了根据上述方法计算获得的局域热力学平衡条件下,当气体压强分别为 1 atm 时,PTFE 等离子体组分物质的量浓度在 5 000~30 000 K 温度区间内的变化情况。由图 4-4 可以看出,当温度在 7 000 K 以上,中性碳原子、氟原子逐步电离成其各价离子和电子。由于 PTFE 元素组成关系,氟原子的浓度要大于碳原子;此外在电离过程中,等离子体首先呈现出以一价碳离子占主导的复合体;随着温度的进一步升高,一价氟电离开始出现并且其浓度逐渐增大,这主要是由于碳原子的电离能要略小于氟原子,更易于电离。同理可见二价离子出现及浓度变化情况。图 4-4 所描述的 PTFE 等离子体组分物质的量浓度的大小及变化趋势与 Kovitya 的结果基本一致,这表明本文基于 Saha 方程建立的 PTFE 等离子组分计算模型是可行的。

固体聚合物烧蚀组分的多样性使其平均分子质量会直接影响着烧蚀边界层及等离子体层边界状态参数的定量计算[12]。根据 PTFE 中性烧蚀气体及等离子体组分的物质的量浓度,可以计算出每摩尔烧蚀组分平均分子质量的大小,即

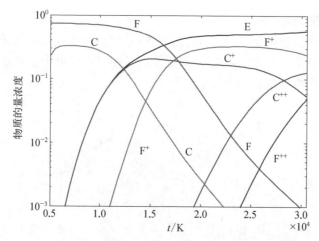

图 4 - 4   PTFE 等离子体组分物质的量浓度随温度的变化过程(1 atm)[1]

$$M = \sum_{i=1}^{N-1} f_i M_i \qquad (4-41)$$

式中,f_i 是组分的物质的量浓度;M_i 是组分的摩尔质量。这里组分不包括电子。

图 4-5 为每摩尔烧蚀组分平均分子质量随温度和压强的变化趋势。从图中明显看出,压强的变化对烧蚀组分平均分子质量作用不大,而温度影响非常显著。当温度从 600 K 上升到 5 000 K 的过程中,PTFE 每摩尔烧蚀组分平均分子质量从 100(C_2F_4)下降到 16.7(C 原子、F 原子及其离子构成)。

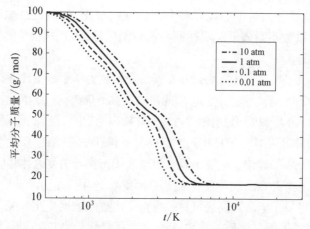

图 4 - 5   PTFE 每摩尔烧蚀组分平均分子质量随温度和压强的变化趋势[1]

进一步由式(4-31)计算出定压和定温情况烧蚀组分复合体的比内能。根据每种粒子的比内能,由式(4-32)确立热焓模型,确定 PPT 烧蚀组分的比焓值。图 4-6 给出了 PPT 热焓模型在不同大气压强下所解算的比焓值随温度从 5 000 K 到

30 000 K 的变化曲线。其中 1 atm 情况实质上对应于图 4 - 4 解算的烧蚀粒子组分信息的比焓值。从图 4 - 6 中可以明显看出,比焓值随着温度的升高逐渐递增,这体现出 PTFE 热分解中的分子、原子吸热电离为等离子体的能量变化过程,而一价的离子进一步吸收能量(消耗电离能),使得电子激发跃迁电离出二价离子乃至更高价的离子(图 4 - 4),即离子化过程是比焓在高温阶段迅速上升的主要原因。随着压强的降低,电离反应向低温区移动,并且电离反应温度区间变窄,比焓曲线因此变陡且向低温区移动。

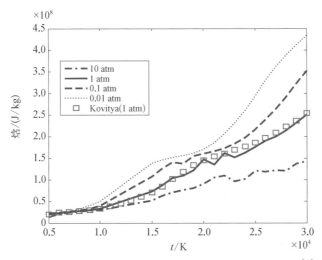

图 4 - 6　PTFE 烧蚀过程中比焓随温度和压强的变化过程[1]

热焓模型所解算的比焓值(1 atm)与 Kovitya 的结果基本一致,其中微小的区别主要是由 Kovitya 所假设的 PTFE 烧蚀组分的种类与本文组分假设的差异而引起的。考虑到 PPT 放电初期存在典型的低温高密度非理想等离子特性,因此计算电导率前首先针对 Spitzer 和 Z&L 电导率模型的适用性进行计算对比,结果见图 4 - 7。由图 4 - 7 可以看出,在温度范围为 500 K~3 500 K,使用 Spitzer 模型计算出的电导率会出现明显错误的脉冲峰值(实质是负峰值,图示采用对数坐标系处理,取实部解),而 Z&L 模型所计算出的电导率值随温度平稳上升,能够很好处理非理想等离子区域电导特性。

需要说明的是,本书没有直接根据烧蚀组分信息及其输运性质来计算电导率。这主要是一方面由多类型粒子碰撞积分的计算难度所造成的。不同于单组分的气体等离子体,PTFE 烧蚀热分解中实质体现为分子、原子、离子、电子等多类型组分共存的复合体,本书简化的组分假设即有 18 种之多。为了计算混合烧蚀粒子的电导输运性质,首先必须考虑不同分子之间、同种分子之间、分子与各价离子之间、离子与离子之间、离子和电子之间等多种类型粒子的碰撞过程,确定相应的碰撞积

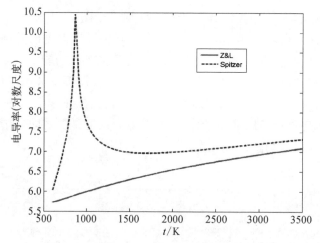

图 4-7 低温阶段 Spitzer 和 Z&L 电导率模型计算对比(1 atm)[1]

分,很明显大大增加了计算难度。Kovitya 计算电导输运性质时就直接指出这一点,并且其计算的中性烧蚀气体部分,如分子与分子间碰撞存在很大的误差。另一方面要考虑将电导率模型应用到 PPT 工作过程中实际计算效率问题。PPT 放电过程是典型的脉冲非稳态过程,烧蚀组分涉及非稳态、大参数梯度,其物性参数在较大温度和压强范围内变化,不能通过单一压强或温度条件来衡量整个放电过程中电导情况,很明显多种类型粒子在不同时空热力学状态参数下碰撞过程的计算极大影响了实际仿真效率。事实上,考虑非理想等离子特性的 Z&L 模型直接根据等离子体的组分信息计算电导率,极大提高了计算效率,并且通过相关参数的对比,表明 Z&L 模型的计算结果能够满足 PPT 放电过程中电导率的计算需求,见图 4-8。

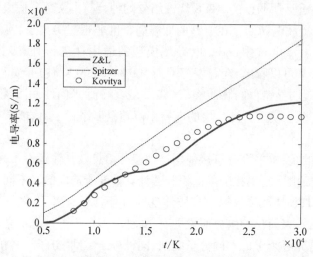

图 4-8 高温阶段 Spitzer 和 Z&L 电导率模型计算对比(1 atm)[1]

图 4-8 描述了 1 atm 情况下,基于 Spitzer 和 Z&L 模型,以及 Kovitya 所解算的电导率随温度从 5 000 K 到 30 000 K 的变化曲线。从图中可以看出,Spitzer 模型所解算的电导率在高温阶段呈现线性递增趋势,其值要大于 Z&L 模型所解算的电导率。相对于简单的 Spitzer 模型,Z&L 模型的电导率曲线更能体现 PTFE 蒸气多次电离的变化:随着温度的增加,Z&L 曲线多次出现明显的上升,这是由于在温度升高的过程中,烧蚀气体中会相继出现原子电离为一价、二价及更高价的电离反应(图 4-4),由于离子和电子浓度的增加从而使气体电导率大幅度上升。Z&L 模型所解算电导率的幅值和变化趋势基本符合 Kovitya 结果,这说明 Z&L 电导率模型适用于 PPT 放电模型的计算。

图 4-9 进一步给出了基于 Z&L 模型所解算的电导率随温度和压强的变化趋势。由于电导率主要来自电子的贡献,所以电导率随着电子数密度的增加而增加。压强对电导率的影响也体现于此,一方面压强降低,使一次电离反应发生的温度区间向低温区移动;另一方面,压强降低会导致电子数密度下降。所以从图 4-9 中可以看出,在等离子体温度高于 10 000 K 后,由于低压情形对应的电子数密度较小,所以相应地压强较低的情况的电导率值偏低,如 0.1 atm 情形的电导率低于 1 atm 下的电导率数值。另外,图 4-9 中还值得注意的是,由于 PTFE 等离子组分会发生二次甚至更高次电离,相对应温度区间内电导率曲线上升趋势会有略微的下降。

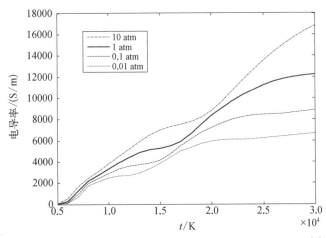

图 4-9　基于 Z&L 模型的电导率随温度和压强的变化趋势[1]

4.2　PTFE 的 TG-DSC 测试

4.2.1　TG-DSC 简介

TG-DSC 是联用热重技术(thermogravimetric,TG)和示差扫描量热技术(differential scanning calorimetry,DSC)的热分析仪器。热分析的起源可以追溯到

19 世纪末。第一次使用的热分析测量方法是热电偶测量法,1887 年法国勒·撒特尔第一次使用热电偶测温的方法研究黏土矿物在升温过程中热性质的变化。此后,热分析开始逐渐在黏土研究、矿物及合金方面得到应用。电子技术及传感器技术的发展推动了热分析技术的纵深发展,逐渐产生了 DSC 技术。根据物质在受热过程中质量的减少,产生了 TG 技术。TG 和 DSC 联用可在程序温度控制下测量试样的质量变化以及与参照物之间的温度差和温度的函数关系,从而获知固体材料的高温热分解过程。TG – DSC 已逐渐成为塑料、橡胶、树脂、涂料、食品、药物、生物有机体、无机材料、金属材料和复合材料等领域研究开发、工艺优化和质检质控的必不可少的工具[13-14]。

4.2.2　测试结果与分析

使用 TG – DSC 测试的原因在于缺乏 PTFE 热分解过程相关属性的认识。Mikellide 最初开展 PPT 数值模拟研究时,试图通过推进剂(PTFE)内部熔融温度来估算烧蚀质量。Mikellide 认为在放电过程中,PTFE 的熔融点即是其分解温度,因此 PTFE 内部传热达到其熔融点的体积再乘以质量就是其损失的工质。通常,PTFE 的熔融点为 600 K,根据这一熔融温度计算出的烧蚀质量却远大于试验值,这使得人们对 600 K 作为 PTFE 分解计算初始点产生怀疑。Mikellide 发现这一问题后,简单将推进剂分解温度提高至 673K,以使其数值模拟结果符合试验值。为了能够进一步揭示 PPT 推进剂烧蚀演化机制,验证数值模拟的结果,必须充分理解其推进剂(PTFE)热分解的物理过程。因此,本书通过热重—差热综合热分析仪(TG – DSC)测试了 PTFE 的分解过程,测试条件为:气氛氮气流速 60 mL/min;氧化铝坩埚(带盖);样品质量为 13.43 mg(PTFE);四种升温速率: 10℃/min,20℃/min,30℃/min,40℃/min;测试仪器采用德国 NETZSCH 公司的 STA449F3,相关热分析测试结果见图 4 – 10。

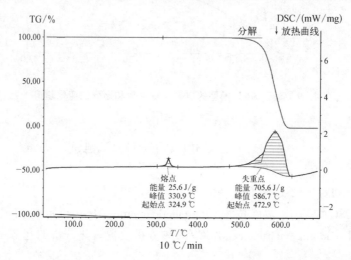

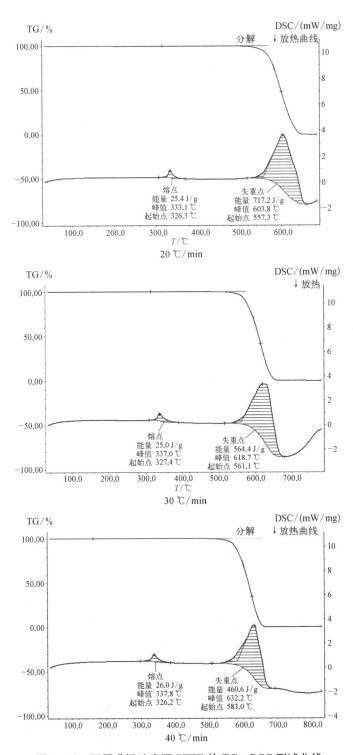

图 4 - 10　不同升温速率下 PTFE 的 TG - DSC 测试曲线

图 4-10 描述了不同升温速率的 PTFE 的 TG-DSC 测试曲线。其中，DSC 曲线均在 329℃ 时左右出现第一个峰值，这就是 PTFE 的熔融峰，即熔点为 600 K 左右。进一步对比四种 TG 曲线可以看出，热重曲线保持恒定，这表明 PTFE 在升温过程中的熔融阶段，其质量不会开始分解消耗，即 600 K 不是分解温度；随着温度的上升，在 470℃~600℃，DSC 曲线出现了第二个峰值，在这个范围内，PTFE 高分子链断发生热裂解，相应由 TG 热重曲线可以看出，PTFE 质量开始减少。这说明 PTFE 的热分解温度远大于其熔融点，在测试条件，其分解温度实质在 700 K 以上。同样，越快的加热条件下，该分解温度会相应提升，40℃/min 条件下分解温度已经超过 740 K。

PPT 是典型的脉冲放电烧蚀工作方式，推进剂表面的温度随着放电能量的释放很快上升，并在脉冲末期随着放电能量的降低而迅速下降。为了验证 PTFE 在加热后降温对质量的影响，本节选取 10℃/min 的升温速率，在温度达到熔融点之后，但未达到分解点的情况下冷却，相应的测试结果见图 4-11。

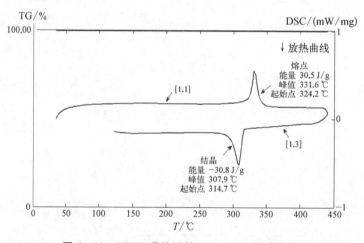

图 4-11   PTFE 升降温的 TG-DSC 测试曲线

图 4-11 描述了 PTFE 升降温过程(10℃/min)的 TG-DSC 曲线，其温度范围为室温到 450℃ 左右。由图 4-11 可以很明显看到，当温度达到 Mikellide 所认为的 673 K 时，PTFE 质量不会开始分解消耗，并且随着降温，DSC 曲线出现了一个负峰值，这个峰即是典型的结晶峰，它表示 PTFE 相变状态从熔融到凝固结晶的过程，这一过程是典型的放热峰。此外，TG 热重曲线在升降温过程中保持恒定，这验证了 PTFE 在加热到熔融点但未达到更高的分解温度(740 K 以上)情况下降温过程只是发生了 PTFE 晶体的相变，对质量不会产生影响。图 4-10 和图 4-11 结果表明 PTFE 只有在更高的加热温度(达到其分解温度)及一定的维持时间内，才会开始分解消耗。

4.3　脉冲等离子体推力器辐射
机制及工作过程仿真研究

为寻找提高 PPT 性能的技术途径,需要明晰 PPT 放电通道所处状态。对推力起主要贡献的离子组分是本节研究的主要对象。PPT 主放电过程的等离子体峰值温度高达几电子伏,相较于热传导及热对流,热辐射显得尤为重要[15]。PPT 中的等离子体属于热等离子体,工程中传统的辐射方法不适用于 PPT,不符合普朗克定律[16],因此研究 PPT 的辐射机制对于 PPT 非常重要。以辐射理论为基础,对 PPT 进行仿真可以清晰反映 PPT 的物理过程,为研制高性能 PPT 提供理论依据[17-18]。

4.3.1　热等离子体辐射机制分析

发射系数从能量角度反映了等离子体的辐射情况,其受到粒子结构的影响。等离子体的辐射伴随着能级跃迁,根据跃迁前后状态的不同通常分为三种类型的辐射:束缚—束缚跃迁,即线辐射;束缚—自由跃迁,即复合辐射;自由—自由跃迁,即韧致辐射。后两者属于连续辐射范畴。三种辐射的总和即为我们关心的等离子体辐射,即

$$\varepsilon = \varepsilon^{l} + \varepsilon^{f-f} + \varepsilon^{b-f} \tag{4-42}$$

事实上,全波长范围的发射系数计算很难实现,这需要所有的束缚及自由状态数据,从计算量来说几乎不可能,因此需要在研究过程中引入以下假设。

(1)计算的光谱范围为 $0.03 \sim 25 \mu m$。很多热等离子体辐射研究文献中也是采取了这个范围[19],具体为 $0.03 \sim 0.2 \mu m$ 的真空紫外范围,$0.2 \sim 0.7 \mu m$ 的紫外及可见光范围以及 $0.7 \sim 25 \mu m$ 的主要红外范围。在这些范围内的计算结果基本可以保证足够高的计算精度。

(2)假设等离子体处于局部热力学平衡状态(LTE 状态)。虽然在某些情况下会偏离 LTE 状态,但主放电过程基本符合 LTE 状态,且很多 PPT 研究均采取了这种假设[20]。

(3)聚四氟乙烯的烧蚀产物包括 C、C^{+}、C^{2+}、C^{3+}、F、F^{+}、F^{2+}、F^{3+} 以及电子,PPT 工作期间在放电通道内以原子或离子状态存在[21-22]。

(4)忽略线辐射展宽效应[23]。相较光谱分布本研究更关心能量的影响。

(5)计算连续辐射时使用类氢假设[24]。在比伯系数无效的情况下必须使用该假设。在其他文献中有些类似的情况也采用了相应假设。

(6)忽略电子和原子间的韧致吸收[25]。在较高温度下该影响可以忽略。

4.3.2　热等离子体辐射计算

1. 线辐射

在 PPT 放电过程中,如果由组分 i 辐射出若干条线辐射,其中某条谱线由能级 E_1 跃迁至能级 E_2,且该谱线中心波长为 λ_{ul},那么

$$hc/\lambda_{ul} = E_1 - E_2 \tag{4-43}$$

如果 PPT 等离子体处于 LTE 状态,即符合玻尔兹曼分布,那么处于能级 E_1 的等离子体的数密度为

$$n_{i,\,E_1} = n_i \frac{g}{Q} \exp(-E_1/kT) \tag{4-44}$$

从而可以获得光谱线辐射发射系数:

$$\varepsilon_l(\lambda_{ul}) = \left(\frac{hc}{4\pi\lambda_{ul}}\right) A n_{i,\,E_1} P(\lambda_{ul}) \tag{4-45}$$

当忽略展宽效应时,发射系数为

$$\varepsilon^l = \left(\frac{hc}{4\pi\lambda_{ul}}\right) A n_{i,\,E_1} \tag{4-46}$$

2. 复合辐射

由于自由电子本身具有一定能量,当自由电子与离子发生复合时,会以连续辐射的形式产生光子,即为复合辐射。可以用 Biberman 方程较为准确地计算复合辐射的发射系数:

$$\varepsilon_\lambda^{f-b} = 2.177 \frac{e^6}{c^2 m_e^{1.5}} \sqrt{\frac{\pi}{k}} \frac{g}{Q} \frac{n_e n_z (z-1)^2}{\lambda^2 \sqrt{T}} \left[1 - \exp\left(-\frac{hc}{kT\lambda}\right)\right] \zeta(T,\lambda) \tag{4-47}$$

式中,ζ 为 Biberman 系数,该系数受原子的电子结构影响,并强烈依赖于波长,弱依赖于温度。Hofsaess[26] 测试了大量离子的 Biberman 系数,但可惜的是文献资料中缺少氟元素相关粒子的 Biberman 系数。因此必须采用类氢假设,相应复合辐射的发射系数简化为

$$\varepsilon_\lambda^{f-b} = 2.177 \frac{e^6}{c^2 m_e^{1.5}} \sqrt{\frac{\pi}{k}} \frac{n_e n_z (z-1)^2}{\lambda^2 \sqrt{T}} g_{f-b}(\lambda,\,T) \tag{4-48}$$

其中,冈特系数为

$$g_{f-b}(\lambda, T) = 1 - 0.172\,8\left[\frac{hc}{\lambda E_{\text{H}}(z-1)^2}\right]^{1/3}\left(1 - \frac{2\lambda kT}{hc}\right) - \exp\left(-\frac{hc}{\lambda kT}\right)$$

$$\left\{1 + 0.172\,8\left[\frac{hc}{\lambda E_{\text{H}}(z-1)^2}\right]^{1/3}\left(1 + \frac{2\lambda kT}{hc}\right)\right\} \qquad (4-49)$$

3. 韧致辐射

当自由电子损失部分动能时,就会以连续辐射的形式产生韧致辐射,当然辐射的能量低于该自由电子的初始动能。韧致辐射也依赖于类氢假设,相应发射系数为

$$\varepsilon_\lambda^{f-f} = 2.177\,\frac{e^6}{c^2 m_e^{1.5}}\sqrt{\frac{\pi}{k}}\,\frac{n_e n_z (z-1)^2}{\lambda^2\sqrt{T}}\exp\left(-\frac{hc}{kT\lambda}\right)g_{f-f}(\lambda, T) \quad (4-50)$$

其中,冈特系数为

$$g_{f-f}(\lambda, T) = 1 + 0.172\,8\left[\frac{hc}{\lambda E_{\text{H}}(z-1)^2}\right]^{1/3}\left(1 + \frac{2\lambda kT}{hc}\right) \qquad (4-51)$$

韧致辐射是高温等离子体的主要辐射机制,常广泛应用于核辐射及激光辐射中。为简化计算,常采用忽略波长分布的简化模型计算韧致辐射[9]:

$$\varepsilon_\lambda^{f-f} = \left(\frac{2\pi kT}{3m_e}\right)^{0.5}\frac{32\pi e^6}{3hm_e c^3}n_e\sum_Z Z^2 n_Z \qquad (4-52)$$

4.3.3 计算结果及分析

1. 等离子体组分

摩尔分数和数密度分别代表了等离子体组分的相对分布和绝对数量。

在 100 Pa 和 10 000 Pa 两种压强条件下,等离子体组分的摩尔分数随温度变化的计算结果如图 4-12 所示。

类似地,在 100 Pa 及 10 000 Pa 两种压强条件下,粒子数密度随温度变化如图4-13 所示。

由此可发现,温度为 5 000 ~ 30 000 K 时,随着温度的增加,原子的摩尔分数减少。一价离子的摩尔分数先增加,后降低。高价离子摩尔分数随温度增加。但三价离子在该温度范围内的数量很少。也就是说,随着温度的增加,粒子逐渐从原子向离子转变,从低价态向高价态转变。在该温度范围内,电子急剧增加,后趋于平缓。相对温度而言,摩尔分数受压强影响较小。而压强对粒子数密度分布影响很大。

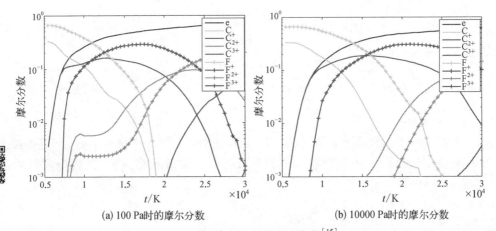

(a) 100 Pa时的摩尔分数　　　　　　　(b) 10000 Pa时的摩尔分数

图 4 - 12　摩尔分数随温度变化[15]

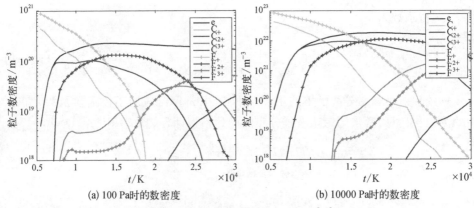

(a) 100 Pa时的数密度　　　　　　　(b) 10000 Pa时的数密度

图 4 - 13　粒子数密度随温度变化[15]

由粒子的平均价态可以反映组分从原子向离子的变化过程,如图 4 - 14 所示。

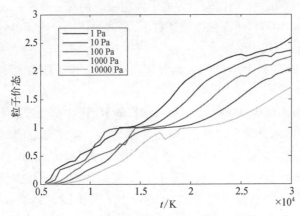

图 4 - 14　粒子价态随温度及压强变化[15]

从上图可以发现,在粒子价态增长过程中,一价离子均出现在 15 000 K 附近,该值受压强影响较小。也就是说在 10 000 ~ 20 000 K,一价完全电离的假设是合理的,但在其他范围该假设可能会引入较大误差。分析国内外现有 PPT 相关参数,电子温度一般为 1.5 eV,根据玻尔兹曼拟合法,由光谱测试系统测量光强所计算的峰值温度为 1.8 eV,因此在 PPT 仿真过程中采用一价完全电离假设较为合理。

2. 线辐射

精确计算所有谱线线辐射的计算量非常大,例如仅碳一价离子就有 643 条谱线。实际情况中,也没有全部计算的必要性,一些理论上存在的谱线尚无法在实验中证实,所以谱线中的大部分可以忽略。为保证一定程度上的准确性,计算线辐射总能量时只考虑那些理论上存在,且在实验室中被证实的谱线,共计 8 种组分的 289 条谱线,计算时谱线波长以理论值为标准。表 4 - 3 展示了部分谱线的计算结果,展示的谱线为 PPT 光谱测试文献中测试的谱线。具体展示的谱线如下。

表 4 - 3　展示的谱线[15]

组　分	波长/nm
C^+	391. 90、392. 07、426. 70、426. 73、588. 98、589. 16、657. 81、658. 29、723. 13、723. 64
C^{2+}	464. 74、465. 03
F	623. 97、634. 85、685. 60、703. 75、712. 79、775. 47
F^+	350. 15、384. 71、402. 47、410. 35、424. 62

因此在 (20 000 K,100 Pa)、(20 000 K,100 Pa) 及 (15 000 K,10 000 Pa) 三种工况下线辐射的发射系数如图 4 - 15 所示。

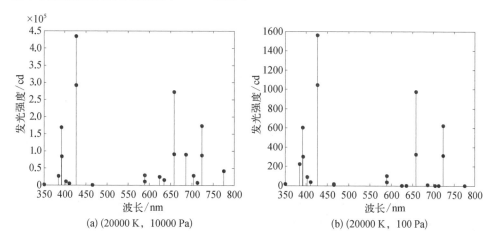

(a) (20000 K, 10000 Pa)　　　　　(b) (20000 K, 100 Pa)

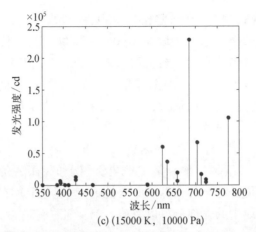

(c) (15000 K，10000 Pa)

图 4 - 15   不同工况下线辐射计算结果(426. 70 nm 及 426. 73 nm 两条谱线重合) [15]

由于压强对数密度有直接影响,因此从线辐射计算结果可以发现压强对线辐射强度计算结果影响非常明显,而温度对线辐射分布及强度皆有明显的影响。

3. 连续辐射

一价完全电离是 PPT 仿真计算中常用的假设,可以极大程度上简化计算。在此假设条件下比较计算韧致辐射的简化模型(不考虑波长)与复杂模型(考虑波长)的计算结果差异(图 4 - 16)。我们可以发现在低温条件下二者计算结果非常相近,但随着温度的升高,差异逐渐增大。

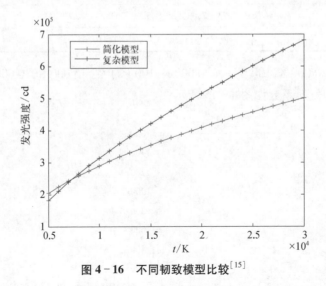

图 4 - 16   不同韧致模型比较 [15]

一价完全电离是一种理想的状态。一方面使用一价完全电离条件,当压强为 10 Pa 时,将理想气体状态方程代入复合辐射计算模型;另一方面不使用该假设,直接将组分计算结果带入复合辐射计算模型。二者结果如图 4-17 所示。可以发现温度为 10 000~20 000 K 时,二者结果非常接近。在较低或较高温度情况下,一价完全电离计算的复合辐射结果差异会比较大。

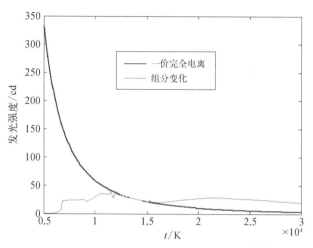

图 4-17　不同假设下复合辐射计算结果[15]

不使用一价完全电离假设,将组分计算结果分别带入复合辐射模型、简化的韧致辐射模型及复杂的韧致辐射模型,计算结果如图 4-18 所示。

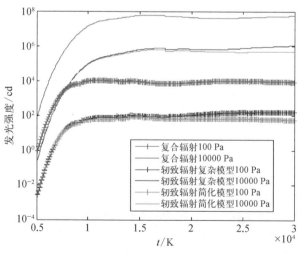

图 4-18　三种连续辐射模型计算结果比较[15]

从图中可以发现复合辐射的计算结果高于韧致辐射一个量级以上。也就是说相较于韧致辐射,复合辐射是 PPT 中主要的连续辐射机制。在 10 000 K 温度以下,温度与压强同时影响发射系数,高于 10 000 K 以后,压强成为主要的因素。这是因为低温条件下 PPT 组分的摩尔分数及数密度均急剧变化,从而引起了发射系数的变化。而较高温度时等离子体已充分电离,温度的影响逐渐变得可忽略,但数密度随着压强持续增长,相应发射系数也明显增大。在低温情况下两种韧致辐射模型计算结果基本重合,但随着温度升高,简化模型略低于复杂模型。韧致辐射受温度及压强的影响趋势与复合辐射模型相似。

4. 辐射机制比较

在考虑组分变化的情况下,比较线辐射、复合辐射及韧致辐射如图 4-19 所示。可以发现线辐射是 PPT 主要的辐射影响机制,而复合辐射是主要的连续辐射影响机制。低于 10 000 K 时温度和压强共同影响着三种辐射机制,高于 10 000 K 时压强成为主导因素。

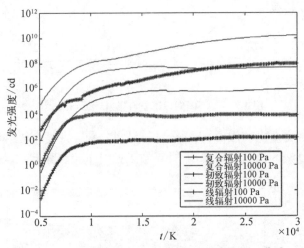

图 4-19　线辐射、复合辐射及韧致辐射计算结果[15]

参考文献

[1] 杨磊. 基于热化反应的脉冲等离子体推力器烧蚀工作过程的理论分析和数值研究. 北京:北京理工大学,2013.

[2] 董刚,蒋勇,陈义良,等. 大型气相化学动力学软件包 CHEMKIN 及其在燃烧中的应用. 物理学报,2013,62(2): 025207-1-8.

[3] Reynolds W C. The element potential method for chemical equilibrium analysis: implementation in the interactive program STANJAN. Department of mechanical Engineering, Stanford University, 1986.

[4] Mikellides Y G. Theoretical modeling and optimization of ablation-fed pulsed plasma thrusters. Columbus: The Ohio State University, 1999.

[5] Keidar M, Boyd I D, Beilis I I. On the model of PTFE ablation in an ablation-controlled discharge. Journal of Physics D: Applied Physics, 2001, 34(11): 1675-1677.

[6] Raizer P Y. Gas discharge physics. Berlin: Heidelberg, New York: Springer-Verlag, 1991.

[7] 尹乐. 脉冲等离子体推力器工作过程及羽流的数值仿真研究. 长沙：国防科学技术大学, 2009.

[8] Schmahl S C. Thermochemical and transport processes in pulsed plasma microthrusters：a two-temperature analysis. Columbus：The Ohio State University, 2002.

[9] Spitzer L. Physics of fully ionized gasses. New York：Interscience, 1956.

[10] 栗保明, 李鸿志, 沈志海. 消融控制电弧等离子体热力学与输运性质的计算方法. 弹道学报, 1999, 11(2)：16 - 21.

[11] Zollweg R J, Liebermann R W. Electrical conductivity of nonideal plasmas. Journal of Physics D：Applied Physics, 1987, 62(19)：3621 - 3627.

[12] Zaghloul M R. On the vaporization of PTFE and heated compound-materials in ablation-controlled arcs. Journal of Applied Physics, 2004, 95(7)：3339 - 3343.

[13] 刘振海, 徐国华, 张洪林. 热分析仪器. 北京：化学工业出版社, 2006.

[14] 刘振海. 热分析导论. 北京：化学工业出版社, 1988.

[15] 王可宇. 脉冲等离子体推力器实验及仿真研究. 北京：北京理工大学, 2016.

[16] Guo Z Y. Arc and thermal plasma. Beijing：Science Press, 1986.

[17] Trelles J P, Chazelas C, Vardelle A, et al. Arc plasma torch modeling. Journal of Thermal Spray Technology, 2009, 18(5)：728 - 752.

[18] Wang W Z, Joseph D Y, Rong M Z, et al. Theoretical investigation of the decay of an SF6 gas-blast arc using a two-temperature hydrodynamic model. Journal of Physics D：Applied Physics, 2013, 46(6)：1 - 6.

[19] Menart J, Heberlein J, Pfender E. Theoretical radiative transport results for a free-burning arc using a line-by-line technique. Journal of Physics D：Applied Physics, 1998, 32(1)：55 - 63.

[20] Keidar M, Boyd I D, Beilis I I. Model of an electrothermal pulsed plasma thruster. Journal of Propulsion and Power, 2003, 19(3)：424 - 430.

[21] Liebermann R W, Lowke J J. Radiation emission coefficients for sulfur hexafluoride arc plasmas. Journal of Quantitative Spectroscopy and Radiative Transfer, 1976, 16(3)：253 - 264.

[22] Bartlova M, Aubrecht V, Bogatyreva N, et al. Multigroup approximation of radiation transfer in SF6 arc plasmas. Acta Polytechnica, 2013, 53(2)：1 - 5.

[23] Banerjee I, Sahasrabudhe S N, Bhoraskar S V, et al. Computation of emission characteristics of Ar — Fe arc plasma column during the synthesis of nano particles of Fe-oxides. Radiation Effects & Defects in Solids, 2006, 161(8)：451 - 460.

[24] Menart J, Heberlein J, Pfender E. Method of calculating emission coefficients for thermal plasmas consisting of monatomic species. Journal of Quantitative Spectroscopy and Radiative Transfer, 1996, 56(3)：377 - 398.

[25] Pfender E, Boulos M, Fauchais P. Thermal plasmas fundamentals and applications. New York：Plenum Press, 1994.

[26] Hofsaess D. Photoionization cross sections calculated by the scaled Thomas-Fermi method ($hv \leqslant 50\,eV$). Atomic Data & Nuclear Data Tables, 1979, 24：285 - 321.

第5章
脉冲等离子体推力器固体
推进剂 PTFE 烧蚀过程

　　PPT 工作过程实质上是固体推进剂烧蚀与等离子流动相互耦合作用的结果[1]。建立合理和完善的固体推进剂表面与流动入口的烧蚀边界模型,既是准确评估烧蚀速率的关键条件,也是开展磁流体动力学研究的前提,并对影响 PPT 烧蚀性能的主要因素和机制的研究具有重要价值。

　　本章针对 PPT 的实际工作特点,通过克努森理论对烧蚀层内外物理边界及粒子返流作用机制进行清晰地物理描述和数值分析,确立在电弧激励下热化学反应等耦合作用下烧蚀工作过程与流场入口的本质关联。首先通过克努森双峰分析函数,分析热化反应所造成的烧蚀多组分及其质量分布特性对烧蚀边界层热力学状态及内部流动的影响,揭示 K-B 模型在 PPT 烧蚀分析方法的不足和缺陷;其次根据化学反应动力学仿真,数值计算烧蚀粒子产物并由内部自由度修正 K-B 模型中能量守恒形式,进一步通过不同基于等离子体与壁面耦合关系的烧蚀模型的机制分析,展开其在 PPT 烧蚀特性的对比与适用性研究。本章的研究重点主要在于:

　　(1) 基于不同烧蚀边界层理论的边界层内外热力学状态参数跳跃关系对比与分析;

　　(2) 由化学动力学仿真的基础,分析固体聚合物烧蚀多组分及内部自由度对烧蚀边界层的影响;

　　(3) 深入理解推进剂烧蚀与等离子体流场耦合作用机制,建立精确的流动入口边界参数理论体系。

5.1　PTFE 烧蚀边界层的物理模型

5.1.1　PTFE 烧蚀边界层概述

　　烧蚀边界层是固体材料表面由于外界作用(如电弧烧蚀、激光等),引起材料的熔融、气化、电离,从而形成迅速膨胀的由不平衡态向平衡态过渡的相突变的蒸气薄层。烧蚀边界层的一端为凝聚态的相界面,另一端(外表面,即流场入口)是蒸气宏观流动的起始边界,这个区的作用类似流体力学中的间断面,描述了固体聚合物烧蚀过程时介质从凝聚态向气态的急剧转变,涉及复杂的物理、化学的变化过程。由此可见,烧蚀边界层的实质是具有一定厚度的作用层,此作用层的状态参数即内外边界层的温度、密度、压强等热力学状态参数。烧蚀边界层模型的本质就是描述壁面(边界 0 处)温度 T_0、密度 n_0 和流场入口(边界 1)处温度 T_1、密度 n_1、速度 V_1 这些状态参数的关系。

5.1.2　经典的烧蚀边界层模型

1. Langmuir 模型

Langmuir 模型来源于分析金属钨表面蒸发的烧蚀动力学模型[2]。该模型假定: ① 所有返流至烧蚀壁面的蒸气分子都被吸收;② 烧蚀出的蒸气分子一半进入流体区,另一半返流至烧蚀壁面;③ 蒸气流动速度是分子平均速度的一半。

将以上假设应用于 PPT 烧蚀,根据分子平均速度 $V = \sqrt{8kT_0/\pi m}$, 可得烧蚀边界层的跳跃关系为

$$T_1 = T_0; \quad n_1 = n_0/2; \quad V_1 = \sqrt{2kT_0/\pi m} \tag{5-1}$$

式中, m 表示蒸气分子的平均质量;外边界速度 V_1 与当地声速的比值,即马赫数为 $\sqrt{2/\pi\gamma}$, γ 为绝热指数。

进一步由平衡蒸气压公式可得

$$n_0 = \frac{p_0}{kT_0} = \frac{p_c}{kT_0}\exp(-T_c/T_0) \tag{5-2}$$

式中, p_c 和 T_c 均为于材料相关的经验常数。因此烧蚀率可以表示为

$$\Gamma = mn_1V_1 = p_c\sqrt{m/2\pi kT_0}\exp(-T_c/T_0) \tag{5-3}$$

2. Mikellides 模型

Mikellides 首次将烧蚀与磁流体动力学结合起来,通过假定 PTFE 表面存在的饱和蒸气,即烧蚀边界层,确定壁面与烧蚀蒸气边界之间的热力学状态关系,为 PPT 磁流体入口模拟提供边界条件。该模型假定: ① 烧蚀边界层内外边界温度与固体壁面温度相等;② 烧蚀边界层外边界速度与当地声速比值,即马赫数为 $1/\sqrt{\gamma}$;③ 烧蚀边界层外边界热力学状态参数满足动量守恒律:

$$p_0 = p_1 + mn_1V_1^2 \Rightarrow p_0 = p_1 + m\frac{p_1}{n_1k}\frac{n_1k}{m} \Rightarrow p_0 = 2p_1 \Rightarrow n_0 = 2n_1 \tag{5-4}$$

从式(5-4)可以看出,Mikellides 模型同样假设烧蚀出的蒸气分子只有一半进入流体区,由此得烧蚀边界层的跳跃关系为

$$T_1 = T_0; \quad n_1 = n_0/2; \quad V_1 = \sqrt{kT_0/m} \tag{5-5}$$

因此烧蚀率可以表示为

$$\Gamma = mn_1 V_1 = p_c\sqrt{m/4kT_0}\exp(-T_c/T_0) \tag{5-6}$$

5.1.3　基于双峰速度分布函数的 K-B 模型

速度分布函数是稀薄气体动力学理论的基础,它不仅通过特征概率函数对气体分子所处微观运动状态的概率进行统计描述,而且能够通过对气体分子的速度分布函数求平均得到工程实际中感兴趣的宏观物理量,如密度、温度、压强等。速度分布函数的引入为精确描述烧蚀边界层气体微观动力学运动规律提供了便利。20 世纪 60 年代,Anisimov 通过研究金属表面激光烧蚀,首次建立了基于双峰速度分布函数的烧蚀蒸气层边界关系模型。模型中假设固体推进剂通过吸收热量产生一系列热分解进而高分子断裂,升华为单质气体,并在固体推进剂表面和流动入口之间形成只有几个平均自由程厚度的动力学非平衡的克努森层,即烧蚀边界层(边界 0 和 1 之间)。在该层固体推进剂烧蚀产生平衡蒸气,速度的分布建立在热蒸发过程之上,边界 1 上(宏观流体入口)的温度 T_1、密度 n_1 和速度 V_1 决定着流场入口的边界条件和烧蚀质量流率。

Anisimov 的蒸气层模型通过克努森理论来准确刻画这一蒸气过渡区域,处理烧蚀边界层内外物理边界间热力学状态参数关系,将烧蚀问题从宏观消融质量流转化为基于克努森理论的烧蚀动力学研究,建立了更为精准的流动模型入口边界关系。Anisimov 的蒸气层模型包括后来各种改进形式如 K-B 烧蚀模型都在双峰式速度分布函数的基础上确立。这是由于一方面模型均建立在克努森理论的基础上,考虑了烧蚀边界层内的碰撞机制;另一方面,这里所谓的"双峰"分别指烧蚀边界层 0 和 1 处的形如图 5-1 所示的峰状速度分布函数,并通过速度分布函数联立边界间的质量、动量、能量流守恒方程,由此建立描述烧蚀边界层 0 和 1 间热力学状态参数的精确关系。

K-B 模型即采用 Maxwell 平衡态分布来处理边界处的运动状态概率,这是因为 Maxwell 分布是 Boltzmann 方程近百年来为代表的解析解形式,能够快速有效地处理稀薄气体的流动问题。烧蚀壁面(边界 0)处发射粒子的 Maxwell 平衡态形式的速度分布函数可表示为

$$f_0(V) = n_0\left(\frac{m}{2\pi kT_0}\right)^{3/2}\exp\left(-\frac{mV^2}{2kT_0}\right), \quad V_x > 0 \tag{5-7}$$

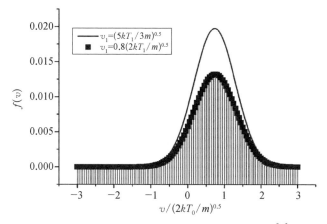

图 5 - 1　不同速度函数下的粒子速度分布函数[1]

式中,定义 PPT 加速轴向通道为 x 轴,边界 0 处只考虑粒子从壁面朝喷口处速度方向,即 x 轴正向。

烧蚀边界层外边界(边界 1)处粒子的分布函数假定为

$$f_1(V) = n_1 \left(\frac{m}{2\pi kT_1} \right)^{3/2} \exp\left[-\frac{m(V_x - V_1)^2 + V_y^2 + V_z^2}{2kT_1} \right] \tag{5-8}$$

式中, $V = (V_x, V_y, V_z)$ 是速度矢量; V_1 表示烧蚀粒子在烧蚀边界层(边界 1)处的速度。

由式(5-7)、式(5-8)分别联立质量、动量、能量流守恒定律:

$$\int_{-\infty}^{\infty} dV_z \int_{-\infty}^{\infty} dV_y \int_{-\infty}^{\infty} fV_x dV_x = 质量流$$

$$\int_{-\infty}^{\infty} dV_z \int_{-\infty}^{\infty} dV_y \int_{-\infty}^{\infty} fV_x^2 dV_x = 动量流 \tag{5-9}$$

$$\int_{-\infty}^{\infty} dV_z \int_{-\infty}^{\infty} dV_y \int_{-\infty}^{\infty} fV^2 V_x dV_x = 能量流$$

当能量流不考虑内部自由度对能量的贡献,式(5-9)所确定烧蚀边界层两边热力学状态的关系,即获取典型的基于 K-B 模型的烧蚀边界层的跳跃关系:

$$\frac{n_0}{2(\pi d_0)^{0.5}} = \left\{ n_1 V_1 + \beta \frac{n_1}{2(\pi d_1)^{0.5}} \times [\exp(-\alpha^2) - \alpha\pi^{0.5}\mathrm{erfc}(\alpha)] \right\}$$

$$\frac{n_0}{4d_0} = \left(\frac{n_1}{2d_1} \{ (1 + 2\alpha^2) - \beta[(0.5 + \alpha^2)\mathrm{erfc}(\alpha) - \alpha\exp(-\alpha^2)/\pi^{0.5}] \} \right)$$

$$\frac{n_0}{(\pi d_0)^{1.5}} = \left(\frac{n_1}{d_1^{1.5}} \pi^{-1} \left\{ \alpha(\alpha^2 + 2.5) - (\beta/2)[(2.5 + \alpha^2)\alpha \times \right. \right.$$

$$\left. \left. \mathrm{erfc}(\alpha) - (2 + \alpha^2)\exp(-\alpha^2)/\pi^{0.5}] \right\} \right)$$

$$(5-10)$$

式中，$d_i = m/2kT_i (i = 0, 1)$；$\alpha = V_1/(2kT_1/m)^{0.5}$；erfc 表示余误差函数，与误差函数（erf）有 $\mathrm{erf}(\alpha) = 1 - \mathrm{erfc}(\alpha)$；$\beta$ 为 Anisimov 比例系数（又称返回因子，表示返回固体聚合物表面粒子数占离开粒子数的比例）。

1. K-B 模型的数值解法及结果验证

基于 K-B 模型的烧蚀边界层外边界温度 T_1、密度 n_1、速度 V_1 等与内边界温度 n_0、T_0 参数关系是一个典型的非线性方程组，此外由于数密度值相对于速度和温度数量级很大，并且包含误差函数，因此其求解过程十分复杂，很难采用线性近似解来代替其精确解。为了获取准确的烧蚀边界层参数关系，本节将该非线性方程组的求解问题转化为求解目标函数的最小值，通过极小值的寻优，来获取精准的边界层热力学状态参数。即将由式（5-10）描述的 K-B 烧蚀边界关系整理成：

$$\frac{n_0}{2(\pi d_0)^{0.5}} - \left\{ n_1 V_1 + \beta \frac{n_1}{2(\pi d_1)^{0.5}} \times [\exp(-\alpha^2) - \alpha\pi^{0.5}\mathrm{erfc}(\alpha)] \right\} = A_1$$

$$\frac{n_0}{4d_0} - \left(\frac{n_1}{2d_1} \{ (1 + 2\alpha^2) - \beta[(0.5 + \alpha^2)\mathrm{erfc}(\alpha) - \alpha\exp(-\alpha^2)/\pi^{0.5}] \} \right) = A_2$$

$$\frac{n_0}{(\pi d_0)^{1.5}} - \left(\frac{n_1}{d_1^{1.5}} \pi^{-1} \{ \alpha(\alpha^2 + 2.5) - (\beta/2)[(2.5 + \alpha^2)\alpha \times \right.$$

$$\left. \mathrm{erfc}(\alpha) - (2 + \alpha^2)\exp(-\alpha^2)/\pi^{0.5}] \} \right) = A_3$$

$$(5-11)$$

并定义目标函数 $f = A_1^2 + A_2^2 + A_3^2$，通过求目标函数的极值获取外边界温度 T_1、密度 n_1、速度 V_1 等与内边界温度 n_0、T_0 定量关系。为了提高数值解的相对误差，本书采用基于优化多维无约束问题的单纯形法对目标函数进行一般搜索。

为了分析 V_1 的变化对克努森边界层参数的作用，本节以 α 为变量，通过给定初始的内边界温度 n_0、T_0 优化求解目标函数极值获取外边界温度 T_1、密度 n_1、β 等状态参数。同时，PPT 放电过程中浓密的等离子体区域可能造成烧蚀边界层内粒子出现返流现象。为了获取 V_1 的变化对返流作用的影响，分别通过边界 0 和边界 1 处的速度分布函数确定烧蚀边界层内的返流比。即从外边界 1 处返流入烧蚀

边界层的粒子流率 $J-$ 可通过满足平均速度为零的半 Maxwell 分布与返回因子 β 的乘积(返回因子)来确定:

$$
\begin{aligned}
J- &= \int_{-\infty}^{0} \beta f_1(V) V \mathrm{d}V \\
&= \beta n_1 \left(\frac{kT_1}{2\pi m}\right)^{0.5} \left[\exp(-\alpha^2) - \alpha\pi^{0.5}\mathrm{erfc}(\alpha)\right]
\end{aligned}
\tag{5-12}
$$

类似地,从壁面进入烧蚀边界层的粒子流率 $J+$ 可表示为

$$
J+ = \int_{0}^{\infty} f_0(V) V \mathrm{d}V = n_0 \left(\frac{2kT_0}{m}\right)^{0.5} / 2\pi^{0.5}
\tag{5-13}
$$

图 5-2 给出了不同流动入口边界速度下,目标函数优化计算获得的烧蚀内外边界密度和温度的变化情况,计算结果的相关误差都控制在 10^{-4} 以内。图 5-3 给出了 Anisimov 比例系数 β 与外边界速度 V_1 的关系。图中箭头所示是外边界速度 V_1 达到当地声速时的返流比值。从图 5-2 和图 5-3 可以看出,烧蚀边界层的跳跃关系,即密度比值(n_1/n_0)、温度比值(T_1/T_0)、粒子返流比值($J-/J+$)均随着流动入口边界速度 V_1 增大而减少;相反,Anisimov 比例系数 β 随着 V_1 增大而上升。这些规律符合 Keidar 给出的烧蚀分析模型解及 DSMC 数值解的变化趋势[3]。

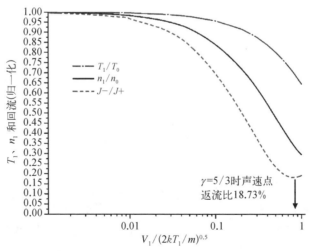

图 5-2　烧蚀边界层跳跃关系与外边界速度的关系[1]

Anisimov 的一维平衡蒸发模型实质是 K-B 模型在 V_1 达到当地声速点时的特例。为了定量验证 K-B 模型数值解法的可靠性,在 V_1 达到当地声速点(采用单

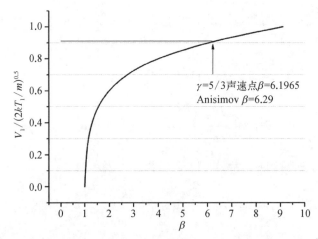

图 5 - 3　Anisimov 比例系数 β 与烧蚀边界层外边界速度的关系[1]

原子产物的假设,即绝热指数 $\gamma = 5/3$ 时的当地声速条件)情况下,优化计算得到烧蚀边界层的跳跃关系基本与 Anisimov 模型给出的数值解[4]一致,见表 5 - 1。通过对比表明,本书针对式(5 - 10)采用的数值解法能够满足 K - B 模型定量计算的要求,这也为进一步分析热化烧蚀产物对烧蚀边界层参数的作用奠定了仿真基础。

表 5 - 1　烧蚀边界层跳跃关系的数值解对比(当地声速点)

	优 化 计 算	Anisimov 模型
T_1/T_0	0. 668	0. 67
n_1/n_0	0. 31	0. 3
Anisimov 比例系数	6. 196 5	6. 29
返流比值($J-/J+$)	19%	18%

2. K - B 模型的缺陷

K - B 模型应用于 PPT 烧蚀边界层的研究,其本质仍存在一定理论缺陷。这是由于该模型是建立在 Anisimov 的一维平衡蒸发假设上:① 烧蚀产物为均一成分的单原子分子,并由此确定绝热指数 $\gamma = 5/3$;② 忽略内部自由度对烧蚀边界层跳跃关系的影响。显然,采用 PTFE 作为推进剂的 PPT,其多组分性决定烧蚀产物很难体现为均一元素的单质。而化合物所引起的绝热指数和内部自由度变化,必然会影响烧蚀边界层的能量守恒关系,进而波及烧蚀边界层内外边界热力学状态参数的关系。此外,烧蚀边界层外边界速度 V_1 是表征烧蚀流率的主要指标。外边界速度 V_1 小于或无限逼近于当地速度,那么 V_1 的变化会对烧蚀边界参数产生什么样的影响? 上述假设中边界参数如何制约着烧蚀流率的大小? 这些正是本章下面重点关注和研究的问题。

3. 修正的 K - B 模型

PPT 试验和相关理论研究表明[5-6]，固体推进剂表面放电烧蚀会产生一系列复杂的热分解、气化、电离等过程。烧蚀产物从最初断裂的高分子聚合物，逐渐向大分子团、分子、原子及离子和高阶离子转换，烧蚀产物很难体现为元素成分均一的单质气体。

Zaghloul 进一步指出热化反应所造成的烧蚀组分的多样化主要通过内外边界烧蚀粒子平均质量的差异及内部自由度的变化对烧蚀边界层内外边界热力学状态参数产生作用。本文定义 $u_{idf}(T)$ 为每单位质量的内部自由度，即

$$u_{idf}(T) = \frac{5 - 3\gamma}{2(\gamma - 1)} \frac{kT}{m} \tag{5-14}$$

式中，$\gamma = (j + 5)/(j + 3)$ 表示绝热指数，j 表示内部自由度。

由式(5-14)可以看出内部自由度的变化受绝热指数影响，而烧蚀组分的结构直接影响绝热指数的大小。为了建立符合 PPT 实际烧蚀过程的边界层模型，本文采用 Zaghloul 的修正方法，将内部自由度函数 $u_{idf}(T)$ 加入能量守恒方程中以修正 K - B 模型，那么式(5-9)中能量守恒形式改写为

$$\iiint \left(u_{idf} + \frac{1}{2}V^2 \right) f(V) V_x \mathrm{d}V_x = 能量流 \tag{5-15}$$

进一步，结合式(5-9)中所描述的质量和动量守恒形式，整理可得修正 K - B 模型的表达形式如下：

$$\frac{m_0 n_0}{2(\pi d_0)^{0.5}} = \left\{ m_1 n_1 V_1 + \beta \frac{m_1 n_1}{2(\pi d_1)^{0.5}} \times \left[\exp(-\alpha^2) - \alpha\pi^{0.5}\mathrm{erfc}(\alpha) \right] \right\}$$

$$\frac{m_0 n_0}{4 d_0} = \left(\frac{m_1 n_1}{2 d_1} \left\{ (1 + 2\alpha^2) - \beta[(0.5 + \alpha^2)\mathrm{erfc}(\alpha) - \alpha\exp(-\alpha^2)/\pi^{0.5}] \right\} \right)$$

$$\frac{m_0 n_0}{(\pi d_0)^{1.5}} = \frac{4(\gamma - 1)}{(r + 1)} \frac{m_1 n_1}{d_1^{1.5}} \pi^{-1} \left(\alpha\left(\alpha^2 + \frac{\gamma}{\gamma - 1}\right) - (\beta/2) \left\{ \left(\frac{\gamma}{\gamma - 1} + \alpha^2\right) \alpha \times \right. \right.$$

$$\left. \left. \mathrm{erfc}(\alpha) - \left[\frac{\gamma + 1}{2(\gamma - 1)} + \alpha^2\right] \exp(-\alpha^2)/\pi^{0.5} \right\} \right) \tag{5-16}$$

式中各变量定义见式(5-10)。需要说明的是，m_0 和 m_1 分别表示边界 0 处和边界 1 处的烧蚀粒子的平均分子质量，即 $m_i = (M_i/N_A)(i = 0, 1)$（$N_A$ 为阿伏伽德罗常数）。当 $m_0 = m_1$ 时，除了能量守恒方程外，式(5-16)变成式(5-10)。

下面主要基于式(5-16)所描述的修正 K - B 模型，分析热化反应所造成的烧

蚀组分的质量分布特性及内部自由度的变化对烧蚀边界层内外边界参数关系的作用。其中,修正 K - B 模型的数值解法与 K - B 模型一致。

热化反应所造成的烧蚀组分的质量分布特性指的是衡量 m_0 和 m_1 差异对烧蚀边界层参数的作用。由第 4 章烧蚀组分及平均分子质量的计算结果可知,使用 PTFE 的 PPT 在烧蚀边界层温度范围内的烧蚀组分主要为 C_2F_4;层内外平均分子量变化极小,即 $m_0 = m_1$。内部自由度函数 u_{idf} 加入能反映烧蚀组分(影响相应绝热指数)对烧蚀边界层参数的作用,见图 5 - 4。从图 5 - 4 中修正 K - B 模型的计算结果可明显看出,内部自由度所引起的绝热指数 γ 的变化对烧蚀边界层参数影响较大。当外边界速度接近当地声速时,在 $\gamma = 1.67 \sim 1.11$ 变化范围内,烧蚀边界层内温度跳跃关系增大约 43%。

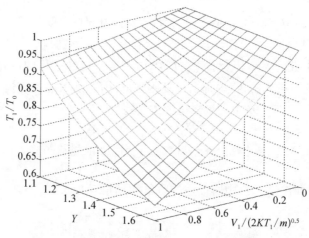

图 5 - 4   内部自由度对克努森内外层温度的作用[1]

图 5 - 5 给出了 K - B 模型及其修正形式在 PPT 放电烧蚀环境下算例对比。其中,V_1 与当地声速比为 $(1/\gamma)^{0.5}$。对于 K - B 模型,其假设基础是 Anisimov 的一维平衡蒸发理论,烧蚀产物为均一成分的单原子分子,因此 $j = 0$,绝热指数 $\gamma = 5/3$。对于修正 K - B 模型,考虑到 PPT 在烧蚀边界层温度范围内的烧蚀组分主要以 C_2F_4 等刚性多原子为主,因此考虑平动和转动等六个自由度,即 $j = 6$,绝热指数 $\gamma = 11/9$。从图 5 - 5 中两个箭头所指位置可以看出,K - B 模型及其修正形式在处理 PPT 热化烧蚀对烧蚀边界层边界参数的作用差异很大。考虑烧蚀组分内部自由度作用的修正 K - B 模型计算获得外边界温度(535.631 0 K)比 K - B 模型(420.642 0 K)高约 30%,返流比例比 K - B 模型(18%)增大约 33%。同时,外边界密度比 K - B 模型降低约 20%。

由以上分析结果可知,在 PPT 典型的烧蚀壁面温度范围内,PTFE 烧蚀组分主要以刚性多原子 C_2F_4 为主,因此质量分布对克努森内外层边界影响可忽略不计。与之

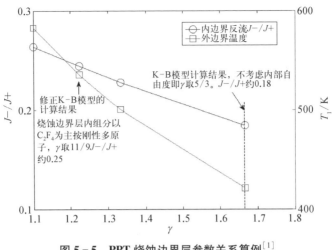

图 5−5　PPT 烧蚀边界层参数关系算例[1]

对应的是随着外边界速度逐渐升高,内部自由度对烧蚀外层边界密度、温度、返流等参数作用较大,必须在仿真计算中考虑内部自由度对 PPT 烧蚀边界层的作用。

5.2　不同模型下克努森层参数跳跃关系的对比与分析

脉冲电流激励下固体聚合物的烧蚀过程直接影响等离子体与壁面的交互作用,是决定 PPT 工作特性的关键因素。而 PPT 烧蚀建模的主要问题在于确定烧蚀壁面与等离子体入口间的边界关系。为此,本节通过不同基于等离子体与壁面耦合关系的烧蚀模型的机制分析,展开其在 PPT 烧蚀特性的对比与适用性研究,即根据不同外边界速度对返流及烧蚀速率的影响规律,对烧蚀壁面与等离子体流动入口的边界关系(参数跳跃关系)进行比较分析,揭示四种烧蚀边界层模型在等离子体与壁面交互作用中的本质关系。

对于不同流动入口边界速度 V_1,修正 K−B 模型,所解算的烧蚀边界层内外边界温度、密度、压强、返流等关系与 K−B 模型、Langmuir 模型、Mikellides 模型的对比见图 5−6~图 5−10。

(1) 当边界速度 V_1 远小于当地声速时,修正 K−B 模型与 K−B 模型解算曲线基本一致;随着边界速度 V_1 增长,尤其是达到声速点附近时,修正 K−B 模型与 K−B 模型解算曲线差异主要体现在温度、密度和返流的跳跃关系上。从图 5−6 可以看出,PPT 热化反应对温度跳跃作用明显,由修正 K−B 模型所解算的外边界温度远大于 K−B 模型;相对于较大的温度差异,从图 5−7 可以看出,由修正 K−B 模型所解算的外边界密度略小于 K−B 模型解算。从图 5−8 中可看到,修正 K−B 模型对外边界压强影响不大,曲线变化基本与 K−B 模型保持一致。这种现象也

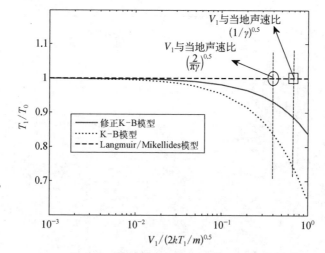

图5-6   不同模型下克努森层温度跳跃关系对比[1]

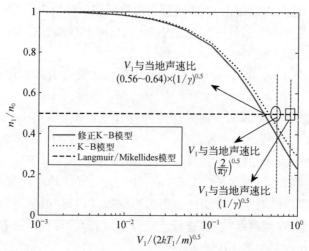

图5-7   不同模型下克努森层密度跳跃关系对比[1]

同样体现在返流比上,见图5-9。由K-B模型及其修正模型所解算的返流比在较低的边界速度V_1范围内基本无差异,而在声速点附近,修正K-B模型计算的返流比会略大于K-B模型。

（2）从图5-6~图5-8中可看到,Langmuir模型和Mikellides模型中烧蚀边界层关系只是简单体现出一种单值的跳跃关系（即分别代表图示中圆圈和方块）,其本质上是K-B模型或其修正形式的特例。由图5-6可知,Mikellides模型中$T_1/T_0 = 1$的关系,只有在外边界速度$V_1/(2kT_1/m) \ll 0.01V_1$的情况下才满足;由图5-7可知,Mikellides模型中$n_1/n_0 = 0.5$的关系,只有在外边界速度V_1与当地声速比约为$0.6 \times (1/\gamma)^{0.5}$的情况下才满足;由图5-8可知,Mikellides模型中

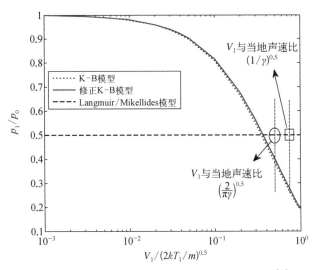

图 5 - 8　不同模型下克努森层压强跳跃关系对比[1]

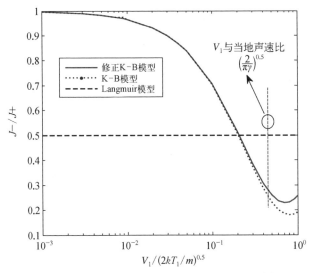

图 5 - 9　不同模型下克努森层返流关系对比[1]

$p_1/p_0 = 0.5$ 的关系,只有在外边界速度 V_1 与当地声速比为 $0.5 \times (1/\gamma)^{0.5}$ 的情况下才满足;显然,这与 Mikellides 模型中外边界速度假设,即 V_1 与当地声速比为 $(1/\gamma)^{0.5}$ 相悖,因此基于 Mikellides 模型定义的边界层参数对应关系存在较大误差。

同样,Langmuir 模型定义流体入口边界处 V_1 与当地声速比为 $\sqrt{2/\pi\gamma}$,略低于 Mikellides 模型。与 Mikellides 模型类似,满足 Langmuir 模型温度、密度、压强跳跃关系时外边界速度 V_1 的条件均与 Langmuir 模型的假设矛盾。随着不精确的流动

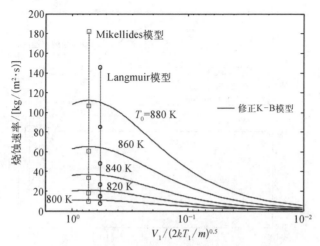

图 5-10　不同模型下烧蚀速率对比[1]

入口边界条件引入,必将造成磁流体动力学仿真偏离实际物理过程。

　　(3) 图 5-9 描述了 Langmuir 模型与 K-B 模型及其修正形式在烧蚀边界层返流关系上的对比关系。从图 5-9 中可以明显看出,烧蚀边界层外边界速度 V_1 对 K-B 模型及其修正形式的所计算的返流比例影响很大,在声速点附近分别有 18%(K-B 模型)或 24%(修正 K-B 模型)比例的烧蚀粒子会返流至推进剂烧蚀壁面。由图 5-9 中箭头所示,当烧蚀边界层外边界速度 V_1 达到马赫数 $\sqrt{2/\pi\gamma}$ 时意味着只有约 20%比例的返流粒子,而这与 Langmuir 模型中假设烧蚀出的蒸气分子有 50%的返流比例相悖。

　　(4) PPT 放电过程中等离子体受磁场作用高速排出,流场入口速度较大,如 Mikellides 所定义的 V_1 即接近于当地声速。因此,K-B 模型所解算的流场入口边界参数会在等离子体加速中引入较大的误差,而综合考虑热化烧蚀作用的修正 K-B 模型更适用于 PPT 烧蚀与流动耦合的研究。此外,为了分析上述边界参数对烧蚀速率的影响,本节在不同推进剂表面温度条件下,计算并对比了修正 K-B 模型与 Langmuir 模型与 Mikellides 模型在烧蚀速率上的差异,见图 5-10。从图 5-10 中可以明显看出,基于修正 K-B 模型的烧蚀速率在较高的外边界速度 V_1 情况下,受推进剂表面温度的影响越明显,随着表面温度峰值增大,烧蚀速率越高;Langmuir 模型与 Mikellides 模型在烧蚀速率上比值为 $\sqrt{2/\pi}$,其本质是修正 K-B 模型在高蒸发速率上的特例。

　　本节针对 K-B 模型的缺陷,数值分析了热化反应所造成的烧蚀组分的质量分布特性及其内部自由度对烧蚀与流动耦合的影响机制,进一步发展适用于 PPT 实际工作特点的烧蚀边界层修正模型;同时通过不同基于等离子体与壁面耦合关系的烧蚀模型的机制分析,展开其在烧蚀边界层内外物理边界的状态关系以及粒子返流作用机制的对比与适用性研究。得到如下结论。

（1）在 PPT 典型的烧蚀壁面温度范围内，PTFE 烧蚀组分主要以刚性多原子 C_2F_4 为主，因此其质量分布对烧蚀边界层影响可忽略不计。与之对应的是随着外边界速度逐渐升高，内部自由度对烧蚀外层边界密度、温度、返流等参数作用较大，必须在仿真计算中考虑内部自由度对 PPT 烧蚀边界层的作用。

（2）当 V_1 远小于当地声速时，修正 K-B 模型与 K-B 模型解算曲线基本一致；随着 V_1 增长，尤其是达到声速点附近时，修正 K-B 模型与 K-B 模型解算曲线差异主要体现在温度、密度和返流等跳跃关系上。

（3）Langmuir 模型和 Mikellides 模型中烧蚀边界层关系只是简单体现出一种单值的跳跃关系，密度、温度、压强以及返流等跳跃关系均于其外边界速度 V_1 的假设相悖。进一步对比和分析基于不同边界层模型的烧蚀速率时发现，基于修正 K-B 模型的烧蚀速率受外边界速度 V_1 和推进剂表面温度的影响显著。在接近声速点时，表面温度情况越大，烧蚀速率越高；Langmuir 模型与 Mikellides 模型只与推进剂表面温度有关，由其假设机制可知这两种模型在相同推进剂表面温度情况下，烧蚀速率上比值固定为 $\sqrt{2/\pi}$，其本质是修正 K-B 模型在高蒸发速率上（马赫数为 $\sqrt{2/\pi\gamma}$ 或 $\sqrt{1/\gamma}$）的特殊情况。

5.3　烧蚀边界层外边界速度的理论分析及其对烧蚀特性的作用机制

基于克努森层理论的烧蚀边界层模型是精确描述 PPT 烧蚀机理研究的关键环节。克努森层理论准确刻画了固体聚合物表面烧蚀蒸发所形成的稀薄气体层与连续气体流场入口之间的本质关系，然而这种关系又受到烧蚀边界层外边界速度 V_1 的影响，并在模型基础上制约着烧蚀边界层相关密度、温度、压强、返流等参数的动态变化，因此在 PPT 烧蚀仿真计算中必须首先确立影响 V_1 的关键边界参数和状态条件。

V_1 既是烧蚀边界层的出口边界参数，也是等离子体层的入口边界参数，必然受到等离子体层状态参数的制约。等离子体层描述了等离子体的流动过程，是反映 PPT 加速机制的关键环节。按照 PPT 工作原理，等离子体层的加速机制可分为两大类：一是基于气动加速的推进方式，如电热式 PPT；二是电磁加速为主，电磁和气动耦合的推进方式，如电磁式 PPT。本章针对等离子体层不同加速机制的特点，确立其边界速度模型，分析受热化反应控制的等离子体流动层的状态参数对 V_1 的作用机制，揭示常规单一组分烧蚀蒸发模型的缺陷。

烧蚀边界层外边界速度 V_1 影响着流动层的入口条件，制约着烧蚀过程与等离子体流动的耦合关系,是固体聚合物烧蚀特性研究的关键因素。由前面章节论述可知,随着 V_1 从低速不断增长到声速点附近,烧蚀边界层内外边界的密度、温度、压强、返流等跳跃关系均呈现下降趋势。进一步由烧蚀质量速率的表达式 $\Gamma = m_1 n_1 V_1$ 可知, V_1 的变化不仅会间接作用于烧蚀边界层状态参数之间的关系,还直接影响烧蚀质量速率的大小。

为了确立烧蚀边界层外边界速度 V_1,提供合适的流场入口边界条件,众多学者给出相应的假设。如 Anisimov 通过研究金属表面激光烧蚀,假定克努森外层流体边界速度 V_1 等于当地声速,即 $V_1 = \sqrt{\gamma k T_1 / m_1}$。Mikellides 在 PPT 工作过程仿真,认为高速蒸气层外边界的马赫数的范围为 $0 \sim \sqrt{1/\gamma}$,考虑到流体入口边界是温度梯度最大点,由此定义 V_1 与当地声速比为 $(1/\gamma)^{0.5}$,即 $V_1 = \sqrt{k T_1 / m_1}$。然而在大多数情况下,固体聚合物表面烧蚀出的蒸气并没有达到那么高的速率(即接近声速点)。例如在烧蚀型毛细管放电装置[7-9]中,烧蚀产生的蒸气限制在毛细管壁面,而不能够在管腔内沿轴向自由运动,结果导致高浓度等离子体团的产生并淤积于放电室,使得大量烧蚀粒子返流向毛细管壁面,在这种情况下边界速度 V_1 很小。由此可见,烧蚀边界层外边界速度 V_1 的确定需要针对特定的物理环境,并不能简单地将其统一假定为当地声速的一个固定比例系数。

Keidar 第一次系统的研究了烧蚀边界层和流体层的状态关系参数,并通过联立等离子体层内外边界处重粒子的质量和动量守恒方程确立边界速度 V_1 的理论分析模型。这里需要指出的是,边界 1 和边界 2 处重粒子的质量和动量守恒方程的一般形式可表示为

$$n_1 m_1 V_1 = n_1 m_2 V_2$$

$$n_1 k T_1 + m_1 n_1 V_1^2 + \frac{1}{2} \frac{B_1^2}{\mu} = n_2 k T_2 + m_2 n_2 V_2^2 + \frac{1}{2} \frac{B_2^2}{\mu} \qquad (5-17)$$

式中, V_2、n_2、T_2 和 m_2 分别表示等离子体层外边界,即边界 2 处的速度、密度、温度和烧蚀粒子的平均质量;B_1、B_2 分别表示边界 1 和 2 处的磁场强度。由式(5-17)可以进一步看出,烧蚀边界层外边界速度 V_1 大小取决于边界 2 处的等离子体参数 (n_2, T_2) 以及边界 0 处的固体聚合物壁面温度 T_0。

然而,Keidar 所确立的烧蚀边界层外边界速度模型是基于一维单组分流动假设(即 $m_1 = m_2$),忽略固体聚合物热化反应产生的烧蚀多组分及其质量分布特性对流体层内外边界参数的作用,过分简化的单一组分假设可能与实际情况相去甚远,影响仿真的准确度。下面将针对不同加速机制下等离子体流动层状态条件,对该问题进行详细分析和讨论,并最终确立符合固体聚合物实际烧蚀特性的烧蚀边界层外边界速度模型。

5.3.1　不同等离子体层加速机制下烧蚀边界层外边界速度的数值研究

1. 气动加速条件下烧蚀边界层外边界速度理论分析

在基于气动加速的等离子体层状态条件下(B_1、$B_2 = 0$,如电热式脉冲等离子体推力器),整理公式($5-17$),V_1 可表达为

$$\frac{V_1^2}{(2kT_1/m_1)} = \frac{\left(\dfrac{T_2 n_2}{2T_1 n_1} - \dfrac{1}{2} \right)}{\left(1 - \dfrac{m_1}{m_2} \dfrac{n_1}{n_2} \right)} \qquad (5-18)$$

由式($5-18$)可以很明显看到,V_1 大小取决于一个新元素——m_1/m_2。 如果认为边界 1 和 2 处烧蚀粒子的平均分子质量相等,如单原子气体分子时,那么有 $m_1/m_2 = 1$,在这种情况下,式($5-18$)就转变为 Keidar 所确立的烧蚀边界层外边界速度模型:

$$\frac{V_1^2}{(2kT_1/m_1)} = \frac{\left(\dfrac{T_2 n_2}{2T_1 n_1} - \dfrac{1}{2} \right)}{\left(1 - \dfrac{n_1}{n_2} \right)} \qquad (5-19)$$

然而对于采用固体聚合物作为推进剂的 PPT,如 PTFE 和聚乙烯等,其烧蚀组分很难体现为单一组分,因此在评估 V_1 时必须考虑边界 1 和 2 处烧蚀粒子的平均分子质量的差异的情况,即 $m_1/m_2 \neq 1$。 通常等离子体在边界 2 处达到离子化平衡,那么显而易见,边界 1 处烧蚀粒子的平均分子质量大于或等于边界 2 处,即 $m_1/m_2 \geq 1$。 为了便于分析 V_1 随 m_1/m_2 的变化趋势,本章假定边界 2 处的等离子体参数(n_2, T_2)为常数。而边界 1 处的等离子体参数(n_1, T_1)是固体聚合物壁面温度 T_0 和边界 0 处密度 n_0 的函数,其关系可由前面章节所描述的修正 K-B 模型求解。

在典型的固体聚合物壁面温度($700 \sim 800$ K)范围内和等离子体状态参数($n_2 = 10^{20}$ m^{-3}, $T_2 = 2$ eV)条件下,m_1/m_2 的变化对 V_1 影响如图 $5-11$ 所示。从图 $5-11$ 中可以很明显看出,V_1 对 m_1/m_2 的变化非常敏感,均随着 m_1/m_2 的上升逐渐下降。在 $T_0 = 760$ K 时,当 m_1/m_2 从 1 增大到 10 时,速度参数 $V_1/(2kT_1/m)^{0.5}$ 由 0.147 减小到 0.047(下降 68%)。壁面温度的变化对速度参数的下降幅度影响不大。这里需要指出的是,与以往烧蚀边界层外边界速度假定为声速点相比,由式($5-18$)所求解的 V_1(决定了烧蚀质量流率)远小于当地声速值,更加符合典型电热型 PPT 的特性。

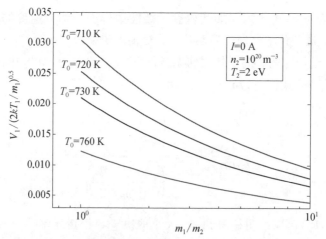

图 5-11   不同壁面温度下 V_1 随 m_1/m_2 的变化趋势[1]

2. 电磁和气动耦合加速条件下烧蚀边界层外边界速度理论分析

在基于电磁和气动耦合加速的流动层状态条件下（B_1、$B_2 \neq 0$，如电磁式脉冲等离子体推力器），以平行板型 PPT 的几何尺寸和电参数为例，考虑磁场强度沿着加速器通道逐渐减弱，则在边界 1 处的磁场强度可由下式评估：

$$B_1 = \mu I/w \tag{5-20}$$

假定等离子体流速达到阿尔文波速的地方即是磁声速点，并将边界 2 的距离定义在等离子体速度 V_2 达到阿尔文波速处。这样，绝大部分等离子体加速发生在边界 1 和 2 之间的等离子体层，且在边界 2 处动能密度达到磁能密度，则有

$$\frac{1}{2}n_2 m_2 V_2^2 = \frac{B_2^2}{2\mu} \Rightarrow B_2 = V_2 \cdot (\mu n_2 m_2)^{0.5} \tag{5-21}$$

将式(5-20)和式(5-21)代入式(5-17)并整理，可得 V_1 的表达式为

$$\frac{V_1^2}{(2kT_1/m_1)} = \frac{\left(\dfrac{T_2 n_2}{2T_1 n_1} - \dfrac{1}{2} - \dfrac{1}{4}\dfrac{\mu(I/w)^2}{n_1 kT_1} \right)}{\left(1 - \dfrac{3}{2}\dfrac{m_1}{m_2}\dfrac{n_1}{n_2} \right)} \tag{5-22}$$

注意到当 $I = 0$ 时，式(5-22)并没有变成式(5-18)，唯一的差别在于两个公式的分母 $\left(1 - \dfrac{m_1}{m_2}\dfrac{n_1}{n_2} \right)$ 和 $\left(1 - \dfrac{3}{2}\dfrac{m_1}{m_2}\dfrac{n_1}{n_2} \right)$ 不一致，这是边界 2 处磁场强度的假设所导致的。通过以下边界 1 和 2 处动量守恒方程的推导过程，可以很清楚发现原因：

$$n_1 k T_1 + m_1 n_1 V_1^2 + \frac{1}{2} \frac{B_1^2}{\mu} = n_2 k T_2 + m_2 n_2 V_2^2 + \frac{1}{2} \frac{B_2^2}{\mu} \qquad (5-23)$$

$$n_1 k T_1 + m_1 n_1 V_1^2 + \frac{1}{2} \mu \frac{I^2}{w^2} = n_2 k T_2 + m_2 n_2 V_2^2 + \frac{1}{2} m_2 n_2 V_2^2$$

$$n_1 k T_1 + m_1 n_1 V_1^2 = n_2 k T_2 + m_2 n_2 V_2^2 + \frac{1}{2} m_2 n_2 V_2^2 = n_2 k T_2 + \frac{3}{2} m_2 n_2 V_2^2 (I=0)$$

$$(5-24)$$

额外的 1/2 系数是由于式(5-21)所确定的 B_2 的表达式不包括电流 I。边界 2 处磁场和速度参数的假设是为了尽可能消减式(5-17)中未知量。因此基于以上这些假设,更确切的说法是,在 B_1、$B_2 = 0$(而不是 $I=0$)的情况下,式(5-22)变成式(5-18)。

V_1 的求解过程与前面章节一致,这里不再赘述。V_1 随 m_1/m_2 以及放电电流的变化趋势见图 5-12($I=1\,000\,\text{A}$)。很明显可以看出,V_1 除了对 m_1/m_2 的变化敏感外,也受到放电电流的影响。与图 5-11 相比,在边界 2 处相同的等离子体状态参数条件下,由式(5-22)所解算的速度远大于由公式(5-18)定义值,这主要是在脉冲放电电流作用下,等离子强电磁加速效应所导致的,并且符合典型电磁型 PPT 的特性。

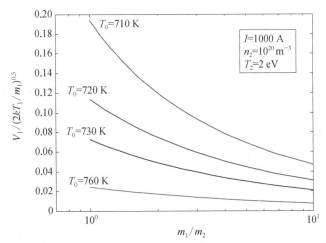

图 5-12　不同壁面温度下 m_1/m_2 和放电电流(1 000 A)对 V_1 的影响[1]

图 5-13 更加形象地描述了 m_1/m_2 和放电电流对烧蚀边界层外边界马赫数的作用机制。从图 5-13 中可以明显看出,放电电流越大,m_1/m_2 的变化对 V_1 的作用越明显。在放电电流达到 $10^4\,\text{A}$ 级别时,当 m_1/m_2 从 1 增大到 10 时,烧蚀边界层

外边界马赫数 $V_1/C(C=\sqrt{\gamma kT_1/m_1})$ 由 0.9 下降到 0.016(减少 98%)。在相同的放电电流下,越大的 m_1/m_2 所对应的外边界层马赫数越小,这可能是由于在较大 m_1/m_2 条件下,更多的放电能量首先用于分解固体聚合物,而不是用于加速。在相同的 m_1/m_2 条件下,烧蚀边界层外边界马赫数随着放电电流的增大而快速上升,并在某个放电电流的条件下,达到其临界马赫数值 $\sqrt{1/\gamma}$。 这里要注意的是 V_1 不会超过临界声速值,这是由于烧蚀边界层内部没有超声速加速的物理机制。

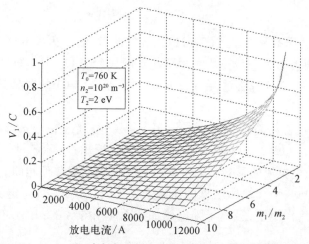

图 5 - 13 m_1/m_2 和放电电流对烧蚀边界层外边界马赫数的影响[1]

5.3.2   不同等离子体层加速机制下固体聚合物烧蚀蒸发速率的数值研究

当分析 m_1/m_2 和放电电流对固体聚合物烧蚀特性的作用机制时,除了 V_1,还必须明确这些因素对烧蚀边界层密度跳跃关系的作用,见图 5 - 14。从图中可以明显看出,密度跳跃关系 n_1/n_0 对 m_1/m_2 的变化也比较敏感。与 V_1 的作用机制正好相反,在相同的放电电流下,密度跳跃关系 n_1/n_0 随着 m_1/m_2 的增大而增大;在相同的 m_1/m_2 条件下,密度跳跃关系 n_1/n_0 随着放电电流提高而降低。在放电电流达到 10^4 A 级别时,当 m_1/m_2 从 1 增大到 10 时,密度跳跃关系 n_1/n_0 由 0.48 增加到 0.87(提高了 81%)。因此,m_1/m_2 和放电电流对 V_1、n_1 的综合作用将会显著影响固体聚合物的烧蚀速率($\Gamma=m_1 n_1 V_1$)。

本节选取 PPT 常用的推进剂 PTFE 作为算例,分析由热化反应所引起的等离子体层质量分布特性 m_1/m_2 以及放电电流对其烧蚀速率的作用机制,并与以往模型的结果进行对比(忽略了热化反应,即 $m_1=m_2$)。 由前面章节可知,压强的变化对蒸气的平均分子质量作用不大,而温度影响非常显著。当温度从 600 K 上升到 5 000 K 的过程中,PTFE 烧蚀气体组分从 C_2F_4 完全分解成 C 原子、F 原子及其离

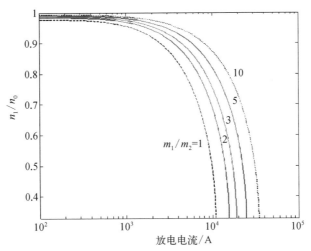

图 5-14　m_1/m_2 和放电电流的变化对烧蚀边界层密度跳跃关系的影响[1]

子和电子的混合体,相对应 m_1/m_2 的大小从 1 迅速增大了将近 6 倍。

下面将针对等离子体层不同加速机制的条件,评估 m_1/m_2 及放电电流对固体聚合物烧蚀特性的作用机制。

1. 气动加速条件下烧蚀特性理论分析

图 5-15 给出在基于气动加速的等离子体层状态条件下,PTFE 蒸气平均分子质量在边界 1 和 2 处的分布特性,即 m_1/m_2 对其烧蚀特性的作用机制。在图 5-15 (a)中,实线表示假定单组分流体计算结果(忽略了热化反应,即 $m_1 = m_2$)。 其余曲线均是考虑热化反应在 PTFE 烧蚀蒸发中的作用。其中圆标记曲线 ($T_2 = 0.1$ eV)、方形标记曲线 ($T_2 = 0.15$ eV)、菱形标记曲线 ($T_2 = 0.23$ eV)、下三角标记曲线 ($T_2 = 0.25$ eV)、三角标记曲线 ($T_2 = 0.27$ eV) 和左三角标记曲线 ($T_2 = 0.3$ eV) 分别描述了部分电离等离子体所诱导的 m_1/m_2 对烧蚀速率的作用,而右三角标记曲线 ($T_2 = 2$ eV) 是典型的完全电离等离子体条件下的结果。很明显可以看出烧蚀速率随着 m_1/m_2 增大呈现出下降趋向。为了定量评估 m_1/m_2 对烧蚀速率的作用,这里定义一个烧蚀速率因子 α,α 表示单组分流体计算烧蚀速率与考虑热化反应所计算烧蚀速率的比值,相应的仿真结果见图 5-15(b)。从图中明显看出,随着 PTFE 表面温度的升高,α 值几乎保持一致,即在一定程度上可以忽略壁面温度对 α 的影响。边界 2 处电离的程度对 α 值作用较大,随着电离程度提高,α 值不断上升并在完全电离等离子体条件下达到最大值 2.3,即 m_1(92) 和 m_2 (16.67)。进一步,图 5-15(c)给出了相应 m_1/m_2 与 α 值的对应关系,结果呈现出近似线性的特性,即可由如下的线性方程描述:

$$\alpha = k(m_1/m_2) + (1 - k) \tag{5-25}$$

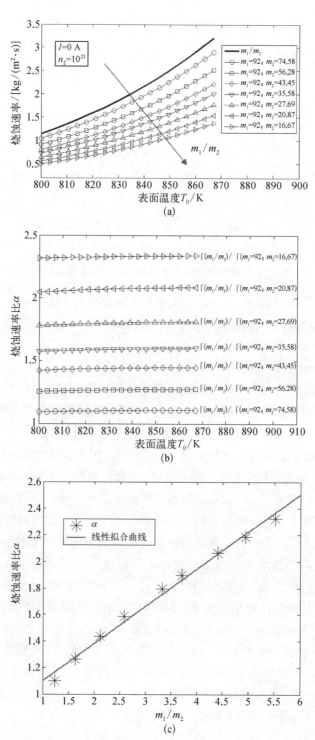

图 5-15 等离子体层气动加速条件下 PTFE 烧蚀特性的分析[1]

式中，$k \approx 0.29$。当 $m_1/m_2 = 1$ 时，如单组分流体的情况下，$\alpha = 1$。

式(5-25)充分表明，在等离子体层气动加速的前提下，可以在一定程度上通过简化的基于单组分流体的边界速度模型来计算烧蚀质量流率，并由 α 值评估实际上需要考虑热化反应的固体聚合物的烧蚀特性。

2. 电磁和气动耦合加速条件下烧蚀特性理论分析

图 5-16 给出在基于电磁和气动耦合加速的等离子体层状态，以及相同的放电能量条件下，PTFE 烧蚀速率的等值线图。在图 5-16(a)中，PTFE 烧蚀蒸气的热化反应效果被忽略，烧蚀粒子的质量在边界 1 和边界 2 处都一样，即 $m_1 = m_2$。

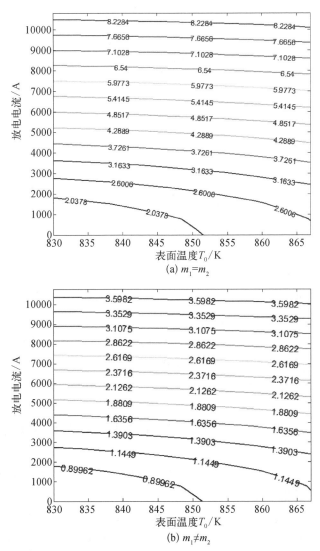

图 5-16 等离子体层电磁和气动耦合加速条件下 PTFE 烧蚀特性的分析[1]

而在图 5 - 16(b)中则相应考虑热化反应对 PTFE 烧蚀蒸发中的作用。由于是相同的边界状态参数,烧蚀粒子的质量在边界 1 和边界 2(等离子体完全电离)分布,分别为 $m_1(92)$ 和 $m_2(16.7)$。图 5 - 17 两部分的差异明显揭示了由热化反应所导致的烧蚀粒子的质量分布(即边界 1 和边界 2 处平均分子质量的变化)以及放电电流对 PTFE 烧蚀特性的作用。尽管随着 m_1/m_2 的增加,烧蚀边界层外边界密度 n_1 会增大(图 5 - 14),但是快速下降的 V_1 对 n_1 影响更大,并最终导致烧蚀速率降低。图 5 - 16 所确定的烧蚀速率的比值 α 保持在 2.3 左右,并不随着放电电流而变化,这与图 5 - 16(b)中完全电离情况下一致。相比于以往单组分模型相比,由考虑热化反应作用所计算出的 PTFE 烧蚀质量流率最大会下降 56%,也就是说,固体聚合物的热分解过程会降低其蒸发速率。

本节系统性地确立了不同加速机制下烧蚀边界层外边界速度的理论分析模型,探讨了热化反应所造成的等离子体层质量分布对烧蚀特性的影响机制,进一步为 PPT 烧蚀工作过程的数值模拟提供了精确的理论基础和技术依据。得到如下结论。

(1) 等离子体层质量分布特性,即内外边界烧蚀粒子平均分子质量的比值 m_1/m_2 是反映热化反应对固体聚合物烧蚀特性影响的主要因素。这是由于一方面烧蚀边界层外边界速度 V_1 对 m_1/m_2 的变化非常敏感,均随着 m_1/m_2 的上升迅速下降;另一方面,受 m_1/m_2 制约的 V_1 同时决定着烧蚀边界层的外边界密度 n_1,继而最终影响着固体聚合物的烧蚀质量流率 $\Gamma = m_1 n_1 V_1$。

(2) 在电磁和气动耦合加速的等离子体层状态条件下,随着放电电流的增加,V_1 会有显著的提高,并可接近声速点。

(3) 在基于气动加速的等离子体层状态条件下,α 值与壁面温度基本无关,并与 m_1/m_2 保持近似线性关系。这一关系可以简化烧蚀质量流率的评估。

(4) 在电磁和气动耦合加速的等离子体层状态条件下,随着 m_1/m_2 的增加,烧蚀边界层外边界密度 n_1 会增大,但是快速下降的 V_1 在烧蚀速率上起主导作用——降低它。尤其是在等离子体完全电离的情况下,与单组分模型相比,考虑热化反应作用所得到的 PTFE 烧蚀质量流率会下降 56%。

5.4   脉冲等离子体推力器烧蚀工作过程的数值研究

提高 PPT 的性能的关键在于对其所独有的工作模式——固体推进剂的烧蚀过程进行清晰地物理描述和理论分析。PPT 的烧蚀过程涉及多种物理和化学过程,它随着储能电容器沿推进剂表面脉冲放电产生高温电弧开始,伴随着推进剂烧蚀蒸发、离解、形成等离子体及其加速过程,直至主放电后滞后烧蚀现象的结束。整个烧蚀过程中包含着复杂的磁、电、热等耦合过程,影响因素很多。目前对 PPT

烧蚀工作过程的理论和数值研究重点在于：固体推进剂热分解过程中化学动力学仿真及其高温等离子体系的热力学物性计算；确立固体推进剂表面、烧蚀蒸气层与流动入口合理和完善的物理边界模型；通过精确的 PPT 非稳态推进剂烧蚀传热模型，掌握推进剂表面及其内部温度的变化情况等，并最终结合以上模型，开展基于磁流体的 PPT 烧蚀工作过程的数值研究。

本节针对 PPT 的工作特点，由基于前述章节确立的烧蚀分析模型（修正 K-B 模型），增强推进剂烧蚀与等离子体流场计算模型的结合度，开展脉冲电流激励下 PPT 烧蚀工作过程的数值研究。首先对比分析了 Spitzer 和 Z&L 电导率模型处理弱非理想等离子体特性的适用性；其次结合基于能量守恒原理的非稳态烧蚀传热模型，根据 PPT 烧蚀过程的压强和温度，由热化反应动态修正传热模型中的比焓等热力学物性参数，开展放电过程中等离子体流动、推进剂传热、推进剂烧蚀和电路、磁场的多物理场耦合计算与分析；最终获取精确的推进剂烧蚀过程和推力器宏观性能信息以及烧蚀组分（等离子体、原子等中性气体）的空间与时间分布的脉冲非稳态数值结果。本章的研究重点在于：

（1）将前述章节所确立的定常条件下烧蚀分析模型应用到 PPT 脉冲放电烧蚀过程的数值研究中；

（2）定量分析和研究 PPT 工作过程中烧蚀组分尤其是离子浓度时空分布特性，揭示脉冲电流激励下推进剂（以 PTFE 为例）烧蚀和电离的各价 C 离子、F 离子、电子数和浓度存在时间的分布规律以及中性烧蚀组分（原子）在脉冲放电末期及结束后的演化机制。

5.4.1　物理模型

PPT 烧蚀工作过程的数值模拟过程如图 5-17 所示。其中，组分信息、烧蚀分析模型和边界速度模型已分别在前述章节中阐述，这里不再赘述，其余物理模型的假设和定义将在本节进一步说明。

1. 放电模型

PPT 通过储能电容器向推进剂表面放电所产生的高温电弧是固体推进剂烧蚀的起因及烧蚀过程中的加热能量源，因而对其放电电路建模是研究烧蚀过程的首要条件。PPT 放电可描述为典型的 RLC 电路放电过程。根据基尔霍夫定律，由下式可获取随时间放电的电路电流：

$$L_0 \frac{\mathrm{d}^2 q_c}{\mathrm{d}t^2} + (R_0 + R_p)\frac{\mathrm{d}q_c}{\mathrm{d}t} + E_{ind} + \frac{q_c}{C} = 0 \qquad (5-26)$$

式中，L_0 是外电路电感；q_c 是电容器电量，$I = \dfrac{\mathrm{d}q_c}{\mathrm{d}t}$ 即放电电流；C 是电容器电容；

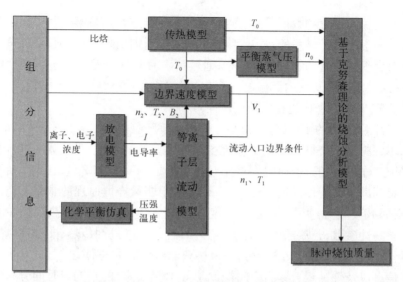

图5-17   PPT 烧蚀过程数值模拟流程图[1]

R_0 是外电路电阻；R_p 为等离子体电阻；E_{ind} 则是电极间的感应电动势。

由式(5-26)可知,对于给定外部电路参数的 PPT 而言,解算放电电流的关键在于等离子电阻模型的确立。PPT 等离子体电阻模型可由下式描述:

$$R_p = \frac{h}{w} \int_0^l \sigma_p \, \mathrm{d}x \tag{5-27}$$

式中, h、w、l 分别是平行板结构中电极的间距、宽度和长度; σ_p 是沿着加速通道的电导率。

2. 基于能量守恒原理的烧蚀传热模型

PPT 放电所产生的高温电弧,使推进剂表面烧蚀、离解、形成等离子体,等离子体激发又维持电弧的形成,促使推进剂表面继续烧蚀形成等离子体,这个耦合的过程中包含着复杂的物理化学现象,形成了 PPT 所独有的非稳态烧蚀传热过程,主要包括: ① 火花塞点火,喷出少量的电子到推进剂表面,使得储能电容器两级导通形成电弧放电;② 高温电弧的气动加热及热增量使表面热流加大;③ 推进剂壁面材料吸热、熔融、导热,进一步解聚、离解形成等离子体;④ 形成等离子体放电,等离子体之间与推进剂表面间维持微秒级的放电烧蚀过程;⑤ 由于电弧向固体聚合物表面传热辐射大、作用时间极短,壁面区域存在典型的烧蚀多组分和弱非完全电离特性。

因此对于 PPT 而言,其烧蚀传热模型主要由以下三个部分构成: ① PPT 烧蚀过程中的外部加热源模型;② 由等离子体传热至固体推进剂表面的净热流模型;③ 固体推进剂表面及其内部温度的瞬态演化模型。

PPT 非稳态传热问题一般是基于半无限大固体假设来建立的[10]。所谓半无限大,是指以 yz 平面为唯一界面,在 x 正方向无限延伸的物体,如图 5-18 所示。它的意义在于,虽然许多工程中使用的实际物体并非无限厚(大),但在 PPT 微秒脉冲工作时间内,来自高温等离子体材料的净热流 Q_s 对于固体推进剂表面边界处的温度扰动只来得及传播到有限深度。在这个深度,物体仍然保持初始真空环境。这样,在 PPT 烧蚀传热过程中,可以把固体推进剂的有限厚度近似为半无限大。

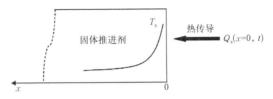

图 5-18 半无限大固体非稳态传热

通常固体推进剂表面净热流量 Q_s 一般表示为

$$Q_s = Q_p - \dot{m} \cdot (u^2/2 + \Delta h) \tag{5-28}$$

式中,Q_p 为固体推进剂与等离子体界面的热流密度(即烧蚀边界层外边界 1 处);$\dot{m}$ 为单位面积的质量流率;u 为等离子体的速度;Δh 为推进剂的蒸发潜热,可进一步表示为

$$\Delta h = c_p(T_s - T_0) + h_f + h_{dp} \tag{5-29}$$

式中,c_p 为固体推进剂定压比热系数;T_s 为固体推进剂表面温度;T_0 为固体推进剂初始温度;h_f 为固体推进剂的相变焓;h_{dp} 为分解热。

将 Q_s 作为半无限大固体非稳态传热模型的第一类边界条件,则描述固体推进剂内部温度的方程为

$$\frac{\partial T_s}{\partial t} = a\frac{\partial^2 T_s}{\partial x^2} \tag{5-30}$$

式中,a 为固体推进剂的热扩散系数。

然而对于 PPT 工作特性来说,常用的烧蚀传热模型主要存在以下缺陷。

(1) Q_p 求取困难。Q_p 的取值需要等离子体本身的辐射和传导等传热特性已知,而在 PPT 内的等离子体传热与流动过程非常复杂,而且涉及非稳态、大参数梯度,获得这些特性是很困难的。

(2) 不能体现固体推进剂烧蚀热分解为分子、原子及多价离子等过程对传热的作用。

基于以上原因,本节从能量守恒原理的角度确立 PPT 的烧蚀传热模型,其基

本假设如下：

（1）等离子体的欧姆加热能量是固体推进剂烧蚀过程中的唯一外部加热能量源，主要用于固体推进剂的加热和等离子体焓值的增加；

（2）忽略因等离子体辐射、热传导及流动过程中的气动加速引起的欧姆加热能量损失；

（3）假定烧蚀蒸气为理想气体，并忽略固态物质的体积变化。

根据以上假设，固体推进剂表面净热流量 Q_s 可表示为

$$Q_s = Q_h - \Delta \dot{m} \cdot \Delta h_i \tag{5-31}$$

式中，Q_h 为单位面积内等离子体热源，具体为

$$Q_h = \frac{I^2 R_p}{hw} \tag{5-32}$$

式中，回路总电流 I 由 PPT 电路模型确定；等离子体电阻 R_p 由等离子体流动方程计算结果计算得到。

Δh_i 为固体推进剂由初温 T_0 气化、分解、电离和加热到 $n+1$ 时刻压强和温度条件下的比焓值与 n 时刻压强和温度条件下比焓值之差：

$$\Delta h_i = h_i^{n+1} - h_i^n \tag{5-33}$$

进一步由固体推进剂表面净热流量 Q_s 获取表面温度的瞬态演化。即根据傅里叶定理，半无限大固体的瞬时热流密度 q_x 可表示为

$$q_x = -\lambda \frac{\partial t}{\partial x} = \lambda \frac{(T_s - T_0)}{\sqrt{\pi a \tau}} \exp\left[-\frac{(x-s)^2}{4a\tau}\right] \tag{5-34}$$

式中，λ 为固体推进剂的导热系数。在固体推进剂表面，将 $x=s$ 代入，可得表面的瞬时热流为

$$q_s = \lambda \frac{(T_s - T_0)}{\sqrt{\pi a \tau}} = (T_s - T_0) \frac{\sqrt{\lambda \rho c}}{\sqrt{\pi \tau}} \tag{5-35}$$

式中，ρ、c 分别为固体推进剂的密度和比热容。

在 $0 \sim \tau$ 时间间隔内对式（5-35）进行积分可以得到固体推进剂表面净热流量 Q_s 与推进剂表面温度 T_s 间的关系：

$$Q_s = \int_0^\tau q_s \mathrm{d}\tau = 2(T_s - T_0)\sqrt{\lambda \rho c}\sqrt{\tau/\pi} \tag{5-36}$$

进一步整理可得

$$T_{\mathrm{s}} = T_0 + \frac{Q_{\mathrm{s}}}{2}\sqrt{\frac{\pi}{\rho \lambda tc}} \qquad (5-37)$$

综合式(5-32)~式(5-37)及式(5-30)可得基于能量守恒原理的烧蚀传热模型。

3. 等离子体团气相控制方程

假设 PTFE 蒸气的分解和电离发生在烧蚀边界层外的非平衡过渡区域,并且等离子体层内流动忽略离子化及电离非平衡到平衡的过渡过程,即处于局部热力学平衡状态,热力学特性使用平衡状态的当地温度和压强描述;等离子体为光学薄等离子体,宏观电中性,空间净电荷为零;等离子体团符合理想气体状态方程,其流动为非定常、无黏、可压缩一维管流,忽略体积力的影响,则其控制方程形式可表示为

$$\frac{\partial G}{\partial t} + \frac{\partial F}{\partial x} + H = 0 \qquad (5-38)$$

其中,

$$G = \begin{cases} \rho \\ \rho u \\ \rho e \\ B \end{cases}, \; F = \begin{cases} \rho u \\ \rho uu + p + \dfrac{B^2}{2\mu_0} \\ \rho ue + up + u\dfrac{B^2}{2\mu_0} \\ uB \end{cases}, \; H = \begin{cases} 0 \\ 0 \\ \dfrac{j^2}{\sigma_{\mathrm{plasma}}} \\ \dfrac{\partial}{\partial x}\left(\dfrac{1}{\mu_0 \sigma_{\mathrm{plasma}}}\dfrac{\partial B}{\partial x}\right) \end{cases} \qquad (5-39)$$

$$e = \frac{p}{\rho(\gamma-1)} + \frac{u^2}{2} + \frac{B_y^2}{2\rho\mu_0} \qquad (5-40)$$

式中,e 是等离子体的比内能。

本书将 MacCormack 格式应用于等离子体流动控制方程组(5-38)的求解[11]。二步显式差分 MacCormack 格式是先前差再后差的 FB 格式,在常系数矩阵情况下,线性化代入,可证明该格式是守恒型相容的差分格式,时间和空间精度均为二阶,因此该格式广泛应用于解欧拉方程和 N-S 方程,并在航空航天工业的流场计算中得到大量的应用。

然而 MacCormack 格式不考虑流体黏性,差分会造成奇偶点数值不耦合,并且激波和滞止点附近还会出现数值振荡,因而在差分格式中要引入人工黏性。黏性项的引入会增加差分方程的稳定范围。所谓"人工黏性"相当于在原求解方程中人为地加入黏性项,增加计算过程的稳定性。当然人工黏性项数值要很小,否则增

加稳定性的同时会引入较大的计算误差。加入黏性项的 MHD 方程组的 MacCormack
格式为

$$
\begin{cases}
G_i^* = G_i^n - \dfrac{\Delta t}{\Delta x}(F_{i+1}^n - F_i^n) + \Delta t H_i^n \\[2mm]
G_i^{n+1} = \dfrac{1}{2}(G_i^* + G_i^n) - \dfrac{1}{2}\dfrac{\Delta t}{\Delta x}(F_i^* - F_{i-1}^*) + \Delta t H_i^* + \dfrac{q}{2}(G_{i+1}^* - 2G_i^* + G_{i-1}^*) \\[2mm]
q = \dfrac{\mid p_{i+1} - 2p_i + p_{i-1} \mid}{p_{i+1} + 2p_i + p_{i-1}}
\end{cases}
\tag{5-41}
$$

由 CFL 稳定性条件给出时间步长 Δt 和空间步长 Δx。其中时间步长 Δt 的限
制用阿尔文波速、流体力学声速和流体速度绝对值之和,在实际计算中,取 CFL 定
出的时间步长的十分之一作为计算时间步长。

5.4.2　PPT 烧蚀工作过程数值计算

1. 初始条件

以火花塞放电完毕后通道内的参数作为 PPT 烧蚀工作过程数值计算的初始
条件。这是由于放电之初,火花塞放电时间非常短,释放出少量带电粒子,还未形
成高温电弧,对推进剂烧蚀过程影响较小。假设 PPT 推力器加速通道长度为 l_{PPT},
那么在 $t = 0$ 时,通道内 $0 \sim l_{\mathrm{PPT}}$: $\rho = \rho_0$, $u = 0$, $T = T_0$, $B = B_0$。其中,初始密度 ρ_0
依据通道内初始参数设定;初始磁感强度 $B_0 = 0$。

对于前述章节烧蚀传热方程中的推进剂内部初始温度均采用均一的环境温
度,即 $T_{\mathrm{inner}}(x \leqslant s) = T_{\mathrm{inner0}} = 300\ \mathrm{K}$;而烧蚀表面温度根据烧蚀边界层模型和等离
子体区域的初始压强,由平衡蒸气压公式倒推获得

$$
T(x = s) = T_0 = -\frac{T_c}{\ln\left(\dfrac{p_{\mathrm{eq}}}{p_c}\right)}
\tag{5-42}
$$

2. 边界条件

PPT 烧蚀过程本身就是一个描述烧蚀率随时间变化的动态过程。烧蚀速率可
表达为 $\Gamma = \rho u$,即反映了推进剂烧蚀与流动的耦合关系,因此流动边界条件对能否
获得真实烧蚀过程解至关重要。在磁流体力学中一般有四种常用类型边界条件:
入流/出流边界、物面边界、流动对称面边界、远场边界。本节主要针对平行板电极
PPT 的烧蚀机制开展研究,因而简化其耦合的流动模型,即采用式(5-38)所描述

的一维磁流体方程,对等离子体与电极等接触的边界不予考虑。由于与极板垂直方向的简化及出口处认为是超声速,其边界条件包括入流和出流边界。

虽然满足一定条件下,流动入口边界条件可由外推获取且保证数值解法的收敛,但这种数值方法依然影响实际流动的计算,以及计算结果与实际物理问题的吻合。为了获取精确的烧蚀过程数值解,必须根据 PPT 工作过程的特点,由物理模型全部指定流动入口边界参数,这也是本书前述章节确立烧蚀边界层模型和流动入口边界速度模型的出发点。因此本节直接采用前文所述的烧蚀边界层外边界 1 处的热力学状态参数作为流动入口边界参数,即

$$
\begin{cases}
\rho_{\text{in}} = m n_1 V_1 \\
u_{\text{in}} = V_1 \\
T_{\text{in}} = T_1
\end{cases}
\tag{5-43}
$$

根据烧蚀表面密度 n_0 和温度 T_0,由烧蚀分析模型所建立的烧蚀边界层内外边界关系获取边界 1 处的密度 n_1 和温度 T_1。其中,T_0 由基于半无限大固体非稳态传热的边界条件确定:

$$
\begin{cases}
-\lambda \dfrac{\partial T_s}{\partial x} = Q_s \\
T_s(-\infty) = T_0
\end{cases}
\tag{5-44}
$$

由前述章节可知 V_1 需要根据等离子体层的流动状态来确定。计算上述边界参数时,均需考虑固体推进剂热化反应的影响。

对于入流磁场的边界条件,假定在推进剂表面无法向电流(一维假设),则有

$$
B_1 = \frac{\mu_0 I}{w}
\tag{5-45}
$$

PPT 放电烧蚀过程中,其出口流动达到超声速条件,出流边界条件可采用简单的一阶外推,即

$$
\left. \frac{\partial \rho}{\partial x} = \frac{\partial p}{\partial x} = \frac{\partial u}{\partial x} = \frac{\partial B}{\partial x} \right|_{\text{out}} = 0
\tag{5-46}
$$

3. 计算流程

PPT 烧蚀过程实质是涉及化学反应的多物理场耦合的复杂过程,涵盖了推进剂烧蚀蒸发、解聚、离解、形成等离子体及其加速排出通道等多个物理过程。为了揭示 PPT 烧蚀机制,必须将这些分开处理的物理过程的模型有机结合起来,即开展放电过程中等离子体流动、推进剂传热、推进剂烧蚀和电路、磁场的多物理场耦

合计算与分析。参照图 5-17，PPT 烧蚀过程的数值模拟过程可概述如下。

（1）假设已知 t^n 时刻的各参数值。通过龙格—库塔法求解放电模型，获取 t^{n+1} 时刻的放电电流 I^{n+1} 和等离子体电阻 R_p^{n+1}。

（2）由放电电流 I^{n+1} 和等离子体电阻 R_p^{n+1} 修正 t^{n+1} 时刻的等离子热源性（欧姆加热项），同时根据烧蚀组分的摩尔分数获取当前时刻等离子体的热熔值，并由烧蚀传热方程（5-38）计算流向固体推进剂表面的净热流 Q_s^{n+1}。

（3）固体推进剂表面的温度 T_0 受净热流 Q_s 输入激励。根据半无限大固体的非稳态传热方程计算当前时刻的 T_0^{n+1}，同时通过时间后向、空间中心（BTCS）差分格式求解推进剂内部的温度分布情况。

（4）根据平衡蒸气压方程，由 T_0^{n+1} 计算推进剂表面的压强 p_0^{n+1}，进而由局部热力学平衡假设获取 n_0^{n+1}。根据烧蚀组分的摩尔分数获取等离子层边界处烧蚀粒子的质量（平均分子量），并通过上一时刻等离子层状态参数（T_2^n、n_2^n 和 B_2^n）和当前时刻 T_0^{n+1} 计算克努森外层边界速度 V_1^{n+1}。

（5）根据由 T_0^{n+1}、n_0^{n+1} 和 V_1^{n+1} 解算基于克努森理论的烧蚀边界层模型，获取流动的入口边界条件，即 $\rho_{in}^{n+1} = m n_1^{n+1} V_1^{n+1}$、$u_{in}^{out} = V_1^{n+1}$ 和 $T_{in} = T_1^{n+1}$。

（6）由 $\Gamma^{n+1} = \rho_{in}^{n+1} u_{in}^{n+1}$ 得到 t^{n+1} 时刻单位面积的烧蚀质量流率。

（7）根据当前时刻流动的入口边界条件，由 MacCormack 格式求解等离子体流动方程，获取 t^{n+1} 时刻的基本流场信息。

（8）根据基本流场信息（推力器内部的温度和压强参数），由化学平衡仿真获取 t^{n+1} 时刻的组分信息，即通道每个空间步长处烧蚀组分（主要离子和电子及原子）的组分信息（质量或摩尔分数）。

这里需要说明的是，t^{n+1} 时刻离子和电子浓度用于 Z&L 电导率模型的计算，步骤返回在第一步，重复循环，直至仿真时间结束。

4. 模型验证

模型的可行性与可靠性需要通过数值算例进行验证，在此选用 LES-6 作为模型验证算例，具体参数见表 3-1。

考虑到 PPT 放电初期存在典型的低温高密度非理想等离子特性，因此数值模拟前首先针对 Spitzer 和 Z&L 电导率模型的适用性进行计算对比，结果见图 5-19。由图 5-19 可以看出，在脉冲放电初期，使用 Spitzer 模型计算出的电导率会出现明显错误的负脉冲峰值，而 Z&L 模型所计算出的电导率值随温度平稳上升，能够很好处理非理想等离子区域电导特性，因此使用 Z&L 模型更加符合 PPT 放电工作过程的特点，相应计算出放电电路全电阻与试验测试结果对比见图 5-20。

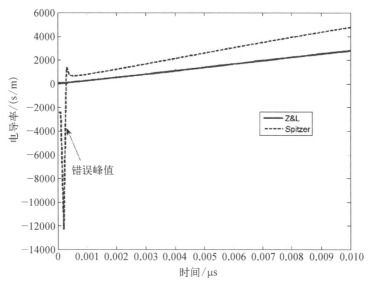

图 5-19　PPT 放电初期 Spitzer 和 Z&L 电导率模型计算对比[1]

图 5-20(a)是 Vondra 针对 LES-6 PPT 样机测试的放电过程中电路回路的全电阻数据;图 5-20(b)是由放电模型计算的全电阻变化曲线。对比图 5-20(a)和(b)可以看出除了初始时间段外,实验与数值模拟结果的变化趋势和幅值基本一致。造成初始差异的主要原因是数值计算的初始条件所限制的。实验测试从火花塞放电开始,而 PPT 烧蚀工作过程数值计算的初始条件是火花塞放电完毕后通道内的参数,不能评估火花塞放电过程中的电导特性。实际上,火花塞放电释放出少量等离子体所形成电极间短暂电弧及其烧蚀出电离度极低的气体(中性气体)必然降低了电导率,因此使得电路全电阻在初始阶段产生小幅上升;随着火花塞放电结束和电容器能量的释放,放电电流逐步增大,高温电弧所烧蚀出的气体迅速被离子化形成电离度较高的等离子体,因而提高了电导率并促使电阻值迅速下降;在脉冲放电末期,放电电流逐渐减少,但推进剂却烧蚀出了更多气体,因此烧蚀气体的电离程度和电导率会逐步降低,最终造成等离子电阻增大及全电路电阻值在放电峰值后逐渐上升的趋势。

图 5-21~图 5-23 给出 PPT 主要宏观参数在时间或空间上的分布图。

图 5-21(a)是 LES-6 PPT 实验测试的放电电流和电压,图 5-21(b)是相应的数值模拟结果。图 5-21 表明 PPT 波形为典型 RLC 电路放电波形,仿真结果与试验波形比较吻合。

图 5-22 为推力器加速通道内等离子体速度的空间、时间分布。在靠近推进剂烧蚀表面处,等离子体速度较低;沿推力器加速通道,等离子体受电磁和气动力作用加速向下游运动,在推力器出口处获得最大速度。出口最大速度约为 27 km/s,

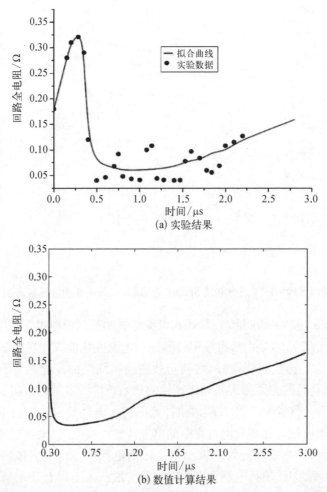

(a) 实验结果

(b) 数值计算结果

图 5‑20 LES‑6 PPT 放电电路全电阻实验与数值计算结果比较[1]

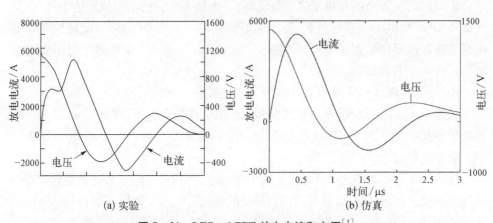

(a) 实验

(b) 仿真

图 5‑21 LES‑6 PPT 放电电流和电压[1]

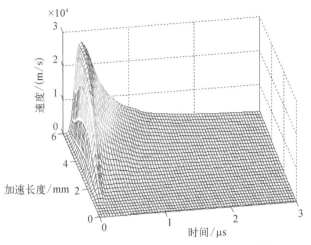

图 5 - 22　LES - 6 PPT 等离子体速度分布图[1]

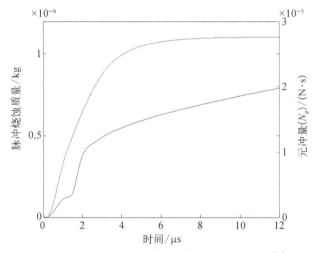

图 5 - 23　LES - 6 PPT 脉冲烧蚀质量和元冲量[1]

这与 Vondra 和 Antropov 等实验测试结果相符合(离子出口速度为 25~35 km/s)。

图 5 - 23 是分别对计算域出口截面的质量通量和动量通量积分获得脉冲烧蚀质量和元冲量的计算结果。由图 5 - 23 可见,仿真得到的元冲量随时间逐渐增大,最后逐渐趋于平稳,说明推力器中冲量的累积过程主要是在脉冲前几个振荡周期完成的。数值模拟计算到 12 μs 时的元冲量为 28 μN·s,比实验结果 31.2 μN·s偏低。元冲量反映着放电能量对烧蚀组分加速动量,LES - 6 PPT 试验测到的每一次放电过程的脉冲烧蚀质量约为 10 μg,而数值结果仅有 8 μg,脉冲烧蚀质量计算结果的偏小是造成元冲量偏小的主要原因。

从 0 到 12 μs 时间内烧蚀质量的变化曲线可以看出,在一次脉冲放电结束后

$(0 \sim 3~\mu s)$，推进剂烧蚀质量仍在大量持续增加，数值结果符合试验所观察的滞后烧蚀现象一致（这种现象是因为脉冲放电结束后，推进剂表面及其内部温度仍然在其分解温度之上产生的）。此外，在脉冲放电时间内$(0 \sim 3~\mu s)$，脉冲烧蚀质量约为 $5~\mu g$，远大于 LES-6 PPT 每次放电过程中电离的带电粒子质量 $1~\mu g$，这表明主放电过程中会烧蚀出一定量的中性组分气体，这个结果符合 Koizumi 和 Maki Okada 的试验观察现象。Koizumi 等通过高速摄像分析 PPT 放电过程中等离子体加速过程。高速摄像中，使用的发射光谱范围除了包括离子外也含有 C_2 等中性组分，以区别对待离子和中性组分烧蚀和运动过程。结果发现放电过程中存在大量烧蚀出的中性气体，而中性气体只有一部分被电离，形成很明显的低速中性气体和高速离子两团分离的运动过程。进一步，Maki Okada 等设计 PPT 二次放电装置[12]，以验证能否有效利用滞后烧蚀气体，但却发现在主放电的波峰前期，再进行第二次放电，会对性能和效率有较大的提高；而在放电结束后较长时间段（滞后烧蚀阶段），再进行第二次放电，性能和效率提高不大；Maki Okada 的实验间接表明，PPT 在主放电过程中电离度较低，可能是造成其效率低下的一个重要原因。

表 5-2 给出 PPT 烧蚀过程宏观性能的实验与数值计算结果。综上所述，数值结果与实验值结果基本吻合，这表明本文所使用的烧蚀过程的数值模型是可行的。本小节主要研究 PPT 性能贡献关键来源——放电过程中等离子体组分电离产生、激发及其运动，并且由于烧蚀分析模型和基于热化反应等离子体组分预测模型均是具有不连续、不可微和高度非线性特点的非线性方程组，进行数值迭代研究时需要耗费大量机时，因此这里只给出 $12~\mu s$ 的结果，没有计算放电结束后滞后烧蚀效应所产生的中性气体烧蚀质量和气动效应对元冲量等宏观特性的贡献。为此可简单假设中性组分的气动速度可达 $10^3~m/s$，结合模型未计算出的 $2~\mu g$ 烧蚀质量，最终可评估出总烧蚀质量大约为 $30~\mu N \cdot s$，这个结果进一步接近实验测试结果。此外，由于比冲、出口速度和效率根据较小的脉冲烧蚀质量计算，因此数值比试验值较大。需要说明的是，表 5-2 的出口速度指的是平均脉冲烧蚀质量的出口速度，而不是离子的速度。

表 5-2   PPT(LES-6)主要性能参数的实验与数值计算结果[1]

物 理 量	实 验	数 值
脉冲烧蚀质量/μg	10	8
元冲量/$(\mu N \cdot s)$	31.2	28
比冲/s	300	348
出口速度/(m/s)	3 000	3 410
推力效率/%	2.1	2.6

5.4.3　计算结果与分析

1. 推进剂烧蚀演化过程

理解推进剂的烧蚀演化过程是进行推力器工作过程仿真要解决的关键问题之一。脉冲电流激励下,固体推进剂烧蚀是 PPT 相比于其他电推力器所独有的工作过程。这个过程既主导着等离子体产生及运动的微观特性又控制着推力器宏观工作特性(效率、比冲、元冲量甚至是羽流污染)。其中,等离子体的激发形成体现了固体推进剂烧蚀而形成的传质过程,同时推进剂表面温度变化是基于高温等离子体为能量源的传热过程。此外,较低的推进剂利用率一直是困扰 PPT 发展的一个问题,围绕这个问题也需要开展对固体推进剂烧蚀过程的研究。

推进剂烧蚀过程与其表面温度的变化息息相关。由烧蚀分析模型可知,推进剂表面温度是决定克努森外层边界热力学状态参数的重要因素,即等离子体流场入口的边界条件,因此推进剂表面烧蚀情况直接制约了推力室中等离子体的流动状态,从而影响着推力器的性能。图 5 - 24 给出了 LES - 6 PPT 烧蚀工作过程中 PTFE 表面温度的变化趋势。

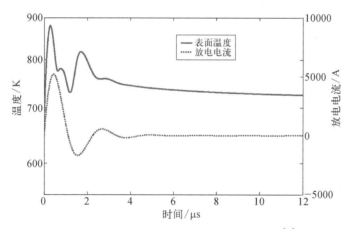

图 5 - 24　LES - 6 PPT 推进剂表面温度变化[1]

从图 5 - 24 中可以明显看出,推进剂温度的变化与电流的变化具有相似的波形起伏变化。这是由于等离子体欧姆加热是推进剂烧蚀外部能量来源,而推进剂温度受到高温等离子体热传递的激励,因此这部分热量很大程度上反映着放电电流能量的变化。在放电电流的第一个正峰区间,放电电流最大,释放的能量也最大,此时推进剂表面温度也相应出现第一个高温,峰值温度接近 900 K。推力器的性能很大程度上是与等离子体的喷射速度相联系的,而等离子体获得的加速更多来自电磁洛伦兹力的作用,在脉冲放电第一个半周期,推进剂表面温度迅速达到峰值,等离子体烧蚀率高,高放电电流下电磁场强,等离子体的喷射速度高,能产生较大推力,因此对提高 PPT 性能贡献大。

　　在放电电流的第一个负峰期间,烧蚀出的热等离子体依然激励推进剂表面,使其表面温度上升。然而此时放电能量大量释放,负向峰值电流相对较小,推进剂温度峰值比第一个峰值有所降低。主放电结束后,随着等离子体大量排出以及残留在推力室的等离子体远离推进剂表面,使得表面温度持续下降,但仍维持在 700 K 以上高温。由前述章节中 PTFE 的 TG – DSC 测试结果可知,实质上 PTFE 的分解温度(质量烧蚀损失起始温度>740 K)远大于其熔融点 600 K。结合 TG – DSC 测试结果,图 5 – 23 所描述的脉冲放电结束后烧蚀质量依然存在一定程度的上升趋势,进一步得到图 5 – 24 中数值结果的支持,即所计算的推进剂温度在主放电结束后依然保持在 700~800 K 较高温度,这是能够造成滞后烧蚀现象的必要条件。

　　为了进一步分析脉冲放电末期(包括主放电结束后)烧蚀情况,根据式(5 – 30)计算了不同时刻推进剂内部温度的分布曲线,见图 5 – 25。在脉冲放电初期(0~0.4 μs),电流达到正峰值,推进剂表面温度迅速达到熔融温度以上,烧蚀和电离出大量等离子体,而推进剂内部温度加热距离有限;脉冲放电末期即主放电刚结束时(4 μs),推进剂内部温度扩散有较大提高,从表面到推进剂内部超过 0.1 μm 的深度,推进剂温度都保持在熔融点 600 K 以上。当主放电结束至 12 μs,推进剂表面温度进一步下降,但仍在 700 K 以上。此时从表面到推进剂内部约 0.2 μm 的深度,推进剂温度都保持在 600 K 以上。推进剂在熔融点时,其表面呈现无定形且高黏性非结晶状,众多学者将熔点作为 PTFE 的分解温度(即消耗的推进剂部分),那么根据 PTFE 的密度、推进剂烧蚀表面积以及在 600 K 以上深度,可以简单估算出 12 μs 时的质量约为 110 μg,比试验测试的脉冲烧蚀质量 10 μg 整整大了一个数量级。

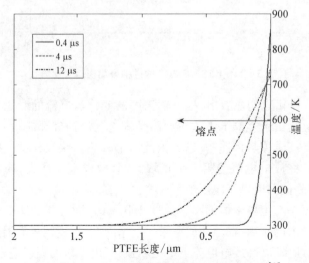

图 5 – 25　LES – 6 PPT 推进剂内部温度分布图[1]

前述章节中 PTFE 升降温热测试结果很好解释了根据推进剂内部熔融温度计算出的烧蚀质量远大于试验值。PTFE 的 TG-DSC 升降温测试表明,当 PTFE 的加热温度超过其熔融点 600 K 以上但是没超过其分解温度时,开始降温至室温,试样的质量测试前后无变化。这表明在 PPT 微秒脉冲放电快速激励下,推进剂快速的升温以及放电后降温过程中,同样不能简单通过推进剂内部深度超过其熔融温度评估质量损失。

除了推进剂表面温度,克努森外层边界速度——即流动入口速度 V_1 同样是解算烧蚀分析模型的基础,因为它体现了推进剂烧蚀演化过程和等离子体流动的耦合特性。下面给出 LES-6 PPT 推进剂烧蚀过程中边界速度 V_1,以及相应烧蚀边界层内外边界参数如温度、密度、压强跳跃关系及返流变化规律,同时与 Mikellide 模型和 Langmuir 模型进行对比和分析。

图 5-26 描述了推进剂烧蚀过程中边界速度 V_1 的变化规律。由图 5-26 明显看出,基于修正 K-B 模型的烧蚀边界层外边界速度 V_1 在脉冲放电初始时刻,从低速逐渐上升,与推进剂烧蚀温度或放电波形类似,V_1 在放电能量最大时(正电流峰值)加速至最大;在负半峰时会有所下降;主放电结束后,V_1 依然保持了较高数值后逐渐下降,表明在滞后烧蚀阶段中由于推进剂表面温度仍大于其分解温度,所产生持续气化运动现象。图 5-26 给出了当地声速、Mikellide 边界速度和 Langmuir 边界速度的计算结果。从曲线对比可以看出,当地声速、Mikellide 边界速度和 Langmuir 边界速度的波形基本一致,这是因为 Mikellide 边界速度和 Langmuir 边界速度与当地声速有固定的比值,即马赫数分别为 $(1/\gamma)^{1/2}$ 和 $(2/\pi\gamma)^{1/2}$。烧蚀边界层外边界速度 V_1 的数值要大于 Langmuir 边界速度,但不会超过当地声速,这验

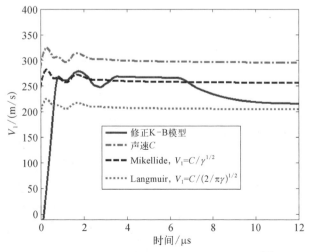

图 5-26　烧蚀边界层外边界速度 V_1 的变化[1]

证了 Keidar 提出的烧蚀蒸气流动速度不会超过声速的结论。Mikellides 在 PPT 工作过程仿真中认为高速蒸气层外边界的马赫数的范围为 $0 \sim \sqrt{1/\gamma}$，考虑到流体入口边界是温度梯度最大点，由此定义 V_1 与当地声速比为 $(1/\gamma)^{1/2}$，即 $V_1 = C/\gamma^{1/2}$。实际上，推进剂烧蚀是从室温加热至其分解温度继而产生蒸气及其流动，因此 Mikellide 边界速度及 Langmuir 边界速度在脉冲初期一直保持很大，显然是不适用的。在脉冲放电中后期，V_1 的数值基本与 Mikellide 边界速度模型大致一致，这说明 V_1 的数值接近于当地声速，其比值约 $(1/\gamma)^{1/2}$。同样在主放电结束后，Mikellide 边界速度和 Langmuir 边界并没有明显的下降趋势，两者之间的差异说明本书基于修正 K‐B 模型计算出的烧蚀层边界速度符合 PPT 实际工作过程。

　　图 5‐27 描述了 LES‐6 PPT 放电烧蚀过程中，烧蚀边界层温度的跳跃关系。由图 5‐27 可以看出，在脉冲放电起始阶段，基于修正 K‐B 模型的烧蚀边界层外边界温度 T_1 的大小基本与 T_0 保持一致，这是由于边界速度 V_1 在脉冲初期处于加速阶段，蒸发速率很低。由第 3 章中烧蚀边界层内外边界参数（温度、密度等）与流动入口边界速度的关系可知，当 V_1 很小时，$T_1 \approx T_0$；当 V_1 接近于声速时，T_1 与 T_0 差别最大 $(T_1 < T_0)$。即在脉冲初期，烧蚀蒸气运动相对极慢，烧蚀边界层内外边界温度一致；随着 PPT 放电能量加大，由于等离子层电磁加速效应，V_1 迅速加速至最大，并在脉冲中后期保持较高的速度，相应 T_1/T_0 也下降了约 13%。烧蚀边界层外边界温度的跳跃关对于流动入口边界速度 V_1 的变化非常敏感，图 5‐27 中 T_1/T_0 曲线在放电过程中（0.5~3 μs）中出现的两次波动都是由于 V_1 的变化造成的，见图 5‐26。图 5‐27 还给出了 Mikellide 模型和 Langmuir 模型所假设的温度的跳跃关系，由第 3 章分析可知，是一种单值对应关系 $T_1/T_0 = 1$，没有考虑烧蚀边界层

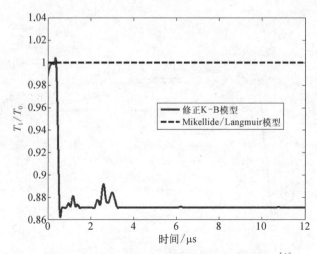

图 5‐27　LES‐6 PPT 烧蚀边界层温度跳跃关系[1]

内能量守恒及温度梯度。

与温度的跳跃关系类似,图 5 - 28 给出了 PPT 工作过程中烧蚀边界层密度的跳跃关系。由图 5 - 28 可以看出,由基于修正 K - B 模型所解算的 n_1/n_0 随脉冲放电迅速降低了约 60%,同样是受到快速增大的 V_1 决定。由第 3 章中烧蚀边界层内外边界温度、密度的跳跃关系可知,相比于温度,密度更容易受到 V_1 的影响。这一点也体现在 LES - 6 PPT 烧蚀过程的数值模拟中,n_1/n_0 在整个放电过程中均维持在较低的比值,只有在放电结束后,由于 V_1 的下降,n_1/n_0 呈现出上升的趋势。实质上,密度的跳跃关系体现的是烧蚀边界层的动量守恒,随着流动速度的增大,密度必然会反之下降,这也意味着只有一部分烧蚀质量(主要是等离子体)在放电过程中加速排出。图 5 - 28 还给出了 Mikellide 模型和 Langmuir 模型所假设的密度的跳跃关系,由第 3 章分析可知,即是一种单值对应关系 $n_1/n_0 = 0.5$。在实际放电过程中,该值大于由修正 K - B 模型所解算的实际放电过程中的比值,约为 0.3,必然引入不精确的流动入口边界条件,造成磁流体动力学仿真与实际偏差颇大。

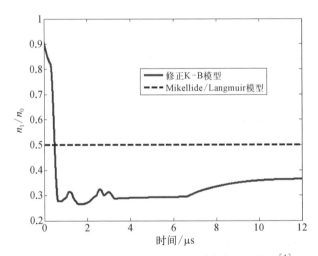

图 5 - 28 LES - 6 PPT 烧蚀边界层密度跳跃关系[1]

烧蚀边界层压强温度跳跃关系 $p_1/p_0 = n_1T_1/n_0T_0$,实质上是密度、温度跳跃关系的乘积。由于温度跳跃关系中 T_1 与 T_0 相差不大,接近于 1,因此压强跳跃关系曲线类似密度曲线,且幅值略有下降,见图 5 - 29。同理,Mikellide 模型和 Langmuir 模型在压强跳跃关系,反映的也是密度的关系,即 $p_1/p_0 = 0.5$。

图 5 - 30 描述了 PPT 工作过程中烧蚀边界层蒸气粒子返流的比例关系。随着火花塞点火及烧蚀气体的产生,脉冲放电初期形成了贴在推进剂表面的烧蚀蒸气,相应"返流"比例会有所上升,返流作用强烈,几乎发射粒子都会反弹至壁面($V_1 \approx 0$);随着电极间电能的释放,高温电弧的持续烧蚀,边界速度 V_1 接近当地声速时,

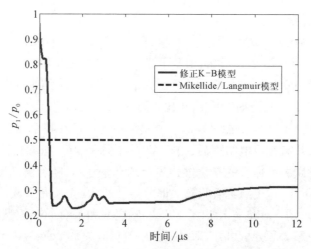

图 5-29 LES-6 PPT 烧蚀边界层压强跳跃关系[1]

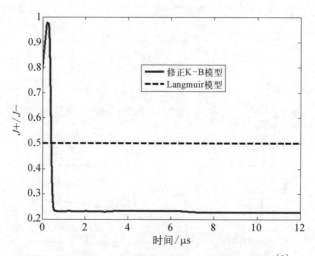

图 5-30 LES-6 PPT 烧蚀边界层返流关系对比[1]

等离子入口密度达到谷底,在脉冲放电中后期返流现象不明显,其比例只有约20%。由所计算的脉冲烧蚀质量可知,即有约 1.6 μg 的烧蚀粒子返流至推进剂表面。由于边界速度 V_1 在放电结束后依然保持较高的数值,这些处于烧蚀表面达到热力学速度的返流粒子在与壁面作用过程中,如碰撞过程中,使得绝大部分粒子会重新回到烧蚀区,进而激励了滞后烧蚀现象的发生。基于修正 K-B 模型所解算的返流比例同样与 Langmuir 模型存在较大的差异。Langmuir 模型假设在整个工况过程中推进剂表面烧蚀出的蒸气有一半返流回壁面,并被壁面完全吸收;另一部烧蚀蒸气朝向出口流动。显然这一单值比例不能体现 PPT 实际工作过程中等离子体流动入口密度、速度等参数的动态变化,只是一种基于各向烧蚀蒸发分子算术平均运动的均一假设。

2. 等离子体组分时空分布特性

长期以来,PPT 为人所诟病的是其推力效率低下。在 PPT 烧蚀过程中,推进剂烧蚀和电离出的等离子数及其组分存在的时间决定其电磁加速效应,是制约 PPT 效率的关键因素。因此,本小节以 PTFE 推进剂为例,定量分析和研究 PPT 工作过程中烧蚀组分尤其是离子浓度时空分布特性,揭示脉冲电流激励下推进剂烧蚀和电离的各价 C 离子、F 离子、电子数和浓度存在时间的分布规律以及中性烧蚀组分(原子)在脉冲放电末期及结束后的演化机制,为提高 PPT 效率的研究奠定了理论基础。

图 5 - 31 是 LES - 6 PPT 烧蚀工作过程中 C 离子(包括 C^+、C^{2+} 和 C^{3+})在推力室空间内随时间变化的等值线分布图。从图 5 - 31 中时间尺度可以很明显看出,推进剂烧蚀并电离出 C 离子其浓度主要集中在脉冲放电初期(0~1 μs),这个阶段是典型的放电电流第一个峰值,放电能量最大,因而电离度比较高,大量离子出现在推力室,此时离子相应受到洛伦兹力的加速作用强,喷射速度很高。在脉冲放电中后期(1~3 μs),随着放电能量的逐渐减少,等离子体电离度降低,C 离子浓度则由高变低。从空间分布来看,C 离子主要集中在推进剂烧蚀表面区域(0~2 mm)内,并在脉冲放电初期浓度朝着推力室出口逐渐减少。而在脉冲放电中后期,远离推进剂表面的 C 离子浓度极低甚至没有,造成这种现象的原因一方面是放电末期电流很低相应磁场作用降低,贴近在推进剂表面的较低电离度的等离子体

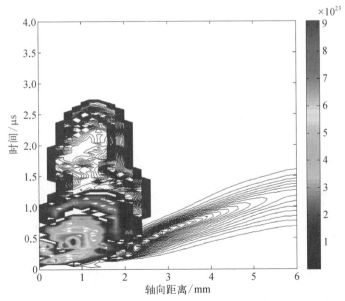

图 5 - 31　LES - 6 PPT 烧蚀工作过程中 C 离子的时空分布图[1]

主要受到气动力的作用,还未喷射至推力室出口区域;另一方面可能原因是放电末期随着大量离子喷射出推力室,推力室温度下降,使得 C 离子又重新化合成中性原子。

为了进一步揭示 PTFE 推进剂烧蚀过程中 C 元素电离情况,图 5 - 32 ~ 图 5 - 34 分别给出了相应 C^+、C^{2+} 和 C^{3+} 的时空演化特性。比较图 5 - 32 和图 5 - 31 可

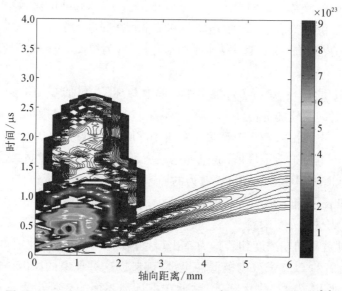

图 5 - 32　LES - 6 PPT 烧蚀工作过程中 C^+ 离子的时空分布图[1]

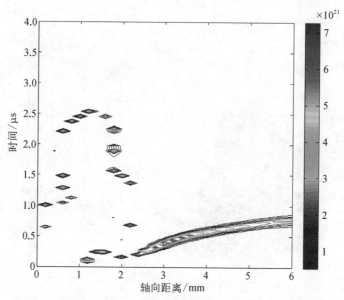

图 5 - 33　LES - 6 PPT 烧蚀工作过程中 C^{2+} 离子的时空分布图[1]

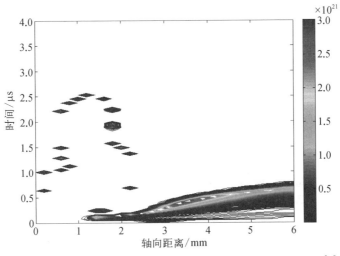

图 5 - 34　LES - 6 PPT 烧蚀工作过程中 C^{3+} 离子的时空分布图[1]

知,C^+ 离子与整个 C 离子在推力室空间内随时间变化的等值线分布图基本一致,这表明 LES - 6 PPT 工作过程中烧蚀并电离出的 C 离子主要是以一阶电离形式存在。这一点也可以从图 5 - 33 和图 5 - 34 中 C^{2+} 和 C^{3+} 的浓度可以看出。C^{2+} 和 C^{3+} 峰值浓度是 10^{21},比 C^+ 峰值浓度 10^{23} 小了两个数量级。对比 C^+、C^{2+} 和 C^{3+} 的时间和空间分布可以看出,C^+ 主要存在脉冲放电初期,并且其峰值密度集中于推进剂表面附近区域,朝下流出口通道其密度逐渐减少,尤其是在 $0 \sim 0.5\ \mu s$;高价 C 离子的分布正好相反,C^{2+} 和 C^{3+} 的峰值密度集中于脉冲放电初期下流出口通道,C^{2+} 的密度略大于 C^{3+} 的密度,且其在下流及出口通道存在的时间略晚于 C^{3+} 离子。通过比较可以进一步揭示 C 离子的生产和演化规律:在脉冲放电初期,放电电流最大,在推进剂表面烧蚀并电离出大量 C^+ 离子,同时相对应于强磁场—电磁加速效应非常快,刚刚电离的一价离子迅速被加速至推力室下流通道;C 离子在下流加速同时由于强放电电流进一步电离为高价离子,尤其是在 $0.5\ \mu s$ 时间段范围内,出现了大量 C^{2+} 和 C^{3+} 离子并由出口排出;随着放电半周期结束,放电能量开始减弱,电离出三价离子的概率降低,使得下流通道会呈现低阶 C^{2+} 离子,即 C^{2+} 离子在下流分布存在的时间略晚于 C^{3+} 离子;同样 C^+ 离子也类似。随着放电能量进一步降低,电离出二价离子大幅下降,此时推力室通道下流及出口主要是 C^+ 离子分布。

为分析烧蚀中性气体的分布特性,图 5 - 35 分别给出了相应 C 原子的时空演化特性。由图 5 - 35 很明显可以看出,C 原子最大浓度存在于脉冲放电初期推进剂表面,并随着下流放电通道逐渐下降,与 C 离子的变化趋势一致。很显然这是由于 C 离子基本是 C 原子的分布进一步电离产生的。从推力器下流出口通道来看,

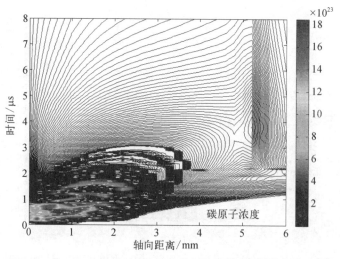

图 5-35　LES-6 PPT 烧蚀工作过程中 C 原子的时空分布图[1]

C 原子浓度主要集中在 1.5 μs 以后的放电中后期,此时放电电流减弱,烧蚀组分的电离程度较低。C 原子浓度与其离子分布的最大区别是在脉冲放电末期以及放电结束后(>3 μs),此时由于 PPT 所特有的滞后烧蚀效应,推力室内依然充满大量浓度的中性 C 原子。

综上所述,PPT 推进剂烧蚀过程中 C^+ 离子集中在推进剂表面,并在脉冲初期快速加速至下流通道并电离为 C^{3+} 和 C^{2+} 离子排出,因而随时间分布来看,在推力室出口处,首先出现的是 C^{3+} 离子,进而是 C^{2+} 离子和 C^+ 离子,最后是 C 原子且 C 的浓度最大,见图 5-36。

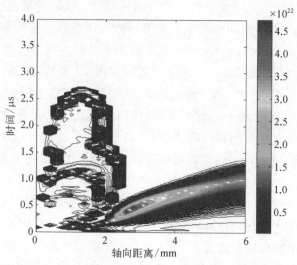

图 5-36　LES-6 PPT 烧蚀工作过程中 F 离子的时空分布图[1]

　　F 离子的时空分布特性如下所示。图 5 - 36 是 LES - 6 PPT 烧蚀工作过程中 F 离子(包括 F^+、F^{2+} 和 F^{3+})在推力室空间内随时间变化的等值线分布图。图 5 - 37~ 图 5 - 39 分别给出了相应 F^+、F^{2+} 和 F^{3+} 的时空演化特性。图 5 - 40 则描述了相应 F 原子在放电过程及放电结束后在推力室空间内随时间变化的等值线分布图。与 C 离子类似,比较图 5 - 36 和图 5 - 37 可知,LES - 6 PPT 工作过程中烧蚀并电离出的 F 离子主要是以一阶电离形式存在。

　　由图 5 - 31 和图 5 - 36 可知,F 离子的峰值浓度比 C 离子小了一个数量级,这表明 PPT 放电烧蚀过程中,离子的主要组分是以 C^+ 离子为主。此外,F 离子在空

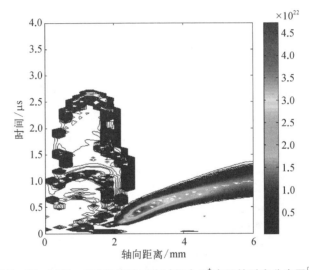

图 5 - 37　LES - 6 PPT 烧蚀工作过程中 F^+ 离子的时空分布图[1]

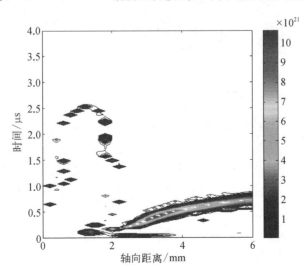

图 5 - 38　LES - 6 PPT 烧蚀工作过程中 F^{2+} 离子的时空分布图[1]

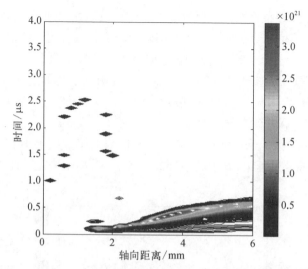

图 5 - 39　LES - 6 PPT 烧蚀工作过程中 F^{3+} 离子的时空分布图[1]

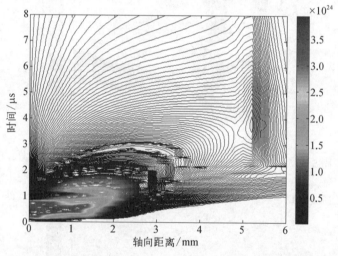

图 5 - 40　LES - 6 PPT 烧蚀工作过程中 F 原子的时空分布图[1]

间分布上与 C 离子产生较大的差异。不同于 C 离子主要贴近在推进剂表面,脉冲初期 F 离子主要在下流通道内被电离产生,这进一步说明,F 元素的电离程度要远低于 C 元素。造成的原因主要是 F 原子的外层电子所激发跃迁的能量相对大于 C 原子,尤其体现是在更价的离子上。对比 F$^+$、F^{2+} 和 F^{3+} 的时间和空间分布可以看出,脉冲放电初期 F$^+$ 峰值密度集于中下流出口通道,而推进剂表面密度较少;高价 F 离子的分布与之类似,F^{2+} 和 F^{3+} 的密度沿下流出口通道增大。与 C 离子类似,越高价的 F 离子在下流通道内加速并排出的时刻越早,尤其是在 0~0.5 μs,有大量三价 F 离子排出加速通道,继而随着放电能量的降低,分别呈现二价和一价的 F

离子。

对比图 5-35 和图 5-40 可知,中性 F 原子的峰值浓度要比 C 原子高一个数量级,这主要是由于 PTFE 推进剂分子式 C_2F_4 所决定的。由图 5-40 很明显可以看出,F 原子最大浓度存在于脉冲放电初期推进剂表面,并随着下流放电通道逐渐下降,与 C 离子的变化趋势一致。虽然推进剂表面在 $0 \sim 1~\mu s$ 时间内烧蚀出大量中性 F 原子,但并没有大量电离,而是相对滞后于 C 原子,在下流运动中逐渐电离。在整个脉冲放电中后期,F 原子浓度持续从推进剂向加速通道内扩散,此时放电电流减弱,烧蚀组分的电离程度较低。由于 PPT 所特有的滞后烧蚀效应,脉冲放电末期以及放电结束后($>3~\mu s$)放电通道内充满着以 F 原子为主(远大于 C 原子)的中性烧蚀气体。

数值模拟的结果需要试验数据的支持。然而,目前仍然无法从试验中直接获取 PPT 放电过程中推力室内部等离子体的瞬态数据。通常都是由 PPT 羽流的诊断结果间接分析放电工作过程中等离子体的物性参数,验证数值模拟的计算。Vondra 和 Thomassen 在 LES-6 PPT 羽流研究中发现存在 C 原子、F 原子及其一价、二价和三价的电离形式;放电的初始阶段高度电离,在 $0.3 \sim 0.8~\mu s$ 期间羽流中主要是二价和三价的 C 离子;电离越充分的组分持续的时间越短。为了与试验结果进行对比,图 5-41 和图 5-42 分别给出 LES-6 PPT 通道出口处 C 原子、F 原子及其离子浓度变化的数值解。从图 5-41 和图 5-42 可以看出,在脉冲初期通道出口处呈现大量短期存在高度电离的 C^{3+}、C^{2+}、F^{3+} 和 F^{2+} 离子,符合 Vondra 和 Thomassen 羽流测试的规律。进一步,表 5-3 对比了 C 原子、F 原子及其离子峰值

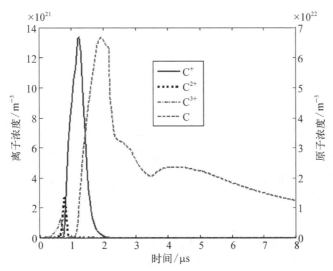

图 5-41　LES-6 PPT 烧蚀工作过程中通道出口处 C 原子和离子的浓度变化[1]

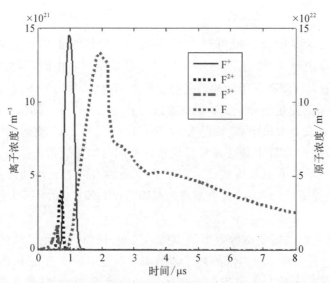

图 5 - 42 LES - 6 PPT 烧蚀工作过程中通道出口处 F 原子和离子的浓度变化[1]

浓度的数值解与羽流测试值。从表 5 - 3 中可以看出,数值结果基本满足试验值范围,其中差异可能由放电通道出口与羽流测试位置不同所导致。

表 5 - 3 C 原子、F 原子及各价离子峰值浓度时刻[1]

	试　验	数　值
C 原子峰值浓度时刻/μs	1.5	1.9
C^+离子峰值浓度时刻/μs	1.2	1.28
C^{2+}离子峰值浓度时刻/μs	0.8	0.8
C^{3+}离子峰值浓度时刻/μs	0.3	0.58
F 原子峰值浓度时刻/μs	1.3	1.9
F^+离子峰值浓度时刻/μs	0.8	1.0
F^{2+}离子峰值浓度时刻/μs	0.5	0.76
F^{3+}离子峰值浓度时刻/μs	0.3	0.6

等离子体宏观分布也可从烧蚀混合粒子的平均分子量中体现出来。图 5 - 43 描述了烧蚀混合粒子的平均分子量在放电通道内随时间变化的等值线分布图。由图 5 - 43 可以正好映射出 PTFE 烧蚀组分由大分子(C_2F_4,100)逐渐离解成各种 C (12)原子或 F(19)原子及其离子的演化规律。在推进剂表面,平均分子量在 90 左右,这表明此处主要是以未电离的 C_2F_4 的浓度为主。沿着推进剂表面朝加速通道出口方向,平均分子量逐渐降低,尤其是体现在脉冲初期放电能量很大,电离程度较高时候。图 5 - 43 中蓝色区域实际上体现的是 C 或 F 原子及其离子分布。该区

域主要集中于放电初期通道内部以及整个工程过程的通道出口处,间接反映了等
离子从通道加速至出口的过程。在脉冲放电中后期以及主放电结束后,通道内蓝
色区域逐渐向红色转变,这预示着 PPT 通道内等离子数量逐渐降低。由于滞后烧
蚀效应,通道内继续产生大量中性烧蚀气体,平均分子量逐渐增高。

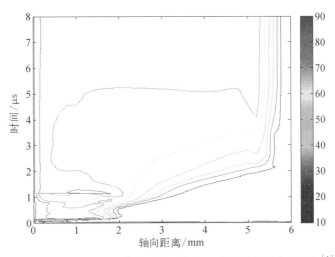

图 5-43　LES-6 PPT 烧蚀工作过程中平均分子量时空分布图[1]

图 5-44 给出了 PPT 工作过程中,消耗欧姆加热能量源的推进剂热物性参
数—比焓变化规律。图 5-44 中比焓出现峰值时域恰好是脉冲放电初期(0~
0.5 μs),最大比焓值为 $1.68×10^9$ J/kg。由以上等离子体各组分分布特性可知,比

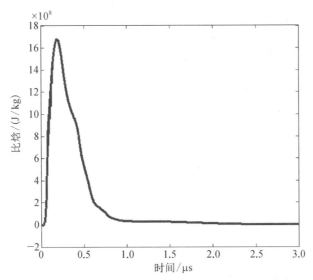

图 5-44　LES-6 PPT 烧蚀工作过程中比焓变化[1]

焓峰值区域正是放电电流最大且各高价 C 离子或 F 离子浓度最高时刻。这表明，电离能占据了可用欧姆加热能量源很大比例。Vondra 和 Thomassen 针对 LES－6 PPT 羽流粒子测试结果支持了这一结论：放电初始阶段是高度电离的；这些电离的等离子体达到峰值强度时需要大量的能量；大量中性粒子是在电离可用能量消耗完之后产生。

参考文献

[1] 杨磊. 基于热化反应的脉冲等离子体推力器烧蚀工作过程的理论分析和数值研究. 北京：北京理工大学，2013.

[2] Langmuir I. The vapor pressure of metallic tungsten. Physical Review, 1913, 2(5)：329－342.

[3] Keidar M, Fang J, Boyd I D. Vaporization of heated materials into discharge plasmas. Journal of Applied Physics, 2001, 89(6)：3095－3098.

[4] Anisimov S I. Vaporization of metal absorbing laser radiation. Soviet Physics Journal of Experimental and Theoretical Physics, 1968, 27(1)：182－183.

[5] Koizumi H. Study on plasma acceleration in an ablative pulsed plasma thruster. Cincinnati：43rd AIAA Joint propulsion conference, 2007.

[6] Myers R M, Arrington L A, Pencil E J, et al. Pulsed plasma thruster contamination. AIAA－96－2729, 1996.

[7] Zheng P C, Liu K M, Wang J M, et al. Electrical characteristics of atmospheric liquid cathode plasma. High Voltage Engineering, 2011, 37(10)：2530－2535.

[8] Keidar M, Boyd I D. Ablation study in the capillary discharge of an electrothermal gun. Journal of Physics D：Applied Physics, 2006, 99(5)：053301－7.

[9] Li R, Li X W, Jia S L, et al. Study of different models of the wall ablation process in capillary discharge. IEEE Transactions on Plasma Science, 2010, 38(4)：1033－1041.

[10] 赵镇南. 传热学. 北京：高等教育出版社，2002.

[11] 王承尧，王正华，杨晓辉. 计算流体力学及其并行算法. 长沙：国防科技大学出版社，2000.

[12] Okada M, Okawa Y, Tachibana T. Double discharge operation for pulsed plasma thrusters. Pasadena：27th International Electric Propulsion Conference, 2001.

第6章

脉冲等离子体推力器推进剂的研究

尽管目前绝大多数 PPT 使用固体聚四氟乙烯推进剂(PTFE),但研究者一直在寻找 PTFE 推进剂的替代物,开展了对气体、液体和固体推进剂的研究。本章将回顾 PPT 推进剂的研究进程。

6.1 固 体 推 进 剂

6.1.1 聚四氟乙烯(PTFE)

自从 PPT 的概念被提出,对于 PPT 固体推进剂[1]的研究就一直进行,但目前最常用的固体推进剂仍然是 PTFE。由于 PTFE 的固体特性,PPT 不需要阀门、注射器、加热器,使得推力系统结构相对简单。同时,由于 PTFE 优异的性能,使得其很快地应用在 PPT 上。但过去的研究表明,当选用 PTFE 作为推进剂时,推进剂的表面容易出现碳沉积,从而降低 PPT 的寿命,碳沉积引发的滞后烧蚀也会降低推进剂的利用率。同时,PTFE 推进剂需要机械供给系统,当推进剂质量过大时,供给系统也更加复杂。

PTFE 的一个明显问题就是长时间工作后推进剂表面会产生大量的碳沉积。对此,东京都立科学技术大学以 μ – Lab SAT II(50 kg)上的 PTT 为对象开展了研究[2]。实验结果表明,推进剂表面碳沉积情况与 PPT 放电能量有关。当放电能量低于 3.6 J 时,推进剂表面容易出现烧蚀不均匀的现象,影响 PPT 持续工作。

德国斯图加特大学以 ADD SIMP – LEX 上的电磁 PPT 为对象开展了碳沉积的研究[3](图 6–1)。实验结果表明,碳沉积容易出现在推进剂和电极的表面,电极表面的碳沉积将减少电极有效放电区域表面积。同时,实验结果发现阴极上出现的碳沉积现象要比阳极上更为严重,而电极表面靠近 PTFE 推进剂的区域由于更加靠近放电电弧而不容易出现碳沉积现象。此外,随着点火次数的增加,元冲量也有所增加,在 100 次点火过程中会出现 1 次点火失败的现象。通过对实验后推进剂的研究发现,这种不正常的碳沉积是由于对置的推进剂没有对齐,导致推进剂顶端热变形而引发的。这充分体现了固体 PPT 推进剂机械供给系统的局限性,元冲量的变化也突出了推进剂供给过程的不稳定性和放电电弧烧蚀的不可控性。由于固体推进剂在每次放电都被烧蚀,因此推进剂供给过程理论上是一个连续的过程。但在放电次数较少的情况下,推进剂供给的过程却是不稳定的,这可能也是 PPT 的性能出现周期性的波动的主要原因。

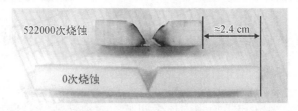

522000次烧蚀

≈2.4 cm

0次烧蚀

**图 6-1   ADD SIMP - LEX 电磁 PPT 中未使用的推进剂和
长寿命测试后推进剂的比较[3]**

美国空军研究实验室的 Keidar 等通过对 MicroPPT 的试验,证实了 PTFE 推进剂表面的碳沉积会导致 PPT 失效的情况[4](图 6-2)。该试验观察到了在低放电能量下碳沉积随时间的变化,这对微、纳米卫星的应用尤其重要。目前认为导致碳沉积的主要原因并非是 PTFE 的不完全分解造成的,而是 PPT 放电过程中等离子体羽流中碳的回流造成的。通过仿真计算模拟 PPT 放电时等离子体羽流中离子的运动推测存在大量具有负速度的离子,这可能会导致回流污染。碳离子由于其较高的流动性因此具有较大的负速度,因此在回流污染中占据主要地位。同时,实验发现,提高放电能量,可以使 PTFE 表面温度提高、烧蚀速率提高,从而防止碳沉积的产生,如图 6-3 所示。

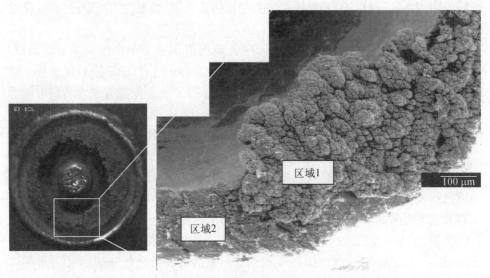

E3 - EOL

区域1

100 μm

区域2

图 6-2   采用 PTFE 作为推进剂的同轴 PPT 表面的碳沉积[4]

(a) 1 J　　　　　　　　　　(b) 3 J　　　　　　　　　　(c) 6 J

图 6-3　不同放电能量下的碳沉积,在较高放电能量情况下,表面碳沉积较少[4]

以 PTFE 为推进剂的烧蚀型 PPT 的另一个缺点是滞后烧蚀。滞后烧蚀导致推进剂表面会烧蚀出一部分中型气体,由于这些气体没有被电离或加速,因此降低了推进剂的利用率。由于低能量效率和推进剂利用率,通常 PPT 的推力效率小于8%。Spanjers 等对于 PTFE 推进剂 PPT 烧蚀之后的沉积物进行了研究,发现烧蚀后沉积物的颗粒直径为 1~100 μm,占推进剂总量的 40%,但对总推力的贡献却不到 1%[5]。这些颗粒沉积物(即滞后烧蚀)是由于 PPT 放电电弧能量沉积在推进剂表面下方,加热烧蚀之后的中性气体,最后形成高压气体。通过高速摄影拍摄的图像中可以观察到中性颗粒被气动力喷出。

6.1.2　复合推进剂

PTFE 与其他固体推进剂相比具有优越的性能,以前也有研究者将 PTFE 与其他材料复合,试图进一步改善其性能。

1. PTFE 中掺杂 LiOH 和 InBr

在 PPT 的早期研究阶段,Palumbo 和 Guman 曾尝试将掺有 10% 和 30% LiOH和 InBr[6] 的 PTFE 作为推进剂。当掺杂 LiOH 时,掺有 10% 和 30% 的样品均出现元冲量下降的情况,同时放电电流波形也发生了变化。随着放电次数的增加,峰值电流减小。研究发现电极表面存在高电阻化合物沉积,增加了电阻使得电流减小,使得能量利用率降低。当放电 1 000 次后更换电极,发现放电电流恢复初始状态。当掺杂 InBr 时,PPT 没有出现明显的异常,但性能却也没有显著增加。

2. PTFE 中掺杂碳

美国 NASA 格伦研究中心对掺杂 2% 碳的 PTFE 进行了研究[7]。研究结果表明,与纯 PTFE 相比,在放电能量为 10 J 的情况下,掺有 2% 碳的 PTFE 在放电过程中的电子温度和电子密度变化不大,但烧蚀速率有明显的下降,约为纯 PTFE 的50%。烧蚀速率降低的原因可能是由于推进剂中掺杂的碳分子能够吸收一部分放电电弧的能量,导致烧蚀能量减少。尽管烧蚀速率有所下降,但掺杂 2% 碳的 PTFE

的推力只比纯 PTFE 低 3%。与纯 PTFE 相比,掺杂 2%碳的 PTFE 的比冲增加近 75%,推力效率也几乎是纯 PTFE 的两倍。

3. 多叠层推进剂

多层叠推进剂[8]通常指 PTFE 与其他材料多层叠压的推进剂,即用其他材料层分离 PTFE。由于高分子量的 PTFE 不是理想的聚合物推进剂,因此美国 NASA 刘易斯研究中心的 Leiweke 等研究了 PTFE 与高密度聚乙烯(HDPE)层叠的推进剂,以增加 PPT 的比冲。由于 HDPE 的氢原子含量高,因此比较容易实现和 PTFE 结合使用,制造出平均相对分子质量较低的推进剂,同时可能提高一倍的比冲。然而,在 1 500 次点火之后,HDPE 层材料表面开始变色,推进剂开始出现碳化,而 PTFE 推进剂表面则没有出现这种现象。在经历数千次点火之后,在 HDPE 表面上观察到了碳沉积,这时 PPT 会时常出现点火生效的情况。同时,PTFE 层和 HDPE 层的消耗是不同的,PTFE 层的消耗要更加多。在推力方面,纯 PTFE 要比 PTFE 与 HDPE 叠层的推力大 26%,排气速度和元冲量没有发生明显变化。未来如果想要研究多叠层推进剂,必须解决不同材料之间表面特性不同的问题。

6.1.3 热塑性塑料

除了向 PTFE 内掺杂 LiOH 和 InBr 之外,Palumbo 和 Guman 探究了其他热塑性塑料[6](如 Celcon、Halar、Tefzel 和 Halon)代替 PTFE 的可能性。研究结果发现 Celcon 和 Halon 的放电过程与 PTFE 类似;Halar 在 PPT 工作过程中出现了碳化的现象,使得单次脉冲时间显著减少,经过大约 1 000 次放电之后,烧蚀表面基本完全变黑;当 Tefzel 作为推进剂时要比 PTFE 的比冲高 60%,原因可能是因为与 PTFE 相比分子中的两个 F 原子被两个 H 原子替代。然而经过对这些材料的研究,没有发现产生的推力能够与 PTFE 相当的推进剂。

同时 Palumbo 和 Guman 也探究了其他碳氟化合物,如 Kynar、Viton、Fluorel、Kel - F、Genetron、Delrin - AF、CTFE - 2300、聚丙烯、聚乙烯和高密度的聚苯乙烯。其中,Delrin - AF,Kynar,聚丙烯和高密度聚苯乙烯在工作过程中会出现碳化现象。由于碳化层的累计最终会导致电极之间的短路,严重影响 PPT 的寿命,因此难以替代 PTFE。

6.1.4 其他材料

除了对碳氟化合物的研究之外,研究者还对其他材料进行了研究,在这里主要介绍以下三种。

1. 电解固体推进剂

电解固体推进剂(electric solid propellant, ESP)是一个新兴的研究领域,在推进领域具有很大的潜力。ESP 是将固体推进剂通过电能加热分解,形成推进剂。与之前的推进剂相比,ESP 有望产生更高的比冲和电导率,最近研究的 HIPEP 就属于电解固体推进剂的一种。研究发现,HIPEP 工质 PPT 每一次点火的元冲量都会发生显著的变化,变化值高达 40%;应用于不同的 PPT 时,元冲量的变化最高可达 60%[9]。造成这种情况的主要原因是等离子体的产生过程中的不一致。HIPEP 工质 PPT 放电过程中的羽流是由相对温度较低的离子和中性粒子中的高温电子组成的弱电离气体,主要靠电热能的加速。尽管放电能量为 40 J,但是与 PTFE 推进剂相比,HIPEP 的等离子体羽流能量利用率要低,大部分放电的能量没有被推进剂和等离子体吸收。同时,HIPEP 推进剂也可能会出现与 PTFE 推进剂相同的滞后烧蚀的问题。总之,HIPEP 的性能类似 PTFE,但是烧蚀质量明显提升,平均每单位烧蚀面积的烧蚀质量比典型的 PPT(HIPEP 为 790 $\mu g/cm^2$,典型 PPT 为 1~50 $\mu g/cm^2$)高出一个数量级。同时,HIPEP 的电子温度,电子密度和电离率都低于 PTFE。

2. 端羟基聚丁二烯-高氯酸铵

端羟基聚丁二烯-高氯酸铵(hydroxyl-terminated polybutadiene-ammonium perchlorate, HTPB-AP)是一种固体化学推进剂,日本九州工业大学最先开展了 HTPB-AP 应用于 PPT 的研究,希望通过提高推进剂内部的化学能从而提高 PPT 的推力和推力功率比。经研究发现,由于气动力的原因,使用 HTPB-AP 作为推进剂的元冲量要比 PTFE 高 10%[10-11]。为了更好地利用放电能量进行推进剂的烧蚀电离,HTPB-AP 也被应用于同轴 PPT[12]。经研究发现,PPT 的元冲量随 HTPB-AP 推进剂中的 AP 的比例的增加而增加。其中当 HTPB/AP = 1/9 时,元冲量最高,与 PTFE 相比,元冲量提高约 20%。同时,在大多数的情况下(除 1/9 的 HTPB/AP 比例外),烧蚀质量均低于 PTFE 推进剂,这说明使用 HTPB-AP 能够提高 PPT 的推力效率。

3. 硫

硫最早应用在立方星上的同轴 PPT 上,意图取代 PTFE[13]。研究发现,由于硫在烧蚀和电离过程所需能量较低,推进剂的电离率通常高于普通推进剂,硫工质 PPT 的推功比通常为普通 PPT 的 2 倍以上。但是由于硫离子原子量较高,等离子体速度会明显降低。研究表明,当放电能量为 10~65 J 时,硫工质 PPT 的等离子体速度是 PTFE 工质 PPT 等离子体速度的 68%~81%。同时,由于硫推进剂中不含碳,硫工质可能解决常规 PPT 存在的碳沉积问题。

6.2　脉冲等离子体推力器的气体推进剂

固体推进剂通常由于滞后烧蚀等原因,导致推力器效率和推进剂利用率低下,而使用气体推进剂理论上可以克服这个问题[14]。在理想条件下,若能将精确的、一定量的气体推进剂供给到推力器放电通道内电离和加速,则可以消除滞后烧蚀从而显著提高推进剂利用率。但是,由于目前缺乏放电持续时间为微秒级的 PPT 快速供给阀,因此气体工质 PPT 通常供给的气体推进剂要高于需求量,推进剂的利用率也因此下降。过去的研究发现,高脉冲工作频率可以在一定程度上解决这个问题,这就需要开发高可靠性、高频率的供给阀。目前研究表明,气体推进剂 PPT 的效率均低于 30%[15]。

与固体推进剂 PPT 相比,气体推进剂 PPT 具有以下几个优点:① 无污染;② 推进剂种类较多;③ 推功比和比冲的可控范围更广;④ 点火重复性较好;⑤ 无滞后烧蚀和大颗粒排放;⑥ 气体推进剂的阻抗较低;⑦ 气体推进剂 PPT 通常具有更高的比冲和推力效率。

气体工质 PPT 的最初源于磁力激波管和核聚变研究,目前应用于核聚变的等离子体枪就与高功率的气体工质 PPT 非常相似[16]。由于较大的系统质量和相对较低的性能,以及快速动作阀引发的寿命和性能的问题,气体工质 PPT 的研究在 20 世纪 60 年代后期逐渐减少,相关的研究更多地集中在等离子体枪以及较稳定、放电时间较长的放气装置(最终形成了磁流体动力学或 MPD 推力器)和较低能量的固体烧蚀型 PPT。在 21 世纪初,美国普林斯顿大学提出了一种新型的气体工质 PPT 设计,该设计采用现代固态脉冲成形技术取代了快速作用阀。此 PPT 的脉冲频率可高于 4 kHz,推进剂质量流量稳定。普林斯顿大学 Choueiri 还编写了关于气体工质 PPT 历史的重要概述[17]。

在过去的研究中,许多研究机构对不同的气体,如氢气、氦气、氖气、氩气、氮气、氟利昂等进行了测试,但缺乏系统地对比。费尔柴尔德航空公司测试了许多气体推进剂,如氢气、氦气、氮气和氟利昂[18]。研究发现气体工质 PPT 的等离子体速度随着气体推进剂分子量的增加而降低(速度为 20~70 km/s)。但除了氢以外,其他气体推进剂的等离子体速度差异不大。由于快速动作阀寿命问题和性能问题,费尔柴尔德航空公司放弃了气体工质 PPT,最终选择了 PTFE 作为 PPT 的推进剂。

普林斯顿大学对气体工质 PPT 的电流片结构进行了研究[19-21]。其最近的研究表明,气体推进剂的分子量越高,等离子体电流片的倾斜角越大[22](图 6-4)。

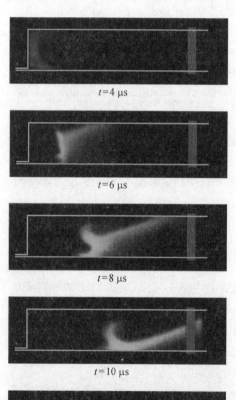

$t = 4\ \mu s$

$t = 6\ \mu s$

$t = 8\ \mu s$

$t = 10\ \mu s$

$t = 12\ \mu s$

图 6-4　显示具有明显倾斜角的
氩等离子体羽流的演变

6.3　脉冲等离子体推力器的液体推进剂

与气体推进剂类似,液体推进剂[23]的研究初衷也是为了解决滞后烧蚀以及推进剂利用率低下的问题。过去的研究通常将液体推进剂分为液态金属推进剂(如汞、镓、锂、铯等)和其他液体推进剂(如水、甲醇、乙醇等)。然而当前的研究根据挥发性对非金属液体推进剂进行了进一步的划分。挥发性是指在一定压力条件下液态物质转变为气态物质的能力。例如在常压(一个大气压)下,乙醇可以认为是挥发性液体,而甘油则可以认为是非挥发性液体。甘油通常会保持稳定的液态形式直到其温度达到其沸点(563 K),而乙醇的沸点虽然为 351 K,但其即使在室温的条件下也会缓慢蒸发。我们通常用饱和蒸气压来对液体的挥发性进行量化。饱和蒸气压是指蒸汽在一定温度下的密闭系统内对热平衡状态下的液体或者固体表面产生的压力,这与分子从液体或固体中逃逸出的速度(即逃逸速度)有关。当饱和蒸气压等于外界气压时,液体即产生沸腾现象。

然而 PPT 通常用于真空环境。在实验过程中真空舱内的气压通常为 $10^{-5} \sim 10^{-3}$ Pa,在深空条件下的外部气压更低。罗塞塔号彗星探测器在执行探测任务时,外部气压约为 10^{-9} Pa,推力器工作时的环境气压约为 10^{-8} Pa。此时,在室温条件下被认为是非挥发性液体的甘油(甘油在 25℃下的饱和蒸气压为 10^{-2} Pa 左右)在 PPT 推进剂的工作环境中实际上也是挥发性液体。

近些年来,许多研究发现几种非金属液体推进剂,其饱和蒸气压极低,从 10^{-4} Pa 到可忽略不计。在真空条件下,这些液体可以认为是真正的非挥发性液体推进剂。因此,该部分将分为三个小节来进行介绍:液态金属推进剂、挥发性非金属液体推进剂和非挥发性非金属液体推进剂。

6.3.1　液态金属推进剂

英国皇家航空研究院首次将液态金属推进剂应用于 PPT。由于当时离子推力器的推进剂是汞,因此首先考虑应用于 PPT 的液态金属推进剂也是汞。在 PPT 工作过程中,液态汞在供给泵的作用下供给到 PPT 的烧蚀放电区域烧蚀并电离(当放电电压为 2 kV 时,单次脉冲放电汞的消耗量约为 0.3 μg)。研究表明,由于供给方式等原因,液态汞推进剂 PPT 存在滞后烧蚀现象,因此推进剂的利用率很低,通常为 0.2%~0.5%。

随后,NASA 马歇尔太空飞行中心也开展了液态金属工质 PPT 的研究[24]。液态金属推进剂具有高电导率,可用于非机械式推进剂的增压技术及流速传感技术。因此,液态金属推进剂不需要阀门及其他可移动部件,可仅通过电流驱动液态金属推进剂的供给,推进剂的流量可以通过改变输送电流的大小来控制,从而简化了推力系统的结构。在 NASA 的液态镓工质 PPT 中,液体推进剂从阳极的小孔中泵出,直到液滴连接阳、阴极板间隙,PPT 便开始主动放电。液态金属工质 PPT 的电容器与推力器之间具有良好阻抗匹配度,因此电效率有明显提升。但在实际试验过程中发现在 PPT 几次放电过后,液态镓泵出量便远大于需求量,使得电容器组永久性短路,导致 PPT 无法正常工作。研究表明,推进剂泵出所需要的能量比维持推进剂所需要的能量要高得多,因此容易发生这种现象。同时,液态金属推进剂 PPT 具有高达 180 kA 的峰值电流,这对放电电压为 600 V 的 PPT 来说是一个非常高的值。极高的放电电流表明:良好的阻抗匹配度使得电效率提升明显;能量似乎并没有被有效地传递给等离子体进行加速(反向电流较大)。同时,高电流容易减少电容器组的寿命,因此这种实验构型并不适用于实际推力器的使用。

6.3.2 挥发性非金属液体推进剂

1. 液体供给方式

大多数非金属液体在真空中易于挥发,一旦暴露在真空中便会沸腾,从液态转变成气态,这意味着推进剂的储存必须提供适当的压力以防止蒸发,对于推进剂的输送也必须作这样的考虑。在这里将讨论两种主要的推进剂供给方式:一种是多孔流动控制(被动),另一种是液体注射(主动)。

2. 多孔流动控制

在多孔流动控制中,液体工质储存室和 PPT 放电通道由多孔介质分隔开,多孔介质允许少量的液体从储存室进入到放电通道内,当液体推进剂进入放电通道内时便会气化成为 PPT 的推进剂。这种供给方式最初由俄亥俄州立大学的 Scharlemann 和 York 进行实验验证[25-27],随后斯图加特大学对此进行了深入的研究[28]。这种供给系统具有结构简单的优点,但不能主动控制推进剂流量,PPT 两次放电之间推进剂可能会有损失,导致推进剂利用率降低。同时,当推力器停止工作时,多孔介质不能阻止推进剂进入放电通道,推进剂容易泄漏。为此,俄亥俄州立大学通过在火花塞前面安装了一个更小的预放电腔体(图 6-5),当火花塞点火

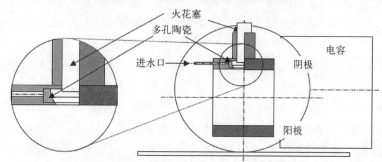

图 6-5　以水为推进剂的多孔流动控制 PPT 的前视图[26]

时,推进剂液体便会从预放电腔体内进入到放电通道内,进行放电过程。这种做法使推进剂的损失减少了 7 倍。

3. 液体注射

液体注射是指将需要的推进剂直接注入放电通道的供给方式,这种供给方式能够增加推进剂的利用率,同时克服多孔流动控制容易出现的推进剂泄漏问题。对于气体工质 PPT,进入放电通道内的推进剂会在 0.1 ms 内逃离放电通道(气体的扩散速度为数百米每秒),因此需要极快速作用的阀门来有效地利用气体推进剂。但是,液体的扩散速度较低,这意味着液体工质 PPT 对阀门的要求并不那么高。东京大学采用快速浇注式喷射器作为 PPT 液体推进剂的液体喷射器,喷射器的孔直径为 50 μm(小孔径可能会使液体推进剂流动停止)[29-30]。图 6-6 为液体注射 PPT 原理图。喷射器通常消耗的能量在 0.07~0.2 J,远低于 PPT 电容中存储的能量。但是当前的喷射器仍然存在许多问题。首先,根据能量守恒定律和质量守恒定律,超过 90% 被注入的水滴将保持液体形式或在注入 10 ms 后冻结。对于乙醇来说,超过 80% 的液滴将保持液体或固体形式。此外,如果液滴的尺寸太大,在 PPT 放电期间仅有液滴外层烧蚀以形成等离子体,这些问题会明显减少推进剂利用率。另外,在液体喷射器中使用机械阀将增加系统的复杂性并且可能限制 PPT 的寿命。因此,小型化液体注射器的性能和可靠性是需要进一步发展的。

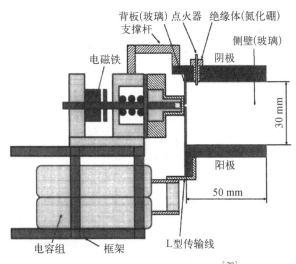

图 6-6　液体注射 PPT 原理图[29]

4. 常见推进剂

1) 水

水作为液体推进剂,在多孔流动控制[27]和液体注射[29]中都有所应用。水工质可以避免碳沉积造成的影响,减少航天器污染,并且无毒、容易处理。

当通过被动流量控制时,水($4\,000\sim12\,000\,s$)具有比 PTFE($\approx1\,000\,s$)更高的比冲[27]。水工质 PPT 的放电电流降低约 40%,但等离子体速度比 PTFE 工质 PPT 高 $1.5\sim2$ 倍,这说明水工质 PPT 能够将能量更多的转化为动能。然而,水工质 PPT 的比冲和推功比明显低于 PTFE 工质 PPT。

当通过液体注射控制时,水工质 PPT 的比冲随放电能量的变化线性增加,几乎与烧蚀质量无关[29]。可以推测,水工质 PPT 不能将推进剂充分汽化并电离,推进剂利用率较低。为了解决这个问题,需要改进液体喷射器以供给更小的液滴。目前,水工质 PPT 最大比冲约为 $4\,300\,s$,最大推力效率为 13%。

2)醇类

东京大学也开展了对乙醇、甲醇和丁醇和纯水的测试,比冲和能量之间的关系几乎相同[29]。一些研究表明,比冲与推进剂类型基本无关。由于水比醇类更容易处理,因此大部分研究重点都放在了水上。

3)水溶液

水工质 PPT 比 PTFE 工质 PPT 的推力小,但推力效率相似。为了降低等离子体阻抗,提高推功比,Koizumi 等研究了向水中添加 NaCl 和 NH_3 以改变推力器性能[30]。研究发现这两种溶液电离所需要的能量远低于水。结果还表明 NaCl 溶液工质 PPT 表现出比水工质 PPT 更高的推功比。当放电能量为 $11.5\,J$ 时,推功比从 $5.2\,\mu N/J$ 增加到 $5.7\,\mu N/J$,增加了 9.5%,并且随着能量的增加,推功比也提升的更加明显。然而,NH_3 溶液工质 PPT 性能则有所下降,等离子体电阻也有所提升。等离子体电阻的提升使得能量传输效率更低,推功比也明显降低。尽管向水中添加 NaCl 降低了 PPT 放电过程中等离子体的电阻,但其电阻仍比 PTFE 高 20%。因此,推功比仍低于传统 PPT。

4)二甲醚

由于二甲醚(DME)在热处理和推进剂储存上都存在巨大的优势,因此九州工业大学将其作为非金属液体推进剂进行了测试[31-32]。DME 在标准大气压下的凝固点为 $131\,K$,$298\,K$ 时的饱和蒸气压为 1 个大气压,因此可以在不提供压力的情况下储存在罐中。DME 推进剂已成功用于 PPT 中,并且能够进行较为稳定的放电。当放电能量为 $39\,J$ 时,其元冲量最高可达 $640\,\mu N\cdot s$,比冲 $3\,540\,s$,推力效率 27%,推功比 $16\,\mu N\cdot s/J$。

6.3.3　非挥发性非金属液体推进剂

1. 全氟聚醚

液体全氟聚醚(PFPE)首次应用于在欧洲的液体微脉冲推力器中,意图解决诸如水这一类非金属挥发性液体推进剂高挥发性问题[33-35]。PFPE 常被用作太空中的高真空润滑剂,无毒,并且具有优异的化学稳定性,在高达 $100\sim150$℃ 的温度下几乎不会出现真空蒸发的现象。PFPE 的分子量较高并且与固体 PTFE 化学性质相似。它有多种等级可供选择,有些 PFPE 的饱和蒸气压甚至比深空探测器周围的环境气压更低。由于这些优点,PFPE 工质 PPT 储存推进剂时不需要对液体加压,并且推进剂存储和供给结构可以设计地更加简单。

(a) 固体多孔陶瓷块浸在烧杯中的液体 PFPE推进剂种

(b) 固体PTFE推进剂[36]

图 6 - 7　实物图

2. 液体供给方式

迄今,实验已经验证过两种非挥发性液体推进剂的供给方法。第一种是由注射泵驱动的毛细管供给,第二种是与挥发性液体推进剂类似的被动流动方法。

3. 毛细管供给系统

Szelecka 等研究的毛细管供给系统最先应用于欧洲 FP7 项目,其中微型泵(图 6 - 8 中②)和一个微型步进电机连接到一个导螺杆上,驱动一个直径为 2 mm 的活塞便可以能够精确控制推进剂的喷射量[33-35]。然而,只要在两极板间存在薄层 PFPE,PPT 就可以工作,因此实际的消耗率远低于预期。

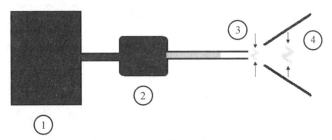

图 6 - 8　由注射泵驱动的毛细管供给的原理图[35]

1-推进剂储存舱;2-注射泵;3-毛细管和点火电极;4-主电极

4. 被动流动控制

在东京大学的一项研究中,Ling 等采用多孔陶瓷的被动流动方法进行了测试,推进剂通过毛细作用力自动补充,该方法通过减少注射泵进一步简化了推进剂供给系统[36-37]（图6-9）。由于这些毛细作用力远大于重力，因此在微重力环境下也会起作用。使用时，需要先将多孔陶瓷浸渍在非挥发性液体推进剂内一段时间后，将浸渍后的多孔陶瓷放置在 PPT 两极板间。

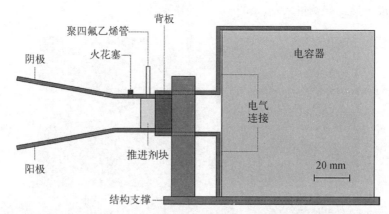

图6-9 非金属非挥发性液体推进剂的烧蚀脉冲式等离子推力器的示意图（对于液体推进剂，推进剂块是浸有非挥发性液体 PFPE 的多孔陶瓷[37]）

虽然该方法表面上与 Scharlemann 等使用的方法相似，但与挥发性液体推进剂相比，非挥发性液体推进剂在应用上和物理特性上都存在巨大的差异。当使用挥发性液体时，推进剂通过多孔介质不断蒸发，这种蒸发现象增加了推进剂的消耗。但是，对于非挥发性液体，由于液体推进剂的饱和蒸气压极低，因此不会出现这种蒸发现象，推进剂损失的问题将大大降低。推进剂以薄层的方式持续供应，烧蚀方式与 PTFE 工质 PPT 基本一致。液体 PFPE 工质 PPT 主要有以下两个优点：① 液体推进剂烧蚀消耗过后可以及时填充，因此每次放电时的烧蚀表面不会发生明显变化，而固体推进剂在烧蚀过后表面结构将稍微改变；② 不需要额外的压力或泵而通过毛细作用力供给推进剂可以大大地简化液体 PFPE 工质 PPT 的供给系统。

5. 例子

欧洲 FP7 项目中设计的非挥发性液体 PFPE 工质 PPT 在等离子体物理与激光微聚变研究所的 PlaNS 实验室进行了推力测量。在电容失效前，在 700 V 的放电电压下进行了约 3 200 次放电，在 1 000 V 的放电电压下进行 1 000 次以上放电，总寿命约为 6 000 次（单电容放电可以实现数百万次的放电）。放电电压为 700 V 和 1 000 V 时对应的平均元冲量分别为 25 μN·s 和 45 μN·s（相应的放电能量约为 0.5 J 和 1 J）。然而，该 PPT 的推功比为 45 μN/W，比水工质 PPT 高几倍，并且也比相同尺寸的 PTFE 工质 PPT 高两倍。此外，他们报告说即使在 0.5~1 J 的低能量水平下工作，PFPE 表面也没有观察到碳沉积现象，而 PTFE 在低能量水平下会出现明显的碳沉积现象（图6-10）。

东京大学探究了被动流动方式非挥发性液体工质 PPT 在 5~45 J 的能量下的

性能,实验表明当放电能量大于 15 J 时实验的重复性最好。碳沉积实验表明 PFPE
对碳沉积的抑制能力极好,完全没有出现碳沉积现象,而相同条件下 PTFE 工质
PPT 却表现出显著的碳沉积现象(图 6 - 11)。此外当推进剂烧蚀表面面积相同
时,PFPE 工质 PPT 的烧蚀质量比 PTFE 工质 PPT 高一个数量级,因此可以通过减
小推进剂烧蚀表面积以获得所需的推进剂质量。由于液体 PFPE 和固体 PTFE 都
使用了相同的设计方式,因此仅通过确定推力器和回路的总电阻就可以比较等离
子体电阻。经实验测量后发现液体 PFPE 工质 PPT 的等离子体在不同放电能量下
的平均电感和电阻均低于固体 PTFE 工质 PPT,并具有相应较高的峰值电流和峰
值瞬时功率。同样值得注意的是,液体 PFPE 表现出很好的点火重复性,甚至比固
体 PTFE 更好,这可能是由毛细作用力的结果。在液体 PFPE 工质 PPT 中,液体推

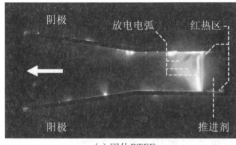

(a) 固体PTFE　　　　　　　　　(b) 40J液体PFPE

图 6 - 10　PPT 的侧视长时间曝光放电图像(箭头指示等离子体羽流的传播方向;沉积碳的炽热
区域可以在固体 PTFE 推进剂观察到,而液体 PFPE 没有观察到这种沉积[36])

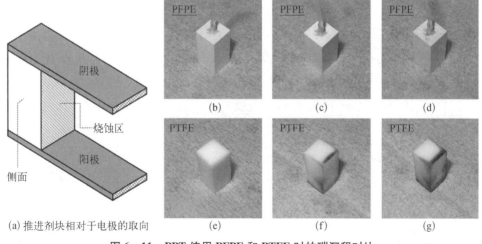

(a) 推进剂块相对于电极的取向

图 6 - 11　PPT 使用 PFPE 和 PTFE 时的碳沉积对比

b、c、d 分别为 PFPE 点火 0 次、1 000 次、4 000 次的情况;e、f、g 为在放电能量为 7.5 J 时 PTFE 点火 0 次、
1 000 次、4 000 次的情况[36]

进剂烧蚀消耗过后可以通过多孔陶瓷的毛细作用力的作用下及时填充,因此每次放电时的烧蚀表面不会发生明显变化,这种情况对于固体推进剂而言是不可能的。综上,液体 PFPE 非常有可能成为固体 PTFE 的替代品。

6.4 未来展望

过去几十年来,PPT 中使用的推进剂涵盖气体,固体和液体。最初的 PPT 实验采用气体工质,但因为缺乏反应时间极短的快速作用阀而在技术上受到限制,最终将重点转向固体推进剂。由于比冲较高,PTFE 被认为是最有前景的固体推进剂。从那时起,PTFE 被认为是 PPT 的"黄金标准"推进剂,几乎所有的设计都使用某种形式的 PTFE 作为推进剂。虽然与其他固体推进剂相比,PTFE 更能抵抗碳沉积,但在较低的放电能量下仍然会出现碳沉积的问题。这与电容器故障都是 PPT 寿命降低的主要原因。同时,较大的推进剂质量也需要越来越复杂的供给系统。鉴于这些缺点,研究者开始对液体推进剂进行研究。然而,液体推进剂的泄露和储存问题一直限制着其发展。非挥发性液体推进剂的提出很好地解决了这些问题。相信在不久的将来,这些非挥发性液体推进剂有可能在某些 PPT 应用场景中替代固体 PTFE。

近年来,由于电子器件日益小型化,使得微小卫星比传统卫星更具成本效益,千克量级的微纳卫星的数量显著增加。SpaceWorks 2018 微纳卫星市场评估显示,在过去的 5 年中,微纳卫星的年发射量增长超过 200%,预计未来 5 年内将有多达 2 600 个纳米/微型卫星需要发射。因此,可用于微小尺寸的航天器的长期任务的高效推力器系统将变得十分重要。由于其结构简单和高可靠性,PPT 可能会有很好的应用前景。预计在不久的将来,对 PPT 的研究和开发将会有显著的进展。最近推出的非金属非挥发性液体推进剂似乎也非常适合小型航天器,并可能进一步推动 PPT 和推进剂的未来发展。

参考文献

[1] Rezaeiha A, Schönherr T. Analysis of effective parameters on ablative PPT performance. Aircraft Engineering and Aerospace Technology, 2012, 84(4): 231 – 243.

[2] Igarashi M, Kumagai N, Sato K, et al. Performance improvement of pulsed plasma thruster for micro satellite. 27th International Electric Propulsion Conference, 2001, IEPC – 01 – 152.

[3] Lau M, Herdrich G. Pulsed plasma thruster endurance operation stress testing at IRS. 33rd International Electric Propulsion Conference, 2013, IEPC – 2013 – 255.

[4] Keidar M, Boyd I, Antonsen E L, et al. Propellant charring in pulsed plasma thrusters. Journal of Propulsion & Power, 2004, 20(6): 978 – 984.

[5] Spanjers G G, Lotspeich J S, Mcfall K A, et al. Propellant losses because of particulate

emission in a pulsed plasma thruster. Journal of Propulsion & Power, 1998, 14(4), 554 – 559.

[6] Palumbo D J, Guman W J. Effects of propellant and electrode geometry on pulsed ablative plasma thruster performance. Journal of Spacecraft & Rockets, 1975, 13(3): 163.

[7] Hani K, Eric P, Thomas H. High thrust-to-power rectangular pulsed plasma thruster. 38th AIAA/ASME/SAE/ASEE Joint Propulsion Conference and Exhibit, 2002, AIAA – 2002 – 3975.

[8] Leiweke R, Turchi P, Kamhawi H, et al. Experiments with multi-material propellants in ablation-fed pulsed plasma thrusters. 31st Joint Propulsion Conference and Exhibit, 1995, AIAA – 95 – 2916.

[9] Glascock M S, Rovey J L, Williams S, et al. Plume characterization of electric solid propellant pulsed microthrusters. Journal of Propulsion & Power, 2016, 33(4): 1 – 11.

[10] Hisatsune K, et al. Use of composite propellants as for electric thrusters. International Electric Propulsion Conference, 1999, IEPC – 99 – 015.

[11] Mashidori H, Muranaka T, Kakami A, et al. Operation of a pulsed plasma thruster using solid chemical propellants. 24th International Symposium on Space Technology and Science, 2004, ISTS – 2004 – b – 07.

[12] Mashidori H, Kakami A, Muranaka T, et al. A coaxial pulsed plasma thruster using chemical propellants. Vacuum, 2006, 80(11): 1229 – 1233.

[13] Northway P, Aubuchon C, Mellema H, et al. Pulsed plasma thruster gains in specific thrust for cubesat propulsion. 53rd AIAA/SAE/ASEE Joint Propulsion Conference, 2017, AIAA 2017 – 5040.

[14] Ziemer, John K. A review of gas-fed pulsed plasma thruster research over the last half-century. Electric Propulsion and Plasma Dynamics Lab report, Princeton University, 2000.

[15] Rezaeiha A, Schönherr T. Overview of alternative propellants for use in PPT. 29th International Symposium on Space Technology and Science, 2013.

[16] Hsu S C, Moser A L, Merritt E C, et al. Laboratory plasma physics experiments using merging supersonic plasma jets. Journal of Plasma Physics, 2015, 81(2): 345810201.

[17] Choueiri E. Gas-fed pulsed plasma thrusters: fundamentals, characteristics and scaling laws. Princeton University, Department of Mechanical and Aerospace Engineering, 2000.

[18] Duclos D, Aronowitz L, Fessenden F, et al. Diagnostic studies of a pinch plasma accelerator. Electric Propulsion Conference, AIAA Journal, 1963, 1(11): 2505 – 2513.

[19] Burton, R L. Acceleration of plasma by a propagating current sheet. Physics of Fluids, 1968, 11(6): 1231.

[20] Ellis W R, Jahn R G. Ion density and current distributions in a propagating current sheet, determined by microwave reflection technique. Journal of Plasma Physics, 1969, 3(2): 189 – 213.

[21] York T M, Jahn R G. Pressure distribution in the structure of a propagating current sheet. Physics of Fluids, 1970, 13(5): 1303 – 1309.

[22] Markusic T E, Berkery J W, Choueiri E Y. Visualization of current sheet evolution in a pulsed plasma accelerator. IEEE Transactions on Plasma Science, 2005, 33(2): 528 – 529.

[23] Rezaeiha A, Schönherr T. Review of worldwide activities in liquid-fed pulsed plasma thruster. Journal of Propulsion & Power, 2015, 30(2): 253-264.

[24] Markusic T E. Liquid-metal-fed pulsed electromagnetic thrusters for in-space propulsion. Proceedings of JANNAF Propulsion Meeting, 2004.

[25] Scharlemann C A. Investigation of thrust mechanisms in a water fed pulsed plasma thruster. Columbus: The Ohio State University, 2003.

[26] Scharlemann C, York T. Pulsed plasma thruster using water propellant, part I: design and investigation of thrust behavior. 39th AIAA/ASME/SAE/ASEE Joint Propulsion Conference and Exhibit, 2003, AIAA-2003-5022.

[27] Scharlemann C, York T. Pulsed plasma thruster using water propellant, part II: thruster operation and performance evaluation. 39th AIAA/ASME/SAE/ASEE Joint Propulsion Conference and Exhibit, 2003, AIAA-2003-5023.

[28] Böhrk H, Lau M, Herdrich G, et al. A porous flow control element for pulsed plasma thrusters. CEAS Space Journal, 2012, 3(1-2): 1-6.

[29] Kakami A, Koizumi H, Komurasaki K, et al. Design and performance of liquid propellant pulsed plasma thruster. Vacuum, 2004, 73(3): 419-425.

[30] Koizumi H, Kawazoe Y, Komurasaki K, et al. Effect of solute mixing in the liquid propellant of a pulsed plasma thruster. Vacuum, 2006, 80(11): 1234-1238.

[31] Masui S, Okada T, Kitatomi M, et al. A pulsed plasma thruster using dimethyl ether as propellant. Transactions of the Japan Society for Aeronautical and Space Sciences, Aerospace Technology Japan, 2012, 10(28): 65-69.

[32] Masui S, Chiba M, Kakami A, et al. Characteristics of a pulsed plasma thruster using dimethyl ether as liquid propellant. 49th AIAA/ASME/SAE/ASEE Joint Propulsion Conference, 2013, AIAA-2013-4123.

[33] Barral S, et al. Development status of an open capillary pulsed plasma thruster with non-volatile liquid propellant. Proceedings of the 33rd International Electric Propulsion Conference, 2013, IEPC-2013-291.

[34] Rachubinski H, Barral S, Kurzyna J, et al. First experimental characterization of a pulsed plasma thruster with non-volatile liquid propellant. Proceedings of Space Propulsion Conference, 2014, 2980924.

[35] Szelecka A, Kurzyna J, Daniłko D, et al. Liquid micro pulsed plasma thruster. Nukleonika, 2015, 60(2): 257-261.

[36] Ling W Y L, Schönherr T, Koizumi H. Characteristics of a non-volatile liquid propellant in liquid-fed ablative pulsed plasma thrusters. Journal of Applied Physics, 2017, 121(7): 073301.

[37] Ling W Y L, Schönherr T, Koizumi H. Discharge characteristics of an ablative pulsed plasma thruster with non-volatile liquid propellant. Applied Physics Letters, 2017, 111(1): 1452-1461.

第7章
脉冲等离子体推力器点火过程研究

脉冲等离子体推力器通常是靠点火器(一般为火花塞)触发主放电工作。推力器点火性能的好坏将直接影响 PPT 的可靠性和寿命。此外,随着近年来多脉冲放电 PPT 和高频 PPT 的提出,明晰 PPT 点火过程中的物理机制变得更加重要[1]。本章介绍过去对于 PPT 点火过程的实验和理论研究。

7.1 脉冲等离子体推力器点火过程研究问题

脉冲等离子体推力器作为一种高频率工作从而产生稳定定向推力的推力器(在一定范围内,其推力可由工作频率调节)。随着 PPT 工作次数过多、电极间电压过低、推进剂表面或者火花塞污染等原因,PPT 工作的点火过程会出现放电延迟时间增大甚至放电不成功的现象,表现为电极电压不下降,电流始终为零,这严重影响了 PPT 推力性能的稳定性,故需要对 PPT 的点火启动过程进行相关的理论和实验研究。

7.1.1 研究方案设定

以传统平行板式 PPT 为例,本节从 PPT 极板电压、极板间距、点火次数这三个可控参数探究 PPT 点火过程。如图 7-1 所示,火花塞采用同轴型半导体火花塞。在真空度为 5×10^{-3} Pa 时,火花塞击穿电压约为 500 V,即火花塞两极板间电压达到 500 V 时,火花塞被击穿而开始放电,产生触发 PPT 放电的初始带电粒子。PPT 的电容充电时间小于 10 ms,可以保证推力器下次工作时电容已经充满。实验方案的简图如图 7-2 所示,使用示波器监视 PPT 工作过程中火花塞两极电压、PPT 极板电压和 PPT 放电电流随时间的变化情况。为了排除侵蚀和污染的影响,每次 PPT 在新的工作条件下工作前,会对火花塞表面、极板和推进剂进行擦拭,以保证样机的初始状态一样。

图 7-1　PPT 所使用的火花塞

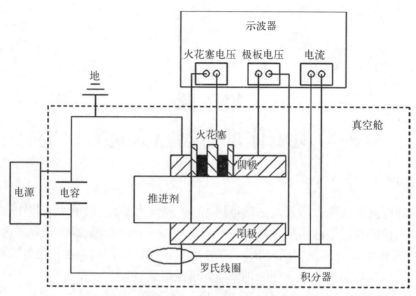

图7-2　PPT击穿过程研究的实验方案简图[1]

7.1.2　点火过程实验结果分析

首先需要对火花塞性能进行测试,当火花塞工作时,其阳极加载负电压,其阴极与PPT阴极相连接地。图7-3为初始极板加载电压为1 500 V与0 V时的火花塞工作时电压变化曲线。其中,极板是否加载电压几乎不影响火花塞的击穿电压大小(图中为第一个峰值处,约-500 V)。在两种情况下,火花塞点火开始后一段时间电压变化趋势几乎一样,但之后两者会有明显区别。这是因为极板被击穿时,

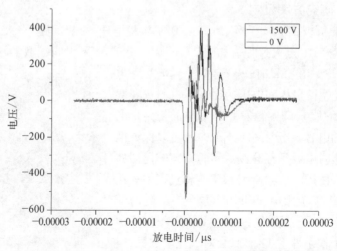

图7-3　初始极板加载电压为0 V和1 500 V时的火花塞电压变化曲线[1]

极板电压会对火花塞电压产生一定的影响。排除完火花塞自身问题后,本节接下来将展示 PPT 在不同的初始极板加载电压、极板间距、点火次数的工作稳定性。为方便表征 PPT 的工作稳定性,定义了放电成功率 a,即

$$a = \frac{N_s}{N_t} \tag{7-1}$$

式中, N_s 为成功工作次数; N_t 为总点火次数。

图 7-4 所示为 6 种工况下 PPT 的放电成功率变化趋势。在放电实验的前期(约 150 次),三种放电电压下的放电成功率相差不大。但是随着点火次数的增加,加载电压为 750 V 时的放电成功率逐渐与 1 000 V 和 1 500 V 时的放电成功率拉开距离,且差距非常明显。即在其他条件固定不变的前提下,随着加载电压的升高,PPT 放电成功率明显变高,而且随机干扰因素对放电成功率的影响也随着加载电压的升高而变得越发不明显。此外,在同一个放电电压下,较小的极板间距时,放电成功率较高。为进一步分析这部分的实验结果,下节将详细讨论 PPT 的点火机制。

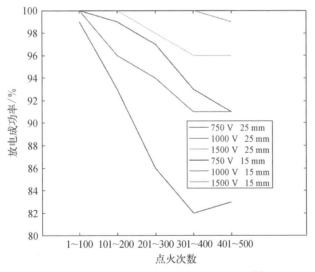

图 7-4　6 种工况下放电成功率折线图[2]

7.2　脉冲等离子体推力器点火过程机制分析

7.2.1　电极击穿过程的机制

PPT 极板击穿过程是由火花塞产生的初始电子引发,即火花塞产生的初始电

子(相当于一次电子)在电场中加速后与推进剂表面碰撞,推进剂表面原子内的电
子受到激发而跃迁到更高能级从而产生二次电子。一次电子撞击推进剂表面产生
二次电子的过程是一个级联过程,如果入射电子产生的二次电子还有足够多的能
量产生新的二次电子,该过程便会继续下去,直至最后的二次电子能量很低不足以
维持此过程为止。被一次电子激发而未逸出推进剂表面的电子成为"内二次电
子"。内二次电子具有一定的能量,其初始速度分布是各向同性的,可指向任何方
向,向推进剂表面运动的电子在其运动过程中损失部分甚至全部能量。如果二次
电子的剩余能量还足以克服表面势垒的影响,它们就能够逸出推进剂表面而成为
真正的二次电子,并在推进剂表面滞留正电荷[2]。图 7-5 为二次电子产生和发射
过程。

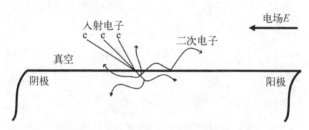

图 7-5   二次电子产生和发射过程[2]

二次电子发射系数是一个很重要的概念,二次电子发射系数与入射电子的碰
撞能、碰撞角度、推进剂表面光滑度及结构、环境温度等很多因素有关。一般情况
下,把每个诱发带负电粒子碰撞推进剂表面而产生的"被诱发带负电粒子"的期望
值与诱发带负电粒子的数目比值称作二次电子发射系数 δ[3-4]。简单来说,当 $\delta <$
1 时,被撞击推进剂表面被充以负电,一次电子被推进剂介质吸收;而当 $\delta > 1$ 时,
从绝缘材料表面发射出二次电子。δ 越大则从推进剂上碰撞产生的二次电子数目
越多,越有利于后文所提到的二次电子崩过程的发生[5]。

图 7-6 为 PPT 常用推进剂聚四氟乙烯的二次电子发射系数 δ 与入射电子动
能 E_i 的典型关系曲线[6],其中对应动能相对较低的 E_{i1} 和动能相对较高的 E_{i2} 点,
二次电子发射系数均为 1。当入射电子动能介于 E_{i1} 和 E_{i2} 之间时,二次电子发射
系数 $\delta > 1$,即入射电子可以碰撞出更多的二次电子,导致被撞击的推进剂表面被
充以正电。反之,当入射电子动能小于 E_{i1} 或大于 E_{i2} 时,二次电子发射系数 $\delta < 1$,
电子被推进剂吸收,被撞击推进剂表面被充以负电。

点火过程是沿真空—推进剂交界面的一种贯穿性放电过程,极板被击穿的前
提条件是表面电子流达到一定密度和漂移速度,因此二次电子崩是极板被击穿过
程的必备条件。火花塞初始电子在外电场作用下向阳极的运行过程中,不断与推进
剂表面发生碰撞,由于撞击推进剂电子动能较大,二次电子发射系数 $\delta > 1$,推进剂表

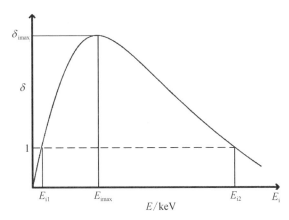

图 7 - 6　聚四氟乙烯材料二次电子发射系数与入射电子动能关系曲线[2]

面逐渐带正电,会吸引二次电子重新撞击推进剂上,使得电子在推进剂表面逐渐呈跳跃式前行状态。偏转的结果一方面导致推进剂表面发射二次电子[5];另一方面,由于推进剂表面吸附气体的存在,还会引发由于电子激励而导致的吸附气体分子脱附过程。脱附气体分子受到高速运动电子撞击发生电离现象,产生更多电子。

增长过程很快形成并持续发展,形成二次电子崩。图 7 - 7 为典型二次电子崩过程。"二次电子崩"一词的含义并非局限于一次电子碰撞推进剂表面所产生的二次电子,而是具有广泛的外延。所谓"二次电子"是一个"平均二次电子"的概念[4]。凡是在火花塞初始电子的基础上产生的、运动区域在推进剂表面附近的各种来源的电子,包括真正二次电子、脱附气体分子被高能电子碰撞后发生电离产生的电子、吸附气体场致电离光致电离产生的电子等等,均属于该模型中二次电子的范畴。

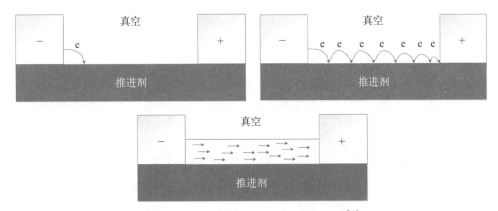

图 7 - 7　推进剂表面的二次电子崩过程[2]

事实上,PPT 点火过程,极板被击穿的通道是一种等离子状态[7]。由于电子质量非常小,受电场加速程度相对其他带电粒子快很多,所以电子的平均能量远大于其他带电粒子。不同速度粒子间很容易发生非弹性碰撞,由此产生的高能量转移将加速系统中化学反应的发生。当高能电子在移动过程中与脱附气体分子发生碰撞时,气体分子会被激发、解离或游离成为亚稳态分子、自由基或离子等高活性粒子。这种电子、自由基、离子、激发态分子及气体分子同时存在的状态称为等离子状态。

由前文所说,当推进剂表面电子流达到一定密度和漂移速度,电场相对稳定,电子流沿绝缘体表面稳定运行,达到极板击穿的条件,通道贯穿。即两极板被击穿引发主储能电容放电。

PPT 点火过程的微观过程是一个不断向平衡状态逼近的过程[8],即二次电子系数大于 1 不断向二次电子发射系数为 1 的逼近过程,具体如下。

（1）主储能电容充电,PPT 两极板加压,火花塞接收到启动信号后产生一次电子。

（2）一次电子在电场的作用下被加速获得能量并撞击推进剂表面,当二次电子发射系数比 1 大,这个情况下推进剂表面将被充上正电性,而后不断发生的一次电子碰撞推进剂表面、二次电子发射、二次电子再次碰撞推进剂表面以及电子的再次发射和再次碰撞等都使推进剂表面积累了大量的正电荷,并导致产生电子雪崩,即二次电子发射雪崩,同时电子崩在电场的作用下向阳极移动。

（3）入射电子前进距离不断缩短,初射的动能值降低,直至带电粒子的数量和密度满足 PPT 电路放电需求,表面电子流达到一定密度和漂移速度,极板间会形成放电通道,主电容开始放电。

显然,初始电子撞击推进剂上的二次电子发射系数越大,在推进剂上碰撞出的二次电子就越多,越有利于二次电子崩过程的发生,越有利于极板间产生稳定的通道导致极板被击穿,PPT 点火过程发生。目前还不能够就 PPT 极板击穿的物理过程给出严谨的理论分析结果,只能定性地估算二次电子发射系数 δ,平均入射电子动能 $\overline{A}$ 与各种工况因素的关系。

火花塞距离推进剂表面有不到 1 mm 的间距,在每次实验前先对火花塞的点火位置进行调整,使其最贴近推进剂表面,则可以近似认为初始电子从推进剂和阴极结合点发出。

图 7-8 为初始阶段火花塞产生初始电子,出射电子在绝缘体表面呈跳跃前行状的运动轨迹图,x 轴表示推进剂表面切线方向,由阴极指向阳极。y 轴为推进剂表面法线方向,由推进剂表面指向真空。假设出射电子 O 点发射,出射方向与 x 轴夹角为 θ,出射速度为 v_0,出射动能为 A_0,切向电场 E_t 为两极板之间的场强,法向电场 E_n 为火花塞电场和推进剂所带正电荷形成的合成场强。由于初始阶段推进剂表面正电荷形成的电场形成时间很短且相对于火花塞电场很小,可以忽略不计。

电子在切向电场和法向电场的合力作用下,沿着类似抛物线的运动轨迹回到

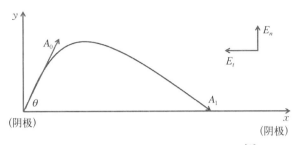

图 7-8　PPT 点火过程电子动力学分析[2]

推进剂表面,返回绝缘体表面时的撞击动能为 A_1。由于电子在该过程的空间运行距离很短,因此可近似认为电子所处环境为相对平衡状态下的均匀电场。

分析图 7-8 中电子的运动方向及受力情况,并假设电子质量为 m_e。得电子运动速度的水平分量 v_{0t} 和垂直分量 v_{0n}。分别为

$$\begin{cases} v_{0t} = \sqrt{2A_0/m_e}\cos\theta \\ v_{0n} = \sqrt{2A_0/m_e}\sin\theta \end{cases} \tag{7-2}$$

令切向场强和法向场强分别为 E_t 和 E_n,取电子电量为 q,得电子的水平加速度 a_{0t} 和垂直加速度 a_{0n}。分别为

$$\begin{cases} a_t = qE_t/m_e \\ a_n = qE_n/m_e \end{cases} \tag{7-3}$$

电子运行到绝缘体表面法向距离最远点时,法向速度衰减为 0,于是得电子运动至距离绝缘体表面最远距离时所需时间 Δt、法向最远距离 Δy、切向运行距离 Δx 分别为

$$\Delta t = \frac{v_{0n}}{a_n} = \frac{\sqrt{2m_e A_0}\sin\theta}{qE_n} \tag{7-4}$$

$$\Delta y = v_{0n}\Delta t - \frac{1}{2}a_n(\Delta t)^2 = \frac{A_0\sin^2\theta}{qE_n} \tag{7-5}$$

$$\Delta x = v_{0t}(2\cdot\Delta t) + \frac{1}{2}a_t(2\cdot\Delta t)^2 = \frac{4A_0}{qE_n^2}(E_n\sin\theta\cos\theta + E_t\sin^2\theta) \tag{7-6}$$

当电子回到推进剂表面时,其法向速度 v_n 与初始法向速度大小相等,方向相反。其切向速度 v_t 为

$$v_t = v_{0t} + a_t(2 \cdot \Delta t) = \sqrt{\frac{2A_0}{m_e}\left(\cos\theta + \frac{2E_t\sin\theta}{E_n}\right)} \qquad (7-7)$$

电子到达推进剂表面的速度 v 为

$$v = \sqrt{v_t^2 + v_n^2} \qquad (7-8)$$

电子的入射动能 A_1 为

$$A_1 = \frac{1}{2}m_e v^2 = A_0\left(1 + 4\sin^2\theta\frac{E_t^2}{E_n^2} + 2\sin 2\theta\frac{E_t}{E_n}\right) \qquad (7-9)$$

分析上式可知,等式右侧后两项为电子在电场运动过程中获得的能量增量,该增量与电场切向分量与法向分量的比值 E_t/E_n 以及电子出射角度 θ 有关。

电子出射角度 θ 应介于 0 和 2π 之间。根据周期函数平均值的定义,电子碰撞推进剂表面平均动能 $\overline{A_1}$ 为

$$\overline{A_1} = \frac{1}{\pi}\int_0^\pi A_1(\theta)\,\mathrm{d}\theta = A_0\left(1 + \frac{2E_t^2}{E_n^2}\right) \qquad (7-10)$$

上式即为推进剂表面电荷处于平衡状态时,切向电场、法向电场、电子出射动能 A_0 及平均撞击动能 $\overline{A_1}$ 的关系表达式。切向电场 E_t 为两极板之间的场强,法向电场 E_n 为火花塞电场和推进剂所带正电荷形成的合成场强。由于推进剂表面正电荷形成的电场形成时间很短且相对于火花塞电场很小,可以忽略不计。切向电场 E_t,法向电场 E_n 可以表示为

$$E_t = \frac{U}{d} \qquad (7-11)$$

$$E_n \approx \frac{U_1}{d_1} \qquad (7-12)$$

将式(7-11)、式(7-12)代入式(7-10)中,电子碰撞推进剂表面平均动能 $\overline{A_1}$ 为

$$\overline{A_1} = A_0\left(1 + \frac{2U^2}{E_n^2 d^2}\right) \qquad (7-13)$$

式中,U 为 PPT 工作电压;d 为 PPT 极板间距。U_1 为火花塞工作电压,实验室火花塞为 450~550 V,则取 $A_0 = 500\,\mathrm{eV}$,d_1 为火花塞放电间隙,大概为 5 mm,故 E_n

为固定值：

$$E_n \approx 1 \times 10^5 \text{ V/m} \tag{7-14}$$

放电电压 750 V,极板间距 25 mm 对应的撞击推进剂上的电子动能为 590 eV,放电电压 1 500 V,极板间距 15 mm 对应的撞击推进剂上的电子动能为 1 500 eV。根据图 7-6 可知 E_{imax} 为 keV 量级,590~1 500 eV 均为二次电子发射系数大于 1 的范围,且随着电子动能提高二次电子发射系数也提高。

7.2.2　相关参数对点火过程的影响

通过前述小节的讨论可知,PPT 点火过程实质是一个二次电子崩过程,极板被击穿的前提条件是表面电子流达到一定密度和漂移速度。结合二次电子崩理论可知,二次电子系数 δ 大于 1,火花塞初始电子经过电场作用撞击推进剂表面会碰撞出更多的电子,才会发生二次电子崩过程才有可能发生极板击穿过程;二次电子发射系数越大则从推进剂上碰撞产生的二次电子数目越多,越有利于二次电子崩过程的发生。PPT 点火过程相关影响参数、电子撞击推进剂上的平均电子动能、二次电子发射系数与 PPT 点火过程发生与否存在如图 7-9 关系。

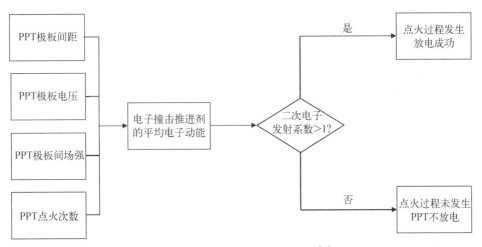

图 7-9　PPT 点火过程研究框图[2]

PPT 极板电压与撞击推进剂上的电子动能关系如图 7-10 所示。随着极板电压升高,15 mm 和 25 mm 间距下,撞击推进剂上的电子动能均提高。结合聚四氟乙烯材料电子入射动能和二次电子发射系数的关系,15 mm 和 25 mm 间距下,放电电压为 750~1 500 V,二次电子发射系数均提高。这与前述小节的实验现象和结论——随着放电电压升高放电成功率随之升高相一致。可以证明二次电子发射系数越大则从推进剂上碰撞出的二次电子数目越多,越有利于二次电子崩过程的发

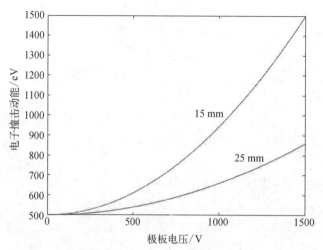

图 7 - 10　PPT 极板电压与撞击推进剂上的电子动能关系图[2]

生,越有利于 PPT 点火过程的发生。

　　PPT 极板间距与撞击推进剂上的电子动能关系如图 7 - 11 所示。随着极板间距增加,不同放电电压下,撞击推进剂上的电子动能均减小。结合聚四氟乙烯材料电子入射动能和二次电子发射系数的关系,放电电压为 750~1 500 V,随着极板间距增加,二次电子发射系数均减小。这与前述小节的实验现象和结论——随着极板间距的增加放电成功率随之降低相对应。可以证明二次电子发射系数越大则从推进剂上碰撞出的二次电子数目越多,越有利于二次电子崩过程的发生,越有利于PPT 点火过程的发生。反之亦然。

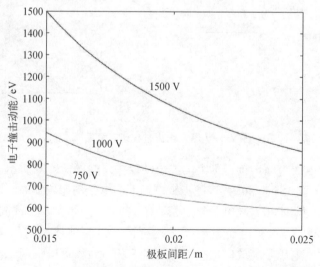

图 7 - 11　PPT 极板间距与撞击推进剂上的电子动能关系图[2]

PPT 极板间电场强度与撞击推进剂上的电子动能关系如图 7 - 12 所示。随着极板间电场强度增加,撞击推进剂上的电子动能均增加。结合聚四氟乙烯材料电子入射动能和二次电子发射系数的关系,15 mm 和 25 mm 间距下,放电电压为 750~1 500 V,二次电子发射系数随极板间电场强度的增加而增加。这与前述小节的实验现象和结论——随着极板间电场强度的增加放电成功率随之增加相符合。可以证明二次电子发射系数越大则从推进剂上碰撞出的二次电子数目越多,越有利于二次电子崩过程的发生,越有利于 PPT 点火过程的发生。

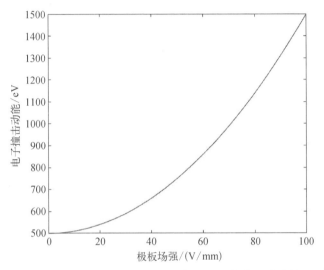

图 7 - 12　PPT 极板间电场强度与撞击推进剂上的电子动能关系图[2]

随着 PPT 连续工作,越来越多的放电产物会附着在火花塞和推进剂表面,如图 7 - 13 所示。附着在火花塞表面的产物污染会影响 PPT 火花塞发射的初始电子

图 7 - 13　PPT 连续工作后推进剂、极板和火花塞表面的污染情况[1]

动能,原因是推力器喷射流的产物会污染火花塞的表面,降低离子与阴极的接触面积,使表面电阻下降,其击穿电压和产生的火花能量也下降,所以火花塞初射电子动能随着实验进行逐渐降低。

由图 7-14 可以看出,随着 PPT 点火次数增加,火花塞污染加剧,出射电子动能降低,撞击推进剂上的入射电子动能减小。结合聚四氟乙烯材料电子入射动能和二次电子发射系数的关系,15 mm 和 25 mm 间距下,放电电压为 750~1 500 V,二次电子发射系数随入射电子动能的降低而降低。因此不利于 PPT 点火过程的发生。反之亦然。

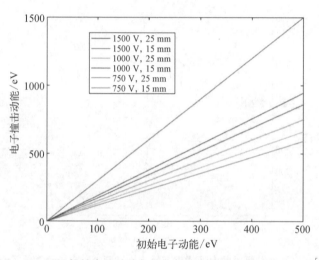

图 7-14　PPT 初始电子动能与撞击推进剂上的电子动能关系图[2]

7.2.3　提高 PPT 放电稳定性的思路

通过对 PPT 点火过程的理论分析,PPT 点火过程实际是典型的二次电子崩过程。PPT 在真空环境下无法自行发生击穿,故需要火花塞放电来触发击穿。其完整物理过程如下。

(1) PPT 的火花塞发生击穿后,除了会产生初始带电粒子外,由于火花塞放电的辐射和粒子碰撞(尤其是电子碰撞)的能量会传到推进剂表面,导致推进剂的分解,还会产生中性气体,这些初始中性气体为接下来的电子倍增过程提供碰撞对象。

(2) 火花塞初射电子动能对应的二次电子发射系数 $\delta > 1$,这个情况下推进剂表面将被充上正电性,推进剂表面发射二次电子后留下了正电荷,即表面带正电,而后不断发生的一次电子碰撞绝缘材料表面、二次电子发射、二次电子再次碰撞推进剂表面以及电子的再次发射和再次碰撞等都使推进剂表面积累了大量的正电荷,并导致产生电子雪崩,即二次电子崩,同时电子崩在电场的作用下向阳极移动。

直至推进剂表面电子流达到一定密度和漂移速度。电场相对稳定,电子流沿绝缘体表面稳定运行,通道贯穿,即两极板被击穿引发主储能电容放电。

（3）带电粒子的数量和密度满足 PPT 电路放电需求,表面电子流达到一定密度和漂移速度,极板间会形成放电通道,主电容开始放电。PPT 点火过程发生。

通过 7.2.2 节的分析可知,影响 PPT 点火过程的因素有：放电电压、极板间距、极板间电场强度、点火次数。通过理论推导知,提高放电电压、降低极板间距、提高极板间电场强度,都会使得初始电子撞击推进剂时入射动能升高,根据入射动能和推进剂表面二次电子发射系数的关系,二次电子发射系数随之升高,意味着初始电子撞击推进剂上可以产生更多的二次电子形成二次电子崩过程,使得 PPT 点火过程更容易发生,PPT 放电成功率随之提高。随着 PPT 点火次数增加,火花塞和推进剂表面污染加剧,初始发射电子动能及撞击推进剂上的电子动能降低,根据入射电子动能和推进剂表面二次电子发射系数的关系,二次电子发射系数随之降低,意味着初始电子撞击推进剂上可以产生的二次电子减少甚至不产生,阻碍 PPT 点火过程发生,PPT 放电成功率随之降低。因此,在 PPT 样机的设计和工作参数的选择中有如下思路可提高 PPT 工作稳定性。

（1）通过改进点火电路,尽可能提高 PPT 火花塞点火能量。目标是为了提高火花塞初始发射电子的动能,从而提高推进剂表面入射电子动能。但是提高火花塞点火能量会使得分配到 PPT 点火系统的能量提升,在整个电推进系统总能量一定的情况下,分配到主储能电容上的放电能量会降低,在一定程度上降低 PPT 的放电性能参数,故在 PPT 样机设计和参数选择中要综合考虑点火能量的选择。

（2）尽可能提高极板间电场强度。可以通过提高极板电压,减小极板间距的方法提高极板间的电场强度,从而提高 PPT 放电成功率。极板电压会受到放电能量和主储能电容器性能的限制。降低极板间距虽然可以使得 PPT 点火过程更容易发生,提高放电成功率,但是同样会降低 PPT 的性能参数,故在 PPT 样机设计和参数选择中要综合考虑极板间距和极板电压。

（3）尽可能减小火花塞和推进剂表面污染。推力器放电产物污染一直是 PPT 发展中遇到的一个问题,这使得推力器产生不必要的负荷热量,对 PPT 的性能和寿命都会产生影响,同时也会降低 PPT 放电成功率。对于实验室用 PPT 样机,每次实验前对火花塞、两极板、推进剂表面的污染物进行处理一定程度上可以提高 PPT 放电成功率。

参考文献

[1]　黄天坤.脉冲等离子体推力器能量分配机理的理论分析与实验研究.北京：北京理工大

学,2017.

[2] 袁世越.脉冲等离子体推力器点火过程实验与理论研究.北京：北京理工大学,2017.

[3] 丁立健.真空中绝缘子沿面预闪络和闪络现象的研究.北京：华北电力大学,2001.

[4] 高巍.高压纳秒脉冲下真空绝缘沿面闪络特性研究.北京：中国科学院研究生院(电工研究所),2005.

[5] 高巍,孙广生,严萍.高真空条件下绝缘闪络机理研究的评述.高电压技术,2005(1)：3 - 6.

[6] 丁立健,李成榕,王景春,等.真空中绝缘子沿面预闪络现象的研究.中国电机工程学报,2001,21(9)：27 - 32.

[7] Huang T K, Wu Z W, Liu X Y, et al. Study of breakdown in an ablative pulsed plasma thruster. Physics of Plasma, 2015, 22(10)：103511.

[8] Wu Z W, Sun G R, Yuan S Y, et al. Discharge reliability in ablative pulsed plasma thrusters. Acta Astronautica, 2017, 137(8)：8 - 14.

第8章
脉冲等离子体推力器能量损失
体系与分布式放电实验

效率低是 PPT 的最大缺点,其效率通常低于 30%,低功率 PPT 效率则在 10% 以下[1]。减少 PPT 工作过程中的能量损失是提高其效率的关键。为此,研究者们对 PPT 的能量损失机制开展了大量研究。本章将介绍这方面的研究成果。

8.1 脉冲等离子体推力器能量损失体系

研究者针对 PPT 建立了能量损失体系模型,涵盖了放电过程中传输线的焦耳发热、加速极板击穿、电弧(电流片)的形成、固体推进剂 PTFE 的烧蚀以及等离子体—中性气体团的加速等一系列过程。为简化模型,做了如下假设[2-5]:

(1)固体推进剂的烧蚀过程为非稳态过程,但为了有效地分析放电过程中的能量分布流向,本模型将此过程假设为代数模型;

(2)由于在固体推进剂烧蚀能量估算中,总放电时间为重要因素,且其主要由储能电容器决定,故本模型主要分析储能电容器充满电后的能量分布体系,但实际上,储能电容器的充电过程为脉冲等离子体推力器系统的首个能量损失源;

(3)假设将加速区间、加速极板和等离子体团构成的电路视为与时间无关的 RLC 回路,并将等离子体团考虑为可移动的电阻和电感;

(4)假设烧蚀固体推进剂 PTFE 所需的比能量为 1.5×10^6 J/kg,其中包括断裂 PTFE 聚合物的化学链及 PTFE 升华为气相所需的比能;

(5)假设放电产生的等离子体团(主要由中性和离子状态的 C 和 F 颗粒组成)被限制在均一温度的环境中;

(6)假设烧蚀产生的推进剂中性气体将在亚音速空腔中以理想气体形态扩张,其中亚声速空腔体积与 PPT 加速区间的容积相当,且最高速度由气动力学理论声速计算得到。

在上述假设的基础上,PPT 工作过程中涉及的能量流向组成关系如图 8-1 所示,并可以写成如下关系式[2]:

$$E_0 = E_c + E_{trans} + E_{sh} + E_{heat} + E_{gas} + E_i + E_{em} + E_{et} \qquad (8-1)$$

式中,E_0 是储能电容器的所储总能量;E_c 为电容器自身的能量损失;E_{trans} 是储能电容器向推力器加速极板传输能量过程中由于焦耳效应的能量损失;E_{sh} 是推力器加速极板鞘层的能量损失;E_{heat} 是放电电弧的辐射热损失;E_{gas} 是烧蚀和升华固体推进剂所需能量,即包括 PTFE 分子解聚和固—气相变能量;E_i 为将部分气体电离成离子态粒子所需能量;E_{em} 是等离子体团具有的电磁能(由离子态粒子电磁加速产生);E_{et} 是中性气体团(由中性态粒子气动加速产生)具有的动能。

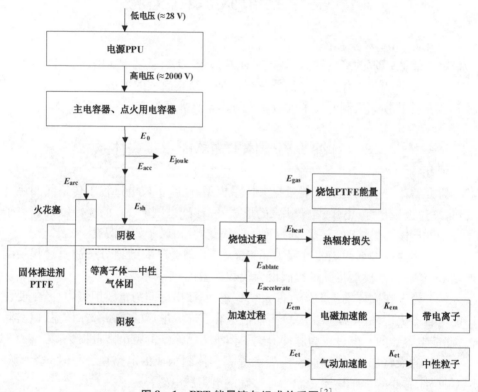

图 8-1   PPT 能量流向组成关系图[2]

在上述能量流向中,前四项均为能量损失,对推力无贡献。后四项则是决定推进剂的烧蚀质量、放电特性以及推力等性能指标大小的能量参数。本章节根据 PPT 的工作过程中能量的分配关系,定义 PPT 的推力效率为

$$\eta_t = \frac{E_k}{2E_0} = \frac{mu_e^2}{CU^2} = \frac{I_{bit}^2}{2mE_0} = \frac{(\int T dt)^2}{2mE_0} \qquad (8-2)$$

即 PPT 出口处喷出工质的动能和主电容器储存能量之比。式中,I_{bit} 是单次脉冲产

生的定向元冲量 $mu_e = \int T\mathrm{d}t$，可由第 2 章介绍的微推力台直接测量。

假设传输导线的传输效率为 η_{trans}，加速电极的鞘层效率为 η_{sh}，放电电弧辐射热损失率为 η_{heat}，推进剂烧蚀和升华效率为 η_a，电离率为 η_i，离子态、中性态粒子的冻结流效率分别为 η_{fi}，η_{fn}，等离子体发散率为 η_{div}，则 PPT 本体的推力效率为

$$\eta_t = \eta_{trans}\eta_{sh}\eta_{heat}\eta_a\eta_{div}\left[\eta_i\eta_{fi} + (1 - \eta_i)\eta_{fn}\right] \qquad (8-3)$$

下面将详细介绍各项效率。

1. 传输效率 η_{trans}

由于储能电容器本身与传输线存在一定的阻抗，在 PPT 工作过程中一部分能量会被损耗。故这里假设用于 PPT 中等离子体的有效能量占储能电容器释放的总能量的百分比为传输效率 η_{trans}，有

$$E_c + E_{trans} = (1 - \eta_{trans})E_0 \qquad (8-4)$$

式中，E_{trans} 为传输过程中损耗的能量。

而 PPT 工作过程中的总阻抗一般表示为传输线的阻抗 R_{trans}、储能电容器内阻抗 R_{ESR} 和等离子体阻抗 R_{PPT} 的函数，

$$R_{tot} = R_{trans} + R_{ESR} + R_{PPT} \qquad (8-5)$$

式中，PPT 的阻抗又称为动态阻抗，一般表示为

$$R_{PPT} = \frac{1}{4}L'U_e \qquad (8-6)$$

式中，U_e 为出口工质速度。

又有

$$E_{acc} = \int_0^t I_b^2 R_{PPT}\mathrm{d}t \qquad (8-7)$$

$$E_0 = \int_0^t I_b^2 R_{tot}\mathrm{d}t \qquad (8-8)$$

基于上述关系式，η_{trans} 可写成

$$\eta_{trans} = \frac{E_{acc}}{E_0} = \frac{R_{PPT}}{R_{tot}} \qquad (8-9)$$

式中，E_{acc} 是用于 PPT 等离子体的能量。由于 R_{PPT} 一般小于 R_{tot}，且 L' 与电极形状有关，所以要获得高效率需要提高出口速度，降低外电路电阻，即如何降低这些阻抗也是研究者的主要工作之一。

2. 加速极板鞘层损失率 η_{sh}

图 8-2 为加速电极电压鞘层示意图。设产生电弧的能量占加速等离子体团能量 E_{acc} 的百分比为 η_{sh}，则

$$E_{sh} = (1 - \eta_{sh})\eta_{trans}E_0 \qquad (8-10)$$

而加速电极电压 V_{PPT} 为

$$V_{PPT} = V_{sh} + I_b R_{PPT} + L_{PPT}\dot{I}_b \qquad (8-11)$$

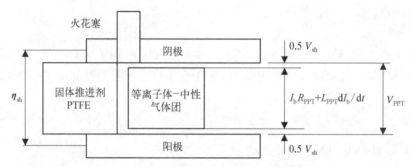

图 8-2　加速电极电压鞘层示意图[2]

效率 η_{sh} 可表示为 PPT 中加速极板、鞘层和等离子体产生的功率以及鞘层处的功率损耗的函数：

$$\eta_{sh} = \frac{E_{arc}}{E_{acc}} = \frac{P_{PPT} - P_{sh}}{P_{PPT}} = 1 - \frac{V_{sh}}{V_{PPT}} \qquad (8-12)$$

其中，

$$P_{PPT} = V_{PPT}I_b \qquad (8-13)$$

$$P_{sh} = V_{sh}I_b \qquad (8-14)$$

以往研究发现，PPT 加速极板鞘层电压通常为加速极板电压的 2%～10%。

3. 热量损失率 η_{heat}

在恒定温度环境中的一段时间 t_{rad} 内，由放电电弧的热辐射引起的能量损失为

$$E_{heat} = \sigma T_{rad}^4 (A_{rad} - A_p) t_{rad} \qquad (8-15)$$

式中，时间 t_{rad} 为 $(0.25～0.5)t_{LRC}$。则产生电弧的能量为

$$E_{arc} = \eta_{trans}\eta_{sh}E_0 = E_{rad} + E_{em} \qquad (8-16)$$

而辐射发射的能量为

$$E_{rad} = \sigma T_{rad}^4 A_{rad} t_{rad} \qquad (8-17)$$

考虑到 $E_{arc} = E_{rad} + E_{em}$，则

$$T_{rad} = \sqrt[4]{\frac{\eta_{trans}\eta_{sh}E_0 - E_{em}}{\sigma A_{rad}t_{rad}}} \qquad (8-18)$$

基于上式,有

$$E_{heat} = (1 - \alpha_A)(\eta_{trans}\eta_{sh}E_0 - E_{em}) \qquad (8-19)$$

式中, $\alpha_A = A_p/A_{rad}$ 为烧蚀 PTFE 的有效能量占总辐射能量的百分比。

则热损失率 η_{heat} 为

$$\eta_{heat} = \frac{(1 - \alpha_A)(\eta_{trans}\eta_{sh}E_0 - E_{em})}{E_{arc}} \approx \alpha_A \qquad (8-20)$$

由于电弧放电对加速极板与推进剂表面的热传导,会导致温度的升高并增加辐射到空间的能量。这个效率主要与推力器的尺寸和几何结构有关,以 LES-6 PPT 为例, $\alpha_A = A_p/A_{rad}$ 为 0.25~0.5,并且 $E_a/E_{arc} \approx 0.012$,则 $\eta_{heat} = 0.25 \sim 0.50$。

4. 推进剂烧蚀和升华效率 η_a

烧蚀 PTFE 能量 E_{gas} 为

$$E_{gas} = e_{gas}m \qquad (8-21)$$

式中, m 为单次烧蚀的 PTFE 质量。

$$m_e(t) = \frac{\mu_0 h}{w V_{crit}4.404}\int_0^t I^2(t)\,dt \qquad (8-22)$$

是推进剂材料特性、推力器结构参数和放电波形的函数。

则推进剂烧蚀和升华效率为

$$\eta_a = \frac{e_{gas}m}{E_{arc}} \qquad (8-23)$$

5. 冻结流率 η_f

高效率的脉冲式推力器工作时的电离度都比较高,一般大于 50%。但电离所消耗的能量在加速过程中不能重复利用,即冻结流率为粒子动能和粒子总能量的比率,其中粒子总能量包括粒子的动能和内能(热能、分解能、电离能)[6]。

在 PPT 能量损失中,冻结流损失能量包括离子流和中性粒子流两部分,需要分别计算其效率。离子流和中性粒子冻结流效率的计算公式[6]：

$$\eta_{\mathrm{fi,\,fn}} = \left(\frac{v^2}{2h_0} \right)_{\mathrm{ion,\,n}} \quad\quad (8-24)$$

式中，v 为粒子速度；h_0 为推进剂工质总焓，对于 PPT 工质中带电粒子的某一带电状态，有[6]

$$h = \int c_p \mathrm{d}T + (\varepsilon_i)_Z = \frac{5}{2}T_{\mathrm{eV}} + \frac{1}{2}u^2 + (\varepsilon_i)_Z \quad\quad (8-25)$$

该焓包括 Z 电位的电离焓和形成焓，式中，T_{eV} 为电子温度，$(\varepsilon_i)_Z$ 为电离焓，单位均为 eV。

LES - 6 PPT 相关的粒子速度如表 8 - 1 所示。

表 8 - 1　LES - 6 PPT 相关的粒子速度[7]

粒子种类	C	C$^+$	C^{2+}	F	F$^+$	F^{2+}	中性粒子
速度/(km/s)	10	25	35	10	20	30	3.2

结合文献的数据，PPT 电子温度设置为 2 eV（LES - 6 PPT 的平均电子温度为 1.5 eV），而 C$^+$、C^{2+}、F$^+$、F^{2+} 离子的电离焓值分别为 11 eV、24 eV、17 eV 和 35 eV，将以上数据代入公式，计算得到的冻结流能量效率如表 8 - 2 所示。其中参数 M 为粒子的摩尔质量，根据文献[6]，特氟龙中性分子平均摩尔质量数取

$$M = \frac{n_C M_C + n_F M_F}{n_C + n_F} \quad\quad (8-26)$$

考虑到等离子体中带电粒子之间的碰撞发生的电荷交换，可能会使带正电的 C 离子或 F 离子失去电性，但失去电性后的 C 原子、F 原子仍然具有较高的冻结流能量，因此，表中也计算了 C 原子和 F 原子的相关冻结流能量相关参数。

表 8 - 2　C 和 F 原子的相关冻结流能量相关参数[6]

粒子种类	M/(kg/mol)	$[(5/2)T]$/eV	ε_i/eV	$(u^2/2)$/eV	h_0/eV	η_f/%
中性粒子	16.7	5	0	0.9	5.9	15.3
C	12	5	0	6.3	11.3	55.8
C$^+$	12	5	11	9.9	14.9	66.4
C^{2+}	12	5	24	39.1	55.1	71
F	19	5	0	76.6	105.6	72.5
F$^+$	19	5	17	39.6	61.6	64.3
F^{2+}	19	5	35	89.1	129.1	69

对于高速离子($20\sim25\ \mathrm{km/s}$)，$\eta_{ff}\approx0.7$；对于高速中性粒子($10\ \mathrm{km/s}$)，$\eta_{ff}\approx0.6$；然而，对于低速中性粒子($3\ \mathrm{km/s}$)，$\eta_{ff}\approx0.15$，所以质量分数较大的低速中性粒子使冻结流效率低下。

6. 电离率 η_i

由第 3 章的多电流片模型[3]，可模拟出 PPT 工作过程中的中性气体电离情况，即可获得各样机的电离率。本节不再赘述。

7. 发散率 η_{div}

出口工质的扩散会导致少量的推力和效率的损失。对于 $20°$ 发散半角，$\eta_{div}\approx0.93$，可见，发散损失与其他损失相比较小，不是主要的损失因素。

8.2 分布式放电脉冲等离子体推力器实验

8.2.1 分布式放电脉冲等离子体推力器研制背景

由上述章节建立的能量损失体系分析可知，PPT 本体工作效率低下的原因主要为：① 冻结流率较低的中性气体在喷出工质中的占比过大，即推进剂利用率极低；② 能量的不合理分配是推进剂利用率极低的内在因素，即消耗较多的能量产生的气体并未被有效地电离与加速，这就造成了能量转换率极低。

由上面结论可知，PPT 的能量合理化分配会提高推力器的推进性能。然而，传统 PPT 是将所有能量储存在一个或一组电容中，通过一次放电全部释放，无法对 PPT 的能量分配进行控制。故有研究者提出了一种名为分布式放电脉冲等离子体推力器的设计方案[8-10]——将 PPT 的能量分配到多个电容上，在不同的时间和空间释放，用以实现 PPT 能量的控制，其原理图如图 8-3 所示。离推进剂最近的电极的放电主要用于烧蚀推进剂，后续的极板放电用于电离中性气体和加速等离子体，实现 PPT 能量分配的控制。

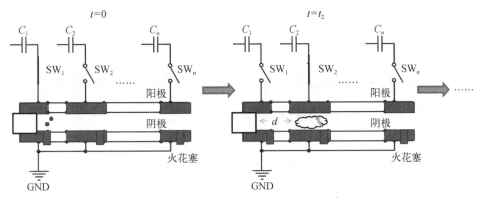

图 8-3 分布式放电 PPT 的原理图[8]

8.2.2　分布式放电脉冲等离子体推力器实验的设计

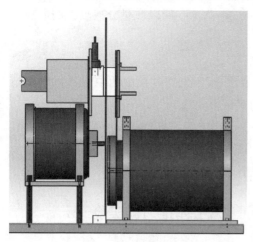

图 8-4　分布式放电脉冲等离子体推力器[1]

　　根据实际的实验条件,本节设计了分布式放电 PPT,该样机由两套 PPT 拼成,如图 8-4 所示。左边为原单脉冲放电 PPT,具体设计流程见第 2 章。此样机(首放电样机)用于启动整个 PPT 的工作。右边样机为二次放电样机,其放电为二次放电。二次放电样机的极板宽度和间距与首放电样机相同,样机极板上没有火花塞,二次放电依靠首放电产生的等离子体进入极板间进行触发。两套样机的极板由绝缘放电通道相连,通道用于引导等离子体和中性气体到达二次放电样机极板通道。

　　分布式放电 PPT 的工作原理如图 8-5。点火信号发出后,首放电 PPT 的火花塞开始工作,产生初始带电粒子触发首放电,首放电会同时产生等离子体和中性气体。由于等离子体能获得电磁加速,速度远大于中性气体,会先通过绝缘通道达到第二电极,从而触发第二电极放电。二次放电 PPT 的电磁加速原理和首放电 PPT 一样,但由于二次放电远离推进剂表面,中性气体也因为速度慢而难以在二次放电结束前到达二次电极,故可以认为二次放电没有带来推进剂烧蚀和中性气体电离,能量主要用于等离子体的电磁加速。故该设计能在一定程度上控制用于 PPT 等离子体加速能量的比重,实现对能量释放的相对控制。

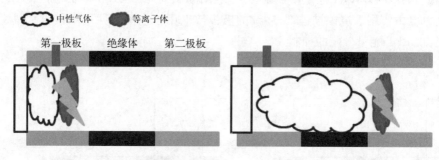

图 8-5　分布式放电 PPT 的工作原理[1]

　　为了研究 PPT 能量释放比例对其推进性能的影响,实验在保证 PPT 放电总能量相同的情况下,两电容能量按 1∶0、3∶1、1∶1 和 1∶3 四种配比进行分配。此外,本节实验设定首放电 PPT 的最低电容电压为 750V。由此,4 种不同工况的电容电压和能量如表 8 - 3 所示。

表 8 - 3　4 种不同工况的电容电压和能量[1]

工　况	第一电容电压 V_1	第二电容电压 V_2	第一电容能量 E_1	第二电容能量 E_2	能量比
1	750 V	581 V	0.562 5 J	1.687 5 J	1∶3
2	1 060 V	474 V	1.125 J	1.125 J	2∶2
3	1 300 V	335 V	1.687 5 J	0.562 5 J	3∶1
4	1 500 V	0 V	2.25 J	0 J	4∶0

　　本节实验用两个相同的高压探头分别测量两样机极板的电压,用两个相同的电流传感器分别测量两个放电回路的电流。对于烧蚀质量,分布式放电 PPT 在 4 种不同首放电电压下工作多次的推进剂烧蚀总质量与单脉冲放电 PPT 分别在相同电压下的烧蚀总质量相近,相对差距在 5% 之内,可以认为二次放电没有造成推进剂加大烧蚀量,即推进剂的烧蚀全部来源于首放电。下一小节将给出分布式放电 PPT 的实验结果。

8.2.3　分布式放电实验脉冲等离子体推力器研究结果讨论

　　在实验性能测试前,将首放电电容加载电压降到 0 V,二次放电电容加载 300~500 V 的电压后启动火花塞,观察到二次放电极板处没有发生放电,即说明没有首放电产生等离子体的情况下,火花塞并不能直接引起二次放电电极处的放电,这满足设计要求。

　　1. 25 mm 绝缘通道

　　图 8 - 6 所示为分布式放电 PPT 在四种工况下的电流曲线。虽然在工况 4 时二级电容并没有加载电压,但当等离子体(类似于导体)经过二次放电电极时,由于等离子体团中的离子在垂直极板方向存在速度分量,会导致二级放电电容进行充放电过程,即二次电容回路电流会存在些许的波动。

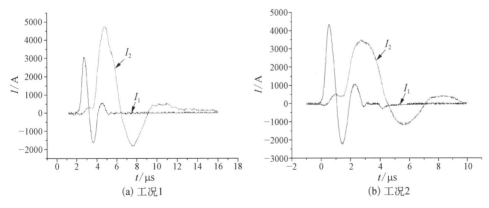

(a) 工况1　　　　　　　　　　　　　(b) 工况2

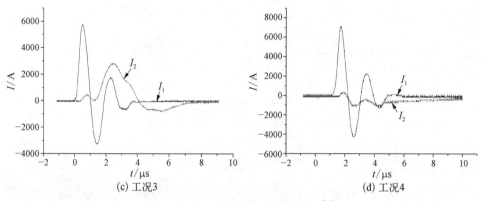

(c) 工况3   (d) 工况4

图 8-6 四种工况下的两回路电流[1]

通过计算发现,各工况下分布式放电 PPT 的推力性能变化情况如图 8-7 所示。随着二级电容加载能量的占比逐渐增大,首放电产生的元冲量降低,二次放电产生的元冲量增加,但总元冲量值却较为相近,呈先下降后上升的趋势,在第二电

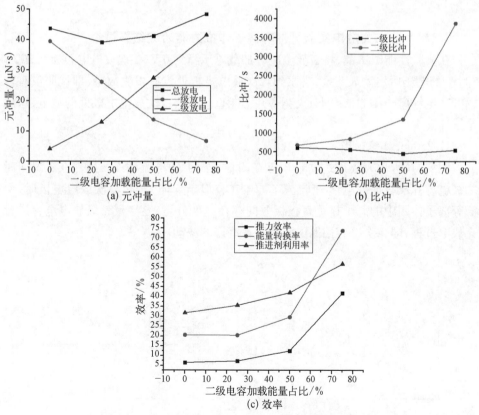

(a) 元冲量   (b) 比冲

(c) 效率

图 8-7 各工况下分布式 PPT 推力性能的变化情况[1]

容能量比率为 25% 时最低。此外,分布式放电 PPT 的比冲和效率随着第二电容能量占比的增加呈增大趋势。

根据简单的计算可以得到主要工作过程的能量损失值。从能量损失值的角度分析,传输过程电阻热耗能、烧蚀推进剂的辐射能量、产生等离子体的电离能和动能占总能量的比率的变化如图 8-8 所示。随着二级电容加载能量的占比逐渐增大,产生未能电离的中性气体所消耗的能量和产生等离子体所消耗的能量和动能占总能量的比率降低,未电离中性气体占的能量比重极小,可以忽略;导线电阻耗能占总能量的比率呈先下降后上升的趋势,但值相差不大,为 16% ~ 19%;动能占总能量的比率呈逐渐增大。其中,工况 2 的能量转换效率高达 72%,而导线电阻消耗的能量占 18%,其余只有 10%,这较为不合理。实际上,该工况下首放电开始到二次放电结束有 10 μs 左右的时间间隔,中性气体的速度为 300 ~ 5 000 m/s,会有一些中性气体能达到第二电极,这些中性气体有可能被电离。而根据中性气体的电离情况,实际效率会有不同程度下降,最多能下降到 41%(中性气体全部被电离)。即便如此,工况 1 下的双极板 PPT 的效率还是远高于其他 3 种工况。其主要原因是,工况 1 下,首放电的能量小,产生的等离子体质量少,在总能量相同的情况下,小质量的等离子体运动快,故动态电阻高,电能转换为动能的比率较高。

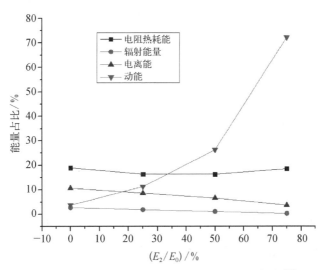

图 8-8 4 种不同能量配比下工作的能量分配情况[1]

2. 40 mm 绝缘通道

同样,图 8-9 所示为分布式放电 PPT 在四种工况下的电流曲线。根据计算公式,各工况下的性能参数如图 8-10 所示。绝缘通道加长以后,分布式放电 PPT 的元冲量、比冲和推力效率随第二电容能量占总能量比例增加的变化规律相同,但都会稍微降低,第二电容的能量越多,降低的幅度越大。

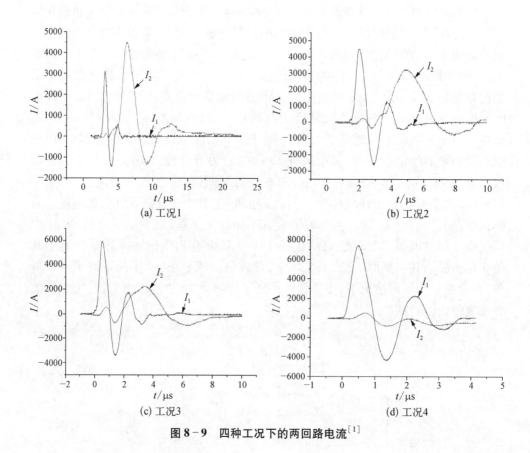

图 8-9　四种工况下的两回路电流[1]

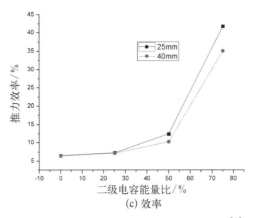

图 8 - 10　不同长度绝缘通道下的性能对比[1]

参考文献

［1］　黄天坤.脉冲等离子体推力器能量分配机理的理论分析与实验研究.北京：北京理工大学,2017.

［2］　孙国瑞.脉冲等离子体推力器能量损失体系及效率优化研究.北京：北京理工大学,2017.

［3］　Huang T K, Wu Z W, Liu X Y, et al. Modeling of gas ionization and plasma flow in ablative pulsed plasma thrusters. Acta Astronautica, 2016, 129：309－315.

［4］　Wu Z W, Sun G R, Huang T K, et al. Optimization of the energy distribution in ablative pulsed plasma thrusters. AIAA Journal, 2018, 56(8)：3024－3034.

［5］　Wu Z W, Sun G R, Liu Z, et al. Characteristics of plasma properties in double discharge ablative pulsed plasma thrusters. Physics of Plasmas, 2017, 24(11)：113521.

［6］　Burton R L, Wilson M J, Bushman S S, Energy balance and efficiency of the pulsed plasma thruster. Cleveland：34th AIAA/ASME/SAE/ASEE Joint Propulsion Conference, 1998.

［7］　Nawaz A, Lau M, Herdrich G, et al. Investigation of the magnetic field in a pulsed plasma thruster. AIAA Journal, 2008, 46(11)：2881－2889.

［8］　Huang T K, Wu Z W, Ma Y, et al. Study on a double pulse discharge solid pulsed plasma thruster. Beijing：64th International Astronautical Congress, 2013.

［9］　Okada M, Okawa Y, Tachibana T. Double discharge operation for pulsed plasma thrusters. Pasadena：Proceedings of the 27th International Electric Propulsion Conference CA (Electric Rocket Propulsion Society), 2001.

［10］　Marques R I, Gabriel S B, F. de Souza Costa. The two-stage pulsed plasma thruster. Ann Arbor：Proceedings of the 31st International Electric Propulsion Conference, 2009.

第9章
非平行板构型脉冲等离子体推力器研究

极板是 PPT 性能的重要影响因素。经典 PPT 的极板结构为矩形无张角式。除经典结构外,过去 50 多年,PPT 研究者设计了多种极板构型的 PPT 并开展了相关研究,本章将介绍这方面的内容。

9.1 不同极板构型

脉冲等离子体推力器的极板构型是影响其性能的关键因素之一,极板构型又包括极板宽度、长度、形状、张角和极板间距等。通过调整极板的参数,可以改变推力器的性能。通过对极板构型对推力器性能影响的研究,可以找到极板构型与推力器性能之间的关系,从而指导我们匹配极板的各项参数以使推力器达到最佳性能状态。本节主要针对三种不同极板构型的脉冲等离子体推力器进行介绍,如图 9-1 所示。

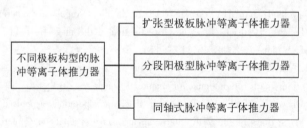

图 9-1 三种不同极板构型的脉冲等离子体推力器

9.1.1 扩张型极板脉冲等离子体推力器

研究发现,通过使用具有一定张角的舌形极板(图 9-2)可以在不增加脉冲等离子体推力器总体质量的前提条件下提高推力器的比冲、效率和等效排气速度等性能参数。1976 年,Palumbo 和 Guman 对极板张角对 PPT 性能的影响进行了研究[1],结果表明:在 20°范围内,增加张角会增加 PPT 的推功比(推力/功率)和比冲;当张角大于 20°时,增加张角则会使 PPT 的性能迅速下降。Arrington 等则对采用0°和20°张角极板的 PPT 进行了对比研究,发现20°张角 PPT 的效率和推功比比0°张角的有所提高,与 Palumbo 等的研究结果相吻合[2]。2009 年,Schönherr 等综合考虑极板形状和张角分别对不同极板张角的矩形和舌形极板的 PPT 性能影响进行了研究,为了减少实验的工作量,采用统计学方法只对其中几种构型的极板进行了实验研究,发现采用具有一定张角的舌形极板得到了最优的推进性能[3]。

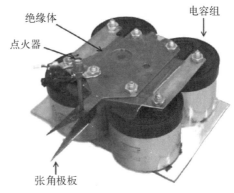

图 9-2　ADD SIMP - LEX 推力器[4]

德国斯图加特大学研制的最新PPT[4],采用了舌型张角型极板构型,实验结果显示这种新型 PPT 拥有更好的性能,Tony 基于早先的 PPT 模型进行了理论研究。John 于 1968 年针对平行极板型 PPT 提出了用于描述其工作过程的机电模型——一个 RLC 电路与动力学系统相互作用的模型。该模型将动力学系统理想化成受洛伦兹力作用而沿极板向外喷出的电流片,又称为"弹丸"模型[5]。随后,Vondra 改进了这个模型,在运动控制方程中加入气动力仿真。为了模拟舌形张角 PPT 的工作过程,需要对模型进行修改[6]。可以 ADD SIMP - LEX 为模拟对象,以弹丸模型为基础设计一套可用于计算舌形张角型 PPT 性能的数学模型,并研究不同参数对此种构型 PPT 性能的影响。

ADD SIMP - LEX 由德国斯图加特大学研制,作为月球探索项目 BW1 推进系统的 SIMP - LEX 推力器的改进型号。卫星的体积只有 1 m³,质量约为 200 kg,由于能源供应和推进剂储存空间有限,所以采用脉冲等离子体推力器,其尺寸为 40 cm×25 cm×10 cm,包括 4 个电容器,总电容为 80 μF。ADD SIMP - LEX 构造如图 9-2 所示。

北京理工大学程笑岩等对于舌形张角极板构型 PPT,以 ADD SIMP - LEX 为例,建立了数学仿真模型,并对舌形张角型极板进行了仿真,讨论不同的极板构型对其性能的影响。其主要从极板宽度比、极板张角两个方面展开讨论[7]。

1. 宽度比影响

ADD SIMP - LEX 推力器的极板采用的宽度比是 10。为了探究不同的宽度比对推力器性能的影响,保持推力器的初始能量不变,改变其宽度比。为了方便比较,取 40、20、5 和 1 四组宽度比绘制电流电压曲线。四组电压电流仿真结果如图 9-3、图 9-4 所示。

从图 9-3 的电压局部图可以看出,随着极板宽度比的增大,电压曲线变得更加平缓,达到最小值的时间提前。由图 9-4 的电流局部图可以看出,随着极板宽

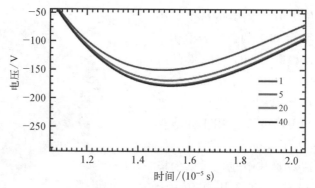

图 9-3　仿真电压曲线[7]

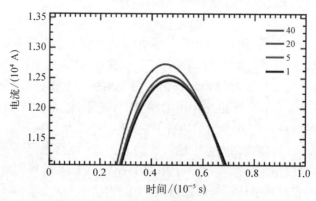

图 9-4　仿真电流曲线[7]

度比的减小,电流的峰值逐渐变小,但是幅度越来越小。

最后得到极板宽度比与性能参数的变化关系如图 9-5~图 9-7 所示。由图中可知,随着宽度比变大,元冲量和效率也随之增大,但宽度比从 10∶1 之后增长趋势逐渐变缓,而比冲则随着宽度比增大而减小。

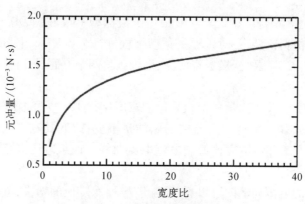

图 9-5　元冲量与宽度比关系[7]

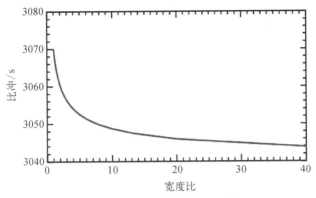

图 9 - 6　比冲与宽度比关系[7]

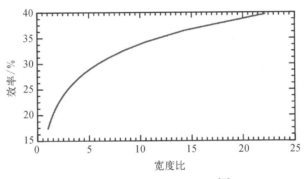

图 9 - 7　效率与宽度比关系[7]

2. 极板张角影响

为了探究不同的张角对推力器性能的影响,保持推力器的初始能量不变,改变其宽度比。为了方便比较,取 0°、20°、40° 和 60° 四组张角绘制电流电压曲线。四组电压电流仿真结果如图 9 - 8、图 9 - 9 所示。

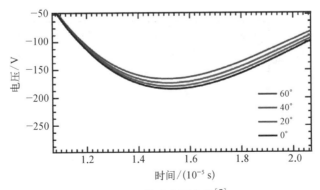

图 9 - 8　仿真电压曲线[7]

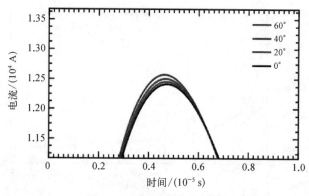

图 9 - 9　仿真电流曲线[7]

　　由图 9 - 8 的电压局部图可知,随着极板张角的减小,电压曲线的最小值也变大,即曲线变得更加陡峭,并且达到最小值的时间略有增加。

　　由图 9 - 9 的电流局部图可知,随着极板张角的变小,电流的峰值变小,并且电流到达峰值的时间略有增加。性能参数与极板张角的变化关系如图 9 - 10 ~ 图 9 - 12 所示。

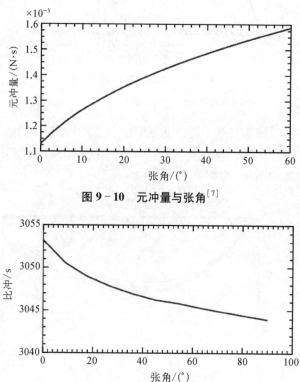

图 9 - 10　元冲量与张角[7]

图 9 - 11　比冲与张角[7]

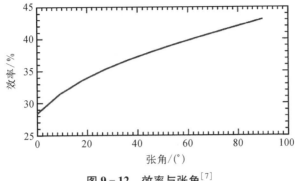

图 9 - 12　效率与张角[7]

由图 9 - 10~图 9 - 12 可知,随着极板张角的增大,元冲量和效率也随之增大,但比冲有所降低。

随着张角的增大,为了保持极板水平长度 l_e 不变,首先定义极板末端高度与初始高度的比值为高度比。极板高度比与张角的变化关系如图 9 - 13 所示。随着张角增大,高度比也增大,在 80° 以后,变化幅度更加明显。高度比的增大会增大推力器的体积,使 PPT 的尾喷变得臃肿,因此张角不宜过大。

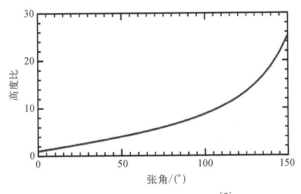

图 9 - 13　极板高度比与张角[7]

以上基于舌形张角极板构型建立的模型仿真结果和实验结果进行对比,得到结论:① 两者吻合得较好,认为模型具有一定的可行性;② 在 20° 张角的前提下,增大宽度比,元冲量和效率也随之增大,但宽度比从 10 之后增长趋势逐渐变缓,比冲有所降低,但降低趋势逐渐变缓;③ 在宽度比为 10 的前提下,增大张角,元冲量和效率也随之增大,比冲略有降低,但幅度不大。但是张角过大会增大推力器的质量与体积,因此要根据推力器具体情况选择合适的张角。

9.1.2　分段阳极型脉冲等离子体推力器

分段阳极型脉冲等离子体推力器阳极由上游导电段和下游导电段组成,中间由绝缘陶瓷段隔断。上游导电段主要是为了在前期放电过程中携带电流,下游导电段与上游导电段电流相通以维持下游导电段在后续放电过程中的电场。根据北京航空航天大学研究人员实验数据表明[8],分段阳极 APPT 的元冲量提高了 28%。相比于传统类型的 APPT,分段阳极型的推力效率也从 5.3% 提高到了 7.9%。根据磁探针数据显示,分段阳极型 PTFE 表面的电弧电流密度比标准阳极型 PPT 的更强。这些结果表明在具有分段阳极的 APPT 性能提高的背后物理机制的根本变化。这种由简单地改变得到的提高可以很容易地应用于其他 APPT 的设计。

分段阳极 APPT 的阳极结构中,下游阳极部分是铜制的,并使用一陶瓷部件与主铜阳极部分绝缘,如图 9-14 所示,这样的阳极布置方式称为“分段阳极”。

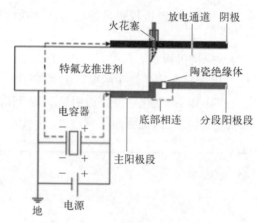

图 9-14　分段阳极 PPT 结构图[8]

北京航空航天大学研究人员所设计的新型分段阳极配置旨在改变放电现象以改善 PPT 性能。期望较短的上游阳极能够产生更好的主放电特性并维持电极间下游的电场。其实验基本设计和结果如下文所述。

1. 正常和分段阳极配置下的长时曝光图

由于放电的时间尺度约为 10 μs,任何曝光时间长于此的图像都将捕捉到整个放电过程。实验中使用一台尼康 D750 相机分别拍摄正常和分段阳极配置的图像。实验在 2 000 V 的放电电压和 20 J 的放电能量下进行。在图 9-15 中,可以看到分段阳极配置定性影响推进剂(PTFE)表面放电电弧的形态。与正常的阳极类似,上游和下游阳极段之间的电连接可以维持电极间的下游电场。

在图 9-15 中,亮度的分布和等离子体的形态存在明显差异。与分段阳极相比,正常阳极电极附近区域明显不同。沿着阳极(下电极)的光度分布显示出,在正常的 PPT 上,放电电弧可能在下游行进较远,而分段阳极 PPT 的电弧在非常接近 PTFE 表面时就分离了。从定性的等离子体形态来看,具有分段阳极的 PPT 放电看起来要比正常电极 PPT 更清晰且更加平行于极板。沿着通道并远离分段阳

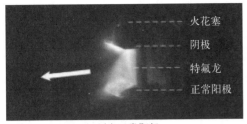
(a) 正常阳极

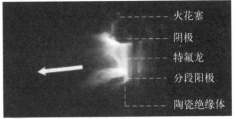
(b) 分段阳极

图 9 - 15 PPT 等离子体形态的长时曝光图[8]

极的下游等离子体形态显示出更高强度的中心等离子体区域。虽然分段阳极似乎已经使得电流在 PTFE 表面附近变得更强,它还似乎使得等离子体在电极的中间区域聚集。在正常的 PPT 上,整个阳极的光度分布均匀且平滑;而在分段阳极上,亮度模式则是更加明亮且强烈。与分段阳极相比,正常阳极下游的等离子体具有较少的准直。等离子体形态的图像虽然不是定量的,但提供了分段阳极 PPT 放电过程中差异的指示。对于正常的 PPT,电弧是宽而平滑的;而对于分段阳极 PPT,电弧比正常 PPT 更加强烈和清晰可见,并且放电通道内的等离子体聚集在电极的中间区域。区段之间绝缘体的存在可能会对放电电弧在下游的传播造成限制,并进一步导致推进剂表面上更高的电流强度。分段阳极 PPT 产生的电弧更直更强烈,这对等离子体的加速来说是有利的。所有这些现象学的差异都需要进一步的测量支持。

2. 推力测量

使用微牛级的推力台测量正常和分段阳极 PPT 在能量为 5~20 J 情况下产生的元冲量。元冲量预估结果如图 9 - 16 所示。在给定能量下的每个数据点都是十

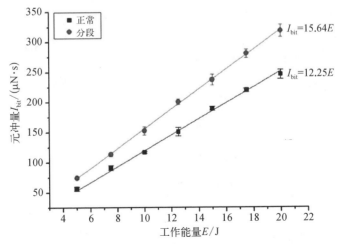

图 9 - 16 正常阳极和分段阳极的元冲量(误差线表示平均值的最大误差)[8]

次测量的平均值以确保可重复性。在 20 J 的能量下,所有其他变量如电源、电容器和推进剂都是相同的。分段阳极 PPT 的元冲量比普通阳极 PPT 的元冲量高 28%。最大的标准偏差发生在 20 J 的能量水平下,在所有数据点中,正常阳极 APPT 在 20 J 时的两个标准偏差确定为 9.2 μN · s。

如上所述,根据长时曝光图像的结果,分段阳极方案表明推进剂表面上的电流强度更高,这可能使得 APPT 的性能表现更好。图 9 – 16 数据表明分段阳极元冲量大于正常阳极的元冲量。元冲量的提高在放电能级上是一致的。分段阳极表现出比正常阳极 APPT 高约 28% 的单位脉冲。这个结果说明:尽管上游段可能是提高 APPT 的电离过程,但下游段仍然起着进一步提高元冲量的作用,就像正常阳极 APPT 那样。

3. 质量烧蚀和推力效率结果

为了评估 APPT 的性能,本节对烧蚀质量的实验数据进行了测量。每个推进剂样块在相同的真空和温度环境下进行评估。每个样块在点火 500 次之后,烧蚀表面如图 9 – 17 所示以用于比较。

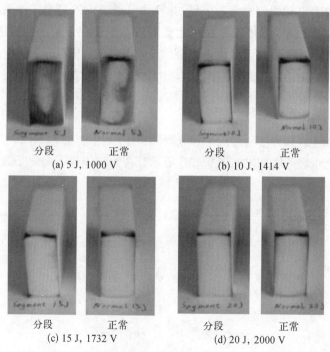

图 9 – 17   正常阳极和分段阳极 APPT 的烧蚀面[8]

首先,如图 9 – 17 所示,在各种不同能量下,正常阳极和分段阳极 APPT 的碳沉积看起来不同。在低能量(5 J)时,分段阳极 PPT 的碳沉积比正常阳极 PPT 更加严重。然而,在高能量(20 J)时,分段阳极 PPT 的(推进剂)表面比正常阳极 PPT

的更干净。这种表现与表 9-1 中的结果有一定的相关性。分段阳极 PPT 的效率在 5 J 时增加了 1.8%，而在 20 J 时，其效率增加了 2.6%。这个结果表明，在相同的能级下，分段阳极 APPT 与正常阳极 APPT 相比具有更好的性能表现，且这种优势随着能量的升高而提高。

表 9-1 不同阳极的 APPT 性能对比[8]

推力器类型	能量 E/J	比冲 I_{sp}/s	元冲量 I_{bit}/(μN·s)	单次烧蚀质量 Δm/μg	($\Delta m/E$)/(μg/J)	推力效率 η_t/%
正常阳极	20	856	246	28.74	1.44	5.3
分段阳极	20	997	318	31.88	1.59	7.9
正常阳极	15	886	189	21.32	1.42	5.6
分段阳极	15	997	237	23.78	1.59	7.9
正常阳极	10	816	117	14.34	1.43	4.8
分段阳极	10	887	152	17.14	1.71	6.7
正常阳极	5	747	56	7.5	1.5	4.2
分段阳极	5	808	74	9.16	1.83	6.0

从表 9-1 中可以看出，分段阳极 APPT 的烧蚀质量比正常阳极的 APPT 要高。这与长时曝光图像和我们的设计假设一致，即分段阳极会在 PTFE 表面产生更强的放电电弧电流密度。重要的是，表 9-1 还表明，与正常阳极 APPT 相比，分段阳极配置在所有实验测试能级下都产生更大的元冲量和更高的推力效率。

4. 磁探针结果

对放电通道内的磁场进行局部测量，以便旁证上述推进剂性能的总体测量值。探测信号 dB/dt 的峰值由法拉第定律可得，与附近放电电弧的局部电流密度直接相关。在放电电压为 1 800 V(16.2 J)的情况下，在 2 mm 轴向位置处进行测量(图 9-17)，且表 9-2 显示了不同的垂直位置。每个测量点的数据都是从 10 次测量中取平均。

表 9-2 正常阳极和分段阳极 APPT 的探针信号峰值[8]

	位置	(dB/dt 峰值)/V	误差/(±V)
正常阳极	顶部	97	−32~39
	中部	183	−20~15
	底部	251	−46~39
分段阳极	顶部	198	−48~40
	中部	273	−40~20
	底部	258	−47~33

使用 dB/dt 的结果作为(推进剂)表面电弧局部电流密度的代表,可以总结出正常阳极和分段阳极配置在 PTFE 表面所展现的放电特性是不同的。对正常阳极来说,dB/dt 顶部的值低于底部。然而,对于分段阳极,dB/dt 顶部值(靠近阳极)比正常阳极 PPT 顶部值大得多,而比(分段阳极 PPT)其他位置大一点。上述数据表明,更短的上游段可能使得放电电弧有更强的电流密度,从而得到更好的电离和更大的烧蚀质量。两种配置中,下游电场仍然保持用以加强等离子体的限制。这些结果与上述元冲量和单位烧蚀质量的结果吻合得较好。

本节展示的关于分段阳极性能测试的内容代表了 PPT 研究的一个新方向。与传统对称型平行板 PPT 相比,采取分段阳极配置的 APPT 显示元冲量提高了28%,推力效率同样也提高了49%(相对地,从传统设计的 5.3%提高到了分段设计的 7.9%)。使用分段阳极对元冲量和放电性能的提高,不仅很显著,且很容易应用于现有的 PPT 设计。然而,为了了解分段阳极 PPT 背后工作细节的物理机制,仍然需要进行进一步的研究。目前的数据表明,分段阳极可以提高元冲量、推力效率、表面电弧密度以及改善放电电弧的形态。但是,为了从实验上和理论上深入理解和发展这种配置方案,仍然需要进一步研究。特别的,还可以使用朗缪探针和高速摄影机进行进一步实验以获取更加准确和深入的数据。

在几乎所有平行板式 PPT 中,分段阳极的设计可以轻易地应用并进行测试。为了有效应用于实际的 PPT,需要对几个设计参数进行优化,例如电极间距、长度和形状等等,以获得所需的推力器规格。而分段阳极似乎成为未来优化的另一途径。分段阳极 PPT 还有进一步优化的可能,可以通过研究其尺寸参数对性能的影响规律,探索高性能分段阳极 PPT 的设计方法。

9.1.3 同轴式脉冲等离子体推力器

1. 同轴型微 PPT 的工作原理

同轴型微 PPT 的原理结构图[9]如图 9-18 所示。

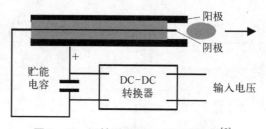

图 9-18   同轴型微 PPT 原理结构图[9]

同轴型微 PPT 整个系统由推力器本体、放电回路、和电源转换装置组成。相对于传统的 PPT,同轴型微 PPT 的系统少了点火回路和供给弹簧。

推力器为同轴结构,在铜管(阳极)和铜芯(阴极)之间为推进工质聚四氟乙烯(Teflon),铜管(阳极)和铜芯(阴极)形成放电通道,主放电电容的正负端分别与相应的两极极板相连。DC-DC 电源转换装置将卫星平台提供的低压直流供电转换为高压直流供电,输送给推力器的贮能电容器和放电回路。

推力器工作过程如下:当打开输入电源的电压开关后,DC-DC 电源转换器对贮能电容器进行恒流充电,随着充电时间的增加,贮能电容的电压随之增加,刚开始时正负电极间虽然存在一个强电场,但电压还没达到击穿的地步;当贮能电容的电压增加到工质的击穿电压时,工质被击穿,产生少量粒子(包括电子、质子、中性粒子和粒子团)。这些粒子和工质表面碰撞,又从工质表面上烧蚀出一定量的粒子。带电粒子在强电场作用下分别向两极加速,同时与工质表面及在粒子之间频繁碰撞,使工质表面烧蚀,然后分解并离化。随着带电粒子的增加,同轴间逐渐成为等离子体区。此时电容器、同轴电极和等离子体区构成闭合回路,并产生感应磁场,于是等离子体受到洛伦兹力加速向外喷出,产生了一次推力脉冲。在放电的过程中,铜芯(负极)中有强烈的尖端放电,产生的高温使铜芯也一起融化,跟着工质一起消耗。随着工质的消耗,同轴外电极逐渐变深,同轴间的电磁场加速也变得更加明显。

和传统的平行板电极 PPT 不同,由于同轴型微 PPT 的两极为同轴管结构,在放电时在同轴电极间的磁场比较均匀且密闭于同轴电极之间,有利于工质的均匀烧蚀和加速。由于同轴型微 PPT 的放电电压就是工质的击穿电压,所以其放电电压比起传统的平行板电极 PPT 大大提高[9]。

从结构上看,同轴型微 PPT 没有任何的运动部件,比传统的平行板电极 PPT 有更高的工作可靠性。而且推进剂同时起到电极间绝缘的作用,所以结构比较简单。同轴型微 PPT 以脉冲方式工作,可以通过对储能电容充电的控制直接对推力进行调节。

同轴型微 PPT 具有以下优点[9]。

(1) 尺寸小、质量轻,可以大大减少推力器的质量。该推力器的核心工作部件直径只有 2~5 mm,质量不到 50 g。

(2) 高比冲、高效率。由于采用了比传统的平行板电极 PPT 更先进的同轴放电结构和更高的放电电压,该微型推力器比传统的平行板电极 PPT 具有更高的比冲和效率。

(3) 寿命长、可靠性高。采用了无移动部件的结构设计和精密加工。整个推力器没有任何的移动部件,取消了传统平行板电极 PPT 的半导体点火部件,采用了点火和放电一体的自触发系统。其工作的可靠性大大提高。美国空军研究院曾经做过相关的寿命测试研究,实验证明,该推力器可以连续稳定工作 500 000 s 以上。

但必须同时指出的是,同轴型微 PPT 也有其固有的缺点,其一是由于放电电压主要依赖于工质的击穿电压,随着工质的销蚀,其表面发生不同程度的污染,其击穿电压有一定的波动,不是一个恒定值,所以其每次放电的能量和推力不恒定,又由于击穿电压不同,所以在一定的充电电流下,其电容充电到放电电压的充电时间也是不恒定的。这给推力控制造成了一定的困难。但由于同轴型微 PPT 的推力比较小,为 20~120 μN,在通常的应用中,是以组成 PPT 矩阵的方式来获得推力,改变充电电流的大小就可以改变放电频率,从而改变其推力,加之现代的小卫星上都有比较完善的推力和姿态反馈系统,以上这些缺点都可以克服。

综合上述同轴型微 PPT 的特点,要制造出性能良好的同轴型微 PPT,有以下几个关键技术要解决[9]。

(1) 推力器本体的结构参数选择和设计。由于推力器本体的尺寸很小,通常外径为 2~10 mm,内径只有 1 mm 左右。由于推力器要求放电均匀,所以要求工质和电极间要紧密配合,这一切都增加了加工的难度。同轴 PPT 的工质本身又是电极间的绝缘材料,在结构设计中要保证不发生异常放电。

(2) 耐真空环境的高压无感主放电电容的选择。传统的高压大电容(0.1~20 μF)通常为油性电容,耐受的高压为 2 000~20 000 V。油性电容的一个很大缺点是在真空中有漏油失效现象。而干性高压电容的缺点是体积较大,远远大于推力器本体的体积和质量。由于 PPT 的脉冲放电在很短的时间内完成,要获得较高的电源效率,就要求放电回路的内阻要尽可能小,所以选取体积小、质量轻、耐真空、感抗小的高压电容就很有必要。

(3) 同轴型微 PPT 的放电特性的测量。由于同轴型微 PPT 的结构不同于传统的平行板电极 PPT,因此要测出在不同条件下(不同的电极间距和工作电容容量)的放电特性,找出同轴型微 PPT 和传统的平行板电极 PPT 放电特性的异同,才能找出同轴型微 PPT 进的性能优化方向。

2. 同轴型微 PPT 设计基础

同轴型微 PPT 的设计涵盖了物理学中的电、热、磁等诸多方面,至今没有一套完整的精确理论能够详尽地说明。选定一个方案,有时不是以最优化的角度出发的。因为同轴型微 PPT 还处在理论分析、设计制造和初步试验的阶段,所以为方便实用,现有的实验条件也是一个非常重要的考虑因素。以下对推力器的电极材料、推进剂、电源方案等进行讨论。

1) 电极材料

根据同轴型微 PPT 放电时是否需要电极材料随工质一齐融化,有电极均不融化、电极均融化、负极融化三种模型,如图 9 - 19 所示。

对上述的三种模型,第一种模型最容易实现,只要采用熔点比较高的材料,在

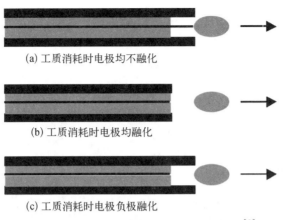

(a) 工质消耗时电极均不融化

(b) 工质消耗时电极均融化

(c) 工质消耗时电极负极融化

图 9-19　工质消耗时的三种电极融化模型[9]

工质(聚四氟乙烯)融化时还没有达到电极材料的熔点即可,但在长时间的工作后放电电压会变得很高,这样就无形中增加了对工作电容的耐压要求,同时放电过程参数也会发生很大变化;第二种模型最难实现,因为即使找到比较容易融解的电极材料,也很难保证阳极(外径)均匀的融化,电极融化不均匀就会造成放电的不均匀;第三种模型是一个折中的方案,保留了前两种模型的部分优点而没有明显的缺点。

由于同轴型微 PPT 内外壳本身也是电极,要求导电率良好,一般从经济而易于加工的角度,有铜和铝两种材料可供使用。国外的研究表明,用铜做电极材料就可以获得比较理想的效果。本节采用的是第三种模型,采用了铜作为电极。实验表明,在放电时,电子从铜芯(阴极)出来,在强烈的放电作用下,中心产生大量的热量,能把铜融化。因此,中心电极要比工质长。

2)推进剂

脉冲等离子体推力器一般都采用聚四氟乙烯作推进剂,即工质。国内和国外都进行了一些实验,寻找聚四氟乙烯的替代品,以提高工质的利用效率,如在聚四氟乙烯中掺杂一些其他物质和用其他塑料,但比起纯净的聚四氟乙烯,效果并不理想。美国俄亥俄大学 Turchi 指出,用分子量小的工质代替聚四氟乙烯,可以提高脉冲等离子体推力器的比冲。美国空军研究院致力于推进剂的研究,其采用层状推进剂,在提高推进剂利用率的同时减少对电极的污染。

3)电源方案

一般来说,卫星上的供电电源为直流低压电源,而同轴型微 PPT 要求其放电电压为 2 000~10 000 V,这时要用到 DC-DC 转换电路。DC-DC 转换电路又分为电流型和电压型的。考虑到电路的脉冲工作特性和快速充电特性,选择电流型(恒流源)比较适宜。

如果电压 U 取 10 000 V,R 取 5 MΩ,则最大电流为 2 mA,工作电流 1 mA,最后取高压模块的最高电压为 10 000 V,工作电流为 1 mA,过载电流为 2 mA。

3. 样机放电形态

同轴型微 PPT 样机的放电如图 9-20 所示。

图 9-20   PPT 放电时侧面视图

9.2   不同工作原理

本节主要针对不同工作原理的脉冲等离子体推力器进行了介绍,如图 9-21 所示。不同工作原理的脉冲等离子体推力器的基本性能有所不同,所适用的工作环境和条件也不一样。下文主要对 Z-pinch 型、电热式及吸气式三种不同工作原理的脉冲等离子体推力器作简单介绍。

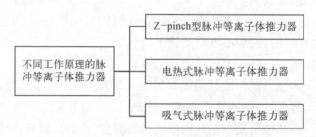

图 9-21   不同工作原理的三种脉冲等离子体推力器

9.2.1   Z-pinch 型脉冲等离子体推力器

本小节所介绍的一系列推力器包括三个烧蚀型 Z-pinch 脉冲等离子体推力器,称为 AZPPT 1-3,拥有同轴式的放电几何形状,通常为线性或 Z-pinch 型[10]。Z-pinch 装置的电极、电弧放电和场的几何形状的大致示意如图 9-22 所示。Z-pinch 最初被认为是用来为核聚变研究产生稠密高热等离子体的一种方法。常规 Z-pinch 的放电过程如下:首先,被绝缘侧壁隔开的两个圆柱形圆盘电极之间的空间充满一种气体工质;然后在电极间加上高电压(通常是一组电容通过高速开关如点火器连接到电极上),电极间的气体被击穿,电流开始在电极之间流动。最初电流的分布是以圆柱形电流片的形式沿着绝缘体表面分布。电流片是在空腔的半径最大处形成,因为那是电路可通的最小阻抗路径。在电流极速上升的电路中,感应电压下降,$V_L = L\mathrm{d}I/\mathrm{d}t$,决定了系统的阻抗,因此,电路会寻找最小电感的路径。当电流上升时,电流片的外侧会形成一

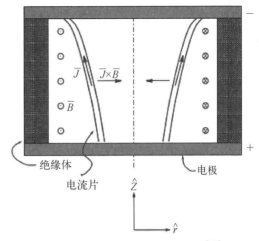

图 9 - 22　Z - pinch 结构示意图[10]

个方位磁场。该磁场与电流片相互作用,产生一个径向向内的定向自感应电磁场,$F_{EM} = J \times B$,这股力量导致电流片朝着空腔的中心塌陷——沿着路径扫过气体工质。电流片在朝着空腔中心行进的过程中并不是一直保持完整的圆柱状。实验中已经观察到,随着放电的传播,阳极电弧附着导致阴极附着,从而电流片倾斜。特别地,这种现象被适当地命名为 Z - pinch 装置中的"拉链效应"。当电流片到达空腔的中心时,它塌陷为一个单独的电弧点,并且如果它在传播过程中有效地夹带了气体,则会产生热的、高度压缩的柱状压缩等离子体。电弧点的寿命是短暂的,因为 MHD 的不稳定性将迅速使电弧发生分解。

在 20 世纪 60 年代初,Jahn 等证明[11]Z - pinch 的几何形状可以进行改进以产生一种轴向流等离子体,即一种新型的等离子体推力器。这可以通过简单地用中心有孔的电极替换掉传统 Z - pinch 几何构型的固体顶电极(图 9 - 22)来完成。结果表明,在径向压移阶段之后,等离子体以轴向速度喷射,其速度相当于初始压移阶段的速度。推进剂最初由向心聚爆电流片径向加速(电磁力)。当电流片被完全压紧时,顶部电极中间孔的存在会导致大的轴向压力梯度(气动力),而且,等离子体从推力器中轴向加速喷出。在没有轴向约束的情况下,径向力就像在牙膏管中一样导致流体的轴向运动。显然,另外一个设计推力器时需要考虑的重要因素是控制拉链效应的极性效应。参照图 9 - 22,显然需要将当前的电流片向上拉,靠近排气口,否则,电流片将会驱动等离子体靠近固体电极,产生一个与所期望方向、推力产生的方向及流体流动方向相反的速度分量。

9.2.2　电热式脉冲等离子体推力器

脉冲等离子体推力器(PPT)是一种电推力系统,主要用于质量为 50 kg 及以

下的小型或纳米卫星。如果使用如特氟龙这样的固体推进剂,由于没有推进剂存储器和阀门,系统的复杂度和质量都很低。此外,PPT 的总冲可以通过改变放电的频率或者在低功耗下使用来轻易控制。PPT 又分为电磁加速型和电热加速型。

自 2003 年以来,日本大阪工业大学已经对 PPT 进行了实验方面和仿真方面的研究,以理解 PPT 的物理现象和提高其性能[12]。电热加速型 PPT 的示意图如图9-23 所示。电热加速型 PPT 比电磁加速型 PPT 拥有更高的比推力(电容存储的初始能量中每单位能量所能产生的冲量)和更高的推力效率。但是,电热加速型PPT 的比冲还是比电磁式 PPT 要低一些。

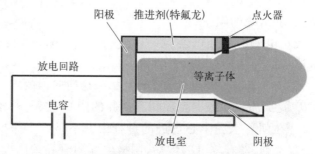

图 9-23   电热加速型脉冲等离子体推力器[12]

日本大阪工业大学为第二次 PROITERES 任务(大阪工业大学小型航天器上搭载的电火箭发动机工程)设计了一款大功率电热式 PPT 用于实验研究,其对此款大功率 PPT 进行了 350 次点火操作以测试其性能[12],实验 PPT 的头部如图 9-24~图 9-26 所示,实验条件见表 9-3。在放电室长度为 10~50 mm 时对 PPT 的性能特征进行了测试,以确定最优的放电室尺寸。

图 9-24   实验用 PPT[12]

图 9-25   实验 PPT 点火图[12]

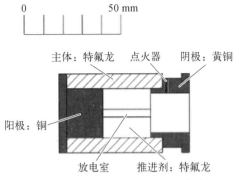

图 9－26　实验 PPT 头的简图[12]

表 9－3　大功率 PPT 的实验条件[12]

参　　　数	参　数　值
放电室直径/mm	4
放电室长度/mm	10、15、20、25、30、35、40、45、50
阴极喷嘴直径/mm	20
阴极喷嘴长度/mm	18
电容容值/μF	19.5
充电电压/kV	1.8
输入能量/J	31.59

　　图 9－27~图 9－30 是实验的结果。随着放电室长度的增加,由于单次烧蚀质量的增加(图 9－28),元冲量变大,而比冲减小(图 9－27)。这个大功率 PPT 在放电室长度为 10~50 mm 时,初始性能如下,元冲量为 1.44~2.47 mN·s,单次烧蚀

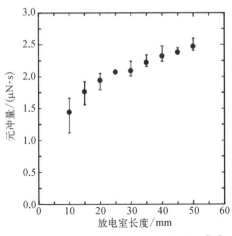

图 9－27　元冲量与放电室长度的关系[12]

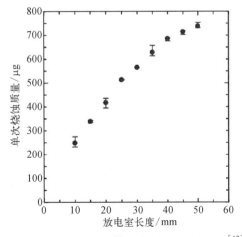

图 9－28　单次烧蚀质量与放电室长度的关系[12]

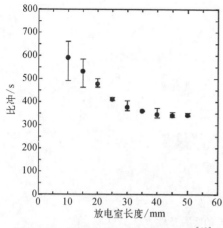

图 9 - 29   比冲与放电室长度的关系[12]

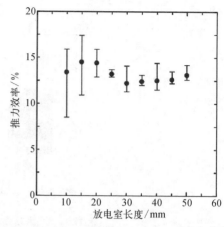

图 9 - 30   推力效率与放电室长度的关系[12]

质量为 248~738 μg,比冲为 341~590 s,推力效率为 12.2%~14.5%。实验所输入的初始能量为 31.59 J。

此外,还在初始输入能量为 31.59 J 的条件下用 PPT 进行了放电室长度为 50 mm 和放电室直径为 4 mm 的长寿命实验。在 42 000 次的点火放电之后,元冲量由最初的 2.15 mN · s 降至 1.23 mN · s。对于整个实验操作过程,可以产生 66.0 N · s 的总冲(图 9 – 31)。

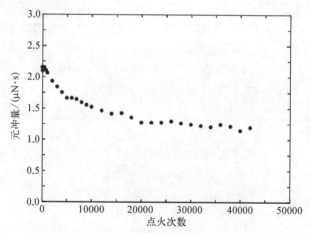

图 9 - 31   元冲量与点火次数的关系[12]

9.2.3   吸气式脉冲等离子体推力器例子

吸气式脉冲等离子体推力器(AB – PPT)可应用于 20~30 km 高度处的大气环境卫星上,其不需要对吸入的空气进行压缩等处理,可降低装置的复杂度,减小装置的质量。且在 30 km 以下的高度不需要考虑太阳活动对装置的影响。华盛顿大学的先进推进实验室研究制造出了一款可用在 20~30 km 高度的大气环境卫星上的电推进装置——吸气式同轴 PPT[13]。该装置的比推力现在已经达到 250 mN/kW，且可在更宽的高度范围内实现，这样的比推力值可产生高于 10 m/s 的速度并足以维持 5 kg 重的飞行器。

　　不同于传统的太空卫星所使用的 PPT，吸气式 PPT 的推力完全是由电热产生的。在设计吸气式 PPT 过程中的一个比较重要的问题就是极板间的间距问题，极板间距很依赖于环境气体的密度，且其对找到最优配置点至关重要。根据帕申定律：

$$V_b > \frac{BPd}{\ln(Pd) + C}$$

式中，B、C 是实验测得的常数，与气体类型和实验条件相关；P 是大气压力；d 是极板间距。由上式可以看出，如果环境气体的压力过大，气体的击穿就需要相应更大的放电电压或者减小极板间的间距。

　　对于所考虑的大气环境下的卫星来说，当其改变飞行高度时，大气环境的压力也将随之改变，此时需要对应地改变 PPT 的极板间距以适应不同的大气压力，使卫星可以在一定的高度范围内正常工作。阴极可变这样的设计可以增强电场，同时对推力器整体的效率也有帮助。例如，图 9-32 为华盛顿大学的先进推进实验室所设计的一款样机[13]。

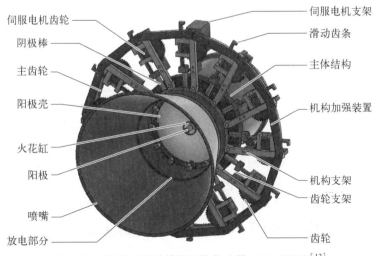

图 9-32　吸气式脉冲等离子体推力器(AB-PPT)[13]

1. 样机的设计

图 9-32 所示的就是吸气式脉冲等离子体推力器。它总长度为 250 mm，由四大部分组成：空气吸入部分；点火器；放电部分和变间距阴极机构。此系统包含若

干个创新部分,包括能使系统在不同高度下保持最优工作状态的可变电极,以及一种利用推力器脉冲自然特性的进气系统。

2. 实验测试

为了测试上述推力器所产生的推力是否足够维持高度大于 20 km 的飞行器的需求,华盛顿大学的先进推进实验室还制造了一款重 5. 3 kg 的飞行器,名为 ELEPHANT1,在对流层顶利用高空喷射气球发射,如图 9 – 33 所示。

图 9 – 33　ELEPHANT1 飞行器[13]

ELEPHANT1 飞行器被设计为绕圈飞行(当其连着氦气球时),只需使其两个机翼的攻角大小相等、方向相反。飞行器上安装有压力传感器并连接在一个 Arduino 平台上。一旦飞行器到达所需高度(> 20 km),AB – PPT 就会开始运行。

气球预计能够飞到 30 km 的高度,使飞行器能够运行约 90 min。飞行器使用轻型材料制作,如碳纤维和挤塑聚苯乙烯。

ELEPHANT1 使用 400 个纽扣电池提供能量,每个纽扣电池电压为 3. 2 V,电量是 90 mAh,从而总能量是 115 Wh。设计飞行时间为 90 min,AB – PPT 的工作频率为 2 Hz。在 1 200 V 和 40 μF 容值的工作条件下,每次放电的能量为 29 J。

工作 90 min 之后,AB – PPT 提供给 ELEPHANT1 飞行器的总冲最终会产生 10 m/s 的速度增量。

由于种种原因,ELEPHANT1 的飞行高度最终未能超过 20 km。但 ELEPHANT2 飞行器于 2017 年 9 月再次进行飞行试验,ELEPHANT2 相比 1 代的尺寸和能耗都更小,能保持 200 mN/kW 的比推力,并提高所搭载 AB – PPT 的放电频率至 30 Hz 及单次放电能量至 30 J。

参考文献

[1]　Palumbo D J, Gumant W J. Effects of propellant and electrode geometry on pulsed ablative plasma thruster performance. Journal of Spacecraft and Rockets, 1976, 13(3): 163 – 167.

[2]　Arrington L A, Haag T W, Pencil E J, et al. A performance comparison of pulsed plasma thruster electrode configurations. Cleveland：the 25th International Electric Propulsion Conference, IEPC‐1997‐127, 1997.

[3]　Schonherr T, Nawaz A, Herdrich et al. Influence of electrode shape on performance of pulsed magnetoplasmadynamic thruster SIMP‐LEX. Journal of Propulsion and Power, 2009, 25(2)：380‐386.

[4]　Kamhawi H, Arrington L, Pencil E, et al. Performance evaluation of a high energy pulsed plasma thruster. Tucson：AIAA/ASME/SAE/ASEE Joint Propulsion Conference & Exhibit, 2005.

[5]　杨乐. 脉冲等离子体推力器工作过程理论和实验研究. 长沙：国防科学技术大学, 2007.

[6]　Solbes A, Thomassen K, Vondra R. Analysis of solid teflon pulsed plasma thruster. Journal of Spacecraft and Rockets, 2013, 7(7)：1402‐1406.

[7]　程笑岩, 刘向阳, 黄启陶, 等. 舌形张角型脉冲等离子体推力器极板结构参数影响仿真研究. 深空探测学报, 2017, 4(3)：225‐231.

[8]　Zhang Z, Ren J X, Tang H B, et al. An ablative pulsed plasma thruster with a segmented anode. Plasma Sources Science and Technology, 2018, 27(1)：1‐11.

[9]　谭北华. 一种同轴脉冲等离子体微推力器的研制与测试. 北京：中国科学院研究生院(空间科学与应用研究中心), 2003.

[10]　Markusic T E, Polzin K A, Choueiri E Y, et al. Ablative Z-pinch pulsed plasma thruster. Journal of Propulsion & Power, 2005, 21(3)：392‐400.

[11]　Jahn R G, Jaskowsky W, Burton R L. Ejection of a pinched plasma from an axial orifice. AIAA Journal, 1965, 3(10)：1862‐1866.

[12]　Kanaoka K, Tahara H, Kohei O, et al. Research and development of a high-power electrothermal pulsed plasma thruster system onboard Osaka Institute of Technology 2nd PROITERES Nano-Satellite Salt Lake City：52nd AIAA/SAE/ASEE Joint Propulsion Conference.

[13]　Rosales M A, Winglee R, Northway P. Air-breathing pulsed plasma thruster with a variable spacing cathode for atmospheric satellite applications. Atlanta：53rd AIAA/SAE/ASEE Joint Propulsion Conference.